Ralf G. Cembrowicz

Siedlungswasserwirtschaftliche Planungsmodelle

Methoden und Beispiele

Mit 69 Abbildungen

Springer-Verlag
Berlin Heidelberg New York
London Paris Tokyo

Dr. habil. Ralf G. Cembrowicz
Institut für Wasserbau und Kulturtechnik
Universität Fridericiana, Karlsruhe
Postfach 6980
7500 Karlsruhe 1

CIP-Titelaufnahme der Deutschen Bibliothek
Cembrowicz, Ralf G.:
Siedlungswasserwirtschaftliche Planungsmodelle : Methoden u. Beispiele / Ralf G. Cembrowicz. –
Berlin ; Heidelberg ; New York ; London ; Paris ; Tokyo : Springer, 1988
Zugl.: Karlsruhe, Univ., Habil.-Schr.

ISBN 978-3-540-18442-3   ISBN 978-3-642-51729-7 (eBook)
DOI 10.1007/978-3-642-51729-7

H. A. Thomas
gewidmet

Inhaltsverzeichnis

Liste der häufig verwendeten Symbole

Symbole und Abkürzungen

$\forall$	Für alle
$\in$	Enthalten in
DP	Dynamische Programmierung
LP	Lineares Programm, Lineare Programmierung
NLP	Nichtlineares Programm, Nichtlineare Programmierung
OR	Operations Research
N.B.	Nebenbedingung(en)
Z.F.	Zielfunktion(en)
Min. $\ldots$, min $\ldots$	Bestimme das Minimum der Zielfunktion $\ldots$ unter Berücksichtigung von N.B.
Max. $\ldots$, max $\ldots$	Bestimme das Maximum der Zielfunktion $\ldots$ unter Berücksichtigung von N.B.
*	Optimum: Minimum oder Maximum der Zielfunktion Optimal: Mininum oder Maximum der Zielfunktion bezeichnend
$x = (x_j)$	Vektor x mit Elementen x_j
$x = [x_{ij}]$	Matrix x mit Elementen x_{ij}
$x^{\mathrm{T}} = [\ldots]^{\mathrm{T}}$	Transponierte Matrix x
$\lvert x \rvert$	Determinante der Matrix x

Abschnitt 2.1 und 2.2

Indizes (Ausnahmen möglich)

$i = 1(1)N_i$	Knoten
$j = 1(1)N_j$	Stränge
$k = 1(1)K$	Strangabschnitte
$r = 1(1)N_r$ oder R	Ringe oder Schleifen
J_i	Indexmenge der Stränge j, die Knoten i berühren
J_r	Indexmenge der Stränge j, die die Schleife r bilden
$J_{\mathrm{E}}, J^{\mathrm{E}}$	Indexmenge der Äste eines Graphen (Stränge des Baumes)
$J_{\mathrm{G}}, J^{\mathrm{G}}$	Indexmenge der Sehnen eines Graphen (Stränge des Restbaumes)
I_e	Indexmenge der Einspeiseknoten

Variablen

$d = (d_j)$ oder $[d_{jk}]$	Durchmesser
$e = (e_i)$	Einspeisung
$f = (f_j)$	Durchfluß in einem Strang
$f_\mathrm{E}, f^\mathrm{E}$	Durchfluß in den Ästen
$f_\mathrm{G}, f^\mathrm{G}$	Durchfluß in den Sehnen
$h = (h_j)$	Druckhöhenverlust
h^P	Druckhöhe an der Pumpe
l_{jk} oder $[l_{jk}]$	Strangabschnitte
$p = (p_i)$	Potential

Parameter und Konstanten

$A = [a_{ij}]$	Inzidenzmatrix des Gesamtgraphen
E	Inzidenzmatrix eines Baumes
G	Inzidenzmatrix des Restbaumes
c_k	Investitionskosten pro Meter eines verlegten Durchmessers k (incl. Unterhalt, Armaturen, Formstücke u.a. Zubehör)
c_j	Investitionskosten pro Meter eines verlegten Stranges j (incl. Unterhalt, Armaturen, Formstücke u.a. Zubehör)
c_{jk}	Investitionskosten pro Meter eines verlegten Durchmessers k im Strang j (incl. Unterhalt, Armaturen, Formstücke u.a. Zubehör)
c_{jk}^{ct}	Annuität der Investitionskosten eines verlegten Durchmessers k im Strang j (incl. Unterhalt, Armaturen, Formstücke u.a. Zubehör)
c_{jk}^{pt}	Jährliche Betriebskosten eines verlegten Durchmessers k im Strang j (incl. Unterhalt, Armaturen, Formstücke u.a. Zubehör)
C_i	Gegenwartswert der Gesamtkosten der Wassergewinnung am Knoten i
C_{jk}	Gegenwartswert der Gesamtkosten eines verlegten Durchmessers k im Strang j
$g = (g_i)$	Geodätische Höhe über NN
h^g	Geodätisches Druckgefälle
$l = (l_j)$	Stranglänge
$P = (P_i)$	Versorgungsdruckhöhe über NN
$q = (q_i)$	Bedarf($+$), Einspeisung($-$)
α_j, β_j	Regressionskoeffizienten der gedachten Kostenkurve $\alpha_j d_j{}^{\beta_j}$
$\kappa = (\kappa_k)$	Einheitsvektor der Strangabschnitte
γ	Konstante definiert durch Gleichung (2.6)
b	Konstante definiert durch Gleichung (2.7)
w	Konstante definiert durch Gleichung (2.8)
δ, ϵ	Konstanten der allgemeinen hydraulischen Beziehung $h \sim f^\delta / d^\epsilon$ (siehe Gleichung (2.8))
ψ_j	Konstante definiert durch Gleichung (2.52) und (2.64)

Abschnitt 3.1

Indizes (Ausnahmen möglich)

$j = 1(1)J$ Flußabschnitte
$i = 1(1)I_j$ Planungsmaßnahme i im Flußabschnitt j
$k = 1(1)K_j$ Qualitätsparameter k im Flußabschnitt j
$m = 1(1)M$ Einzelziel der Vektoroptimierung
$r^k = 1(1)R^k$ Konzentrationsinkremente des Qualitätsparameters k

Variablen und Parameter

A Systemmatrix oder Gütemodell
$c = [c_{kj}]$ Konzentration eines Qualitätsparameters k im Flußabschnitt j
    oder (c_j)
$\bar{c}$ Zulässiger Grenzwert einer Konzentration
$\underline{c}$
$C(\ldots)$ Kostenfunktion
$f(\ldots)$ Transfer- oder Abbaufunktion
$g(\ldots), G(\ldots)$ Zielfunktion
$N(\ldots)$ Nutzenfunktion
$s = [s_{ij}]$ Planungsmaßnahme i im Abschnitt j
    oder (s_j)
$z = (z_j)$ Abwasserzufluß im Abschnitt j
$Z = (Z_m)$ Zielfunktion der Einzelziele m

Abschnitt 3.2

Indizes (Ausnahmen möglich)

$i = 1(1)N_i$ Knoten
$j = 1(1)N_j$ Stränge (real)
$j = 1(1)N$ Stränge (real und virtuell)
J_I Indexmenge der virtuellen Stränge (z.B. Klärwerke)
J_J Indexmenge der realen Stränge (z.B. Transportleitungen)

Häufig verwendete Variablen und Parameter

$A = [a_{ij}]$ Inzidenzmatrix des Gesamtgraphen realer und virtueller Stränge
$c_j(\ldots)$ Gesamtkosten des Stranges j
$f = (f_j)$ Durchfluß in einem Strang
$q = (q_i)$ Abwasseranfall
$Q = (Q_j)$ Kapazitätsgrenze

1 Einleitung

Die anhaltende Revolution der Datenverarbeitung verändert die Berufswelt des Ingenieurs auf vielfältige Weise. In der Siedlungswasserwirtschaft tätige Ingenieurbüros, Behörden und Verbände richten Rechenanlagen ein, deren Kapazität noch kürzlich derjenigen von Großforschungsstätten entsprach. In der Forschung werden die Grundwissenschaften des Ingenieurwesens durch Informatik und Operations Research ergänzt. Die neue Hardware erfordert geeignete Software.

Der zukünftige Ingenieur wird nicht unbedingt zusätzlich Informatiker sein. Aber es ist keine kühne Prognose, daß seine Tätigkeit um wesentliche Elemente der Datenverarbeitung erweitert sein wird. Vielleicht wird dann auch die Kluft zwischen dem Computer-Freak und dem traditionellen Professor der Siedlungswasserwirtschaft, der weder Mathematik noch Computer liebt, zum Nutzen beider bewältigt sein. Zur Zeit kann angenommen werden, daß noch eine Generation darüber vergehen wird. Diese Situation steht im Gegensatz zur Hochschulausbildung in den USA, Großbritannien und anderen Ländern.

Eine Unterscheidung zwischen Qualität und Quantität wird durch den Rechner nicht erleichtert. Die Undurchsichtigkeit eines komplizierten Rechenprogrammes, die fehlende Informatikausbildung und Rechnererfahrung des Ingenieurs ermöglichen einem Systemanalytiker, mit einem heuristischen Modell eindrucksvollen Datensalat auf farbigem Bildschirm zu präsentieren. Jargon und Fachausdrücke sind wichtig. Letztere kommen aus dem Amerikanischen, klingen lateinisch und deshalb wissenschaftlich. Ein „heuristisches Modell" (Heuristik: Wissenschaft von den nichtmathematischen Methoden zur Erkenntnisfindung) besteht, zum Beispiel, aus Rechenanweisungen, die der Systemanalytiker aufgrund seiner Erfahrung programmiert, indem er vielleicht versucht, ähnlich intuitiv wie der Ingenieur in der Praxis vorzugehen. Das entstandene Rechenprogramm kann auch mit den Anweisungen eines Roboters verglichen werden, der den erfahrenen Facharbeiter ersetzen soll.

Operations Research bezeichnet ein mathematisches Teilgebiet, das sich unter anderem dem Auffinden des Minimal- oder Maximalwertes, also des „Optimums" einer Funktion widmet, wobei häufig sogenannte „Nebenbedingungen" die Gültigkeit oder den „zulässigen Bereich" der Funktion bezeichnen. Die Funktion kann, zum Beispiel, die Kosten eines Rohrnetzes in Abhängigkeit seiner Durchmesser oder „Variablen" beschreiben, deren Minimalwerte den Planer interessieren. Die Nebenbedingungen beschränken den Durchfluß und Druck im Netz. Sind die zu optimierende Funktion, die „Zielfunktion", und die Nebenbe-

dingungen linear (Hyperebenen), heißt das Ganze „Lineares Programm". Ein
„mathematisches Modell" kann eine einfache Faustformel sein. Es kann auch
aus mehreren linearen oder nichtlinearen Gleichungen oder Ungleichungen bestehen, die dann das „System" analytisch beschreiben. Ein „Algorithmus" ist
eine Gebrauchsanweisung von Rechenschritten, um ein mathematisches Modell
durch Einsetzen von Zahlen (hier: „Daten") zu lösen, usw. Es sollen daten-
technisch aufwendige und strukturell komplizierte Planungsaufgaben mit entsprechenden Rechenprogrammen bearbeitet werden. Diese sind im Kern die
algorithmische und numerische Umsetzung eines mathematischen Modells, das
natürlich ein Abbild der Wirklichkeit sein soll. Die im Vorspann einer Systemanalyse aufgeführten zahlreichen „Annahmen" verdeutlichen den Unterschied
zwischen Abbild und Wirklichkeit.

Die folgenden Kapitel stellen den Versuch dar, Beispiele von Planungsmodellen in der Siedlungswasserwirtschaft vorzustellen. Es werden in Teilgebie-
ten der Wasserversorgung und Wassergütewirtschaft Ingenieuraufgaben mit
bekannten Zielsetzungen und Randbedingungen behandelt. Die entwickelten
Modelle und Lösungsalgorithmen gestatten die Bearbeitung von Aufgabestel-
lungen der Praxis in realistischer Größenordnung. Auch in detaillierten systemanalytischen Formulierungen werden zahlreiche Aspekte vernachlässigt und
Annahmen getroffen. Trotzdem sind im Ergebnis Quantifizierungen und konkrete Zahlenangaben gefordert. Aufgrund von Modellergebnissen, auch unter
Berücksichtigung von Sensitivitätsanalysen, können Zielsetzungen und Randbedingungen verändert, Rechnungen systematisch wiederholt, Datenermittlun-
gen verbessert und verfeinert werden.

Ebenso wird die Überprüfung von Verordnungen und Vorschriften durch die
Simulation ihrer Auswirkungen auf komplexe Systeme ermöglicht. Die Wieder-
holbarkeit aufwendiger Rechnungen mit gleichem oder verändertem Datenmaterial sowie die Nachvollziehbarkeit rechnerischer Einzelheiten einer komplexen
Planung sind zu den wesentlichen Vorteilen eines Rechenprogrammes zu zählen.
Daneben erfüllen Operations-Research-Verfahren den alten Wunsch des Ingenieurs, mit vorgegebenen Zielsetzungen und Randbedingungen „optimale" Sy-
stemgrößen zu ermitteln. Sie bilden damit eine zeitgemäße Ergänzung bekannter Planungsmethoden, die den aktuellen Anforderungen und rechentechnischen
Möglichkeiten entspricht. Insbesondere im Bereich regionaler Sanierungspläne
der Wasserversorgung, Abwasserentsorgung und Wassergütewirtschaft sind aufgrund der Vielzahl vorhandener Einflußmöglichkeiten, Maßnahmen und Varianten Optimierungs- und Simulationstechniken geeignet, effiziente Lösungen zu
ermitteln. Da außerdem die Investitionen dieser Bereiche volkswirtschaftliche
Größenordnung besitzen können, erscheint der Einsatz adäquater Planungsverfahren sinnvoll.

Zu erwähnen wäre, daß in der polarisierten Welt von Industrie- und Entwicklungsländern die Nutzen von Planungsmodellen trotz unterschiedlicher
Zielsetzungen jeweils bedeutend sein können. In den Industrieländern zwin-
gen Umwelt- und Standortprobleme, Ressourcenverknappung und Anlagenver-
alterung zur Wassergütewirtschaft, Fernwasserversorgung, Kanalnetzerneue-

rung und zu anderen Maßnahmen, deren Kosten Einsparungen, wie sie durch Operations-Research-Verfahren erreicht werden können, nicht vernachlässigbar erscheinen lassen. In Entwicklungsländern sind notorischer Kapitalmangel sowie die bestehende Notstandssituation im technischen Infrastrukturbereich ausreichendes Argument für sparsame und effiziente Planung. Es ist der erwähnte Vorteil von Planungsmodellen, daß weder starre Faustformeln noch Standards und Normen benutzt werden müssen, sondern Parameteranpassungen an beliebige Planungssituationen möglich sind.

Modelle vom vorgestellten Umfang entstehen nicht nur durch Anregungen aus der Praxis oder Literatur, sondern setzen intensiven Austausch mit Kollegen und Mitarbeitern sowie ihre Hilfe voraus. Ihnen gilt mein besonderer Dank. Insbesondere verdanke ich zahlreiche Anregungen sowie Programmentwicklungen Herrn G.E. Krauter. Die Arbeiten wurden ausschließlich durch Drittmittel aus Forschungsaufträgen finanziert. Sie bilden einen Teil der über einen Zeitraum von zehn Jahren durchgeführten Forschungen einer Gruppe und hätten ohne die Unterstützung der Deutschen Forschungsgemeinschaft, der Stiftung Volkswagenwerk, des Umweltbundesamtes, des Bundesministeriums für Forschung und Technologie nicht verwirklicht werden können. Ihnen sei ebenfalls herzlich gedankt. Die zugehörigen Rechenprogramme wurden in FORTRAN entwickelt und am Rechenzentrum der Universität Karlsruhe implementiert. Sie erscheinen hier nicht.

Vielleicht kann dieser Beitrag eine bestehende Lücke mit schließen helfen.

2 Wasserversorgung

2.1 Städtische Wasserversorgungsnetze

2.1.1 Einleitung

In den Industrieländern setzt der Verbraucher garantierte Qualität und Quantität der Trinkwasserversorgung voraus. Die traditionelle „Abwasserbeseitigung", die Oberflächen- und Grundwasser ebenfalls beansprucht, mindert das nutzbare Potential und erhöht die Kosten der Trinkwassergewinnung.

Es ist bereits die Erschließung des Rohwassers nach Kriterien der wirtschaftlichen Sicherung von Qualität und Quantität durchzuführen; unterschiedliche Entfernungen und Arten von Rohwasserquellen sind zu berücksichtigen. Es ist zwischen Oberflächen-, Grundwasser und Uferfiltrat mit abweichenden hydrologischen Eigenschaften und Qualitätsmerkmalen zu unterscheiden, die zeitlich schwanken können.

In der Regel sind Abhängigkeiten der Trinkwassergewinnung von anderen Umwelteinflüssen gegeben. Bedeutend können in Ländern der Dritten Welt unmittelbare gesundheitliche und wirtschaftliche Konsequenzen durch mangelnde Wasserversorgungen sein; in vielen Gebieten ist das Überleben vom unsicheren Dargebot abhängig.

Der Erschließung und Aufbereitung des Rohwassers folgt der Komplex der Fernleitung, Speicherung und Verteilung. Die Verteilung des Trinkwassers an die Verbraucher bildet eine dominierende technische und finanzielle Aufgabe; statistisch entfällt der überwiegende Teil der Gesamtkosten auf die Verteilung. Die klassische siedlungswasserwirtschaftliche Aufgabe der Dimensionierung von Wasserversorgungsnetzen wird daher im folgenden Kapitel behandelt.

Die Planung optimaler Wasserversorgungsnetze kann in Industrie- und Entwicklungsländern unterschiedliche Schwerpunkte besitzen. Während in Industrieländern Erweiterungen bestehender Netze, Integration und Anschluß von Eingemeindungen und Trabantenstädten sowie Erneuerungen veralteter Netze vorgenommen werden, sind in Ländern der Dritten Welt aufgrund des historischen Defizits technischer Infrastrukturen umfassende Neuplanungen durchzuführen. In den Großstädten und regionalen Ballungsgebieten können neben gesundheitlichen Auswirkungen signifikante Beeinträchtigungen der wirtschaftlichen Entwicklung aufgrund unzureichender Wasserversorgung und Abwasserentsorgung resultieren. Andererseits bedeuten in Ländern der Dritten Welt die notwendigen Investitionen für Neuplanungen einen verhältnismäßig

hohen Anteil der zur Verfügung stehenden Gesamtmittel. Häufig sind Mittel
für Notstandssanierungen nicht vorhanden, Opportunitätskosten übertreffen
die tatsächlichen Kosten. In hohem Maße beeinflussen in jedem Fall die Kosten
die Entscheidung. Es sollten daher Planungsverfahren verwandt werden, die
nicht nur Kostenoptimalität garantieren, sondern auch eine transparente Darstellung des Einflusses von Entwurfskriterien gestatten. Sinnvolle Entwurfskriterien für Länder der Dritten Welt entsprechen nicht immer denjenigen der
Industrieländer.

Eine Ermittlung der optimalen Rohrnetzkosten und -durchmesser für unterschiedliche Entwurfskriterien, Systemparameter und Inputdaten ist durch die
konventionellen Verfahren der iterativen Durchmesserschätzung kaum zu erreichen. Trotz unterschiedlicher Schwerpunkte der Planungsziele erscheint daher
die Anwendung von Operations-Research-Verfahren zur optimalen Dimensionierung von Rohrnetzen für Industrie- und Entwicklungsländer gleichermaßen
nützlich.

Die Problematik der Rohrnetzoptimierung hat bisher zahlreiche Autoren
motiviert und eine Vielzahl von Forschungsarbeiten stimuliert. Das Gebiet ist
eine logische Erweiterung der Rohrnetzberechnungen und erhielt neue Impulse
durch die Möglichkeiten elektronischer Großrechner. Es entstanden Modelle
und Lösungsansätze, die eine außergewöhnliche algorithmische Breite besitzen.
Entwicklungsstufen der Ansätze können verfolgt werden, gegenseitige Beeinflus-
sungen, die Verbreitung neuer Erkenntnisse. Zur Zeit scheint ein Plateau der
Erkenntnisse erreicht zu sein. Die bisherige Vielfalt der Lösungsansätze kann
sowohl auf die formal unheitlichen, wenig rigorosen mathematischen Darstel-
lungen der Aufgabe durch Ingenieure, den fehlenden Praxisbezug der exakten
Formulierungen durch Operations-Research-Fachleute, die Vernachlässigungen
bereits bekannter mathematischer, graphentheoretischer, hydraulischer Zusam-
menhänge, als auch auf unrealistische Vereinfachungen zurückgeführt werden. Trotzdem ist eine transparente mathematische Darstellung der Aufgabe
möglich. Die algorithmische Lösung bleibt aufwendig.

Die zahlreichen Forschungsarbeiten auf dem Gebiet können nur unvollständig zusammengefaßt werden. Pitchai [37] beschrieb die Aufgabe umfassend
unter Einbeziehung von Investitions- und Pumpkosten. In komplizierter Formulierung enthält diese frühe (1964–1966), von H. A. Thomas angeregte Arbeit
bereits den grundsätzlichen Hinweis auf die Nichtkonvexität der Aufgabe sowie
den Ansatz einer ganzzahligen Durchmesserauswahl über systematische Zufallsproben. Die geringe Rechnerkapazität beschränkte damals die Anwendung
des komplexen Modelles auf ein theoretisches Minimalbeispiel.

Smith [44] bemerkt ebenfalls die Problematik der Nichtkonvexität und diskutiert verschiedene Methoden zur Entwicklung lokaler Minima aus zulässigen
Anfangslösungen: Gradientenverfahren, Aufwölbung der Zielfunktion, Lineari-
sierung der Zielfunktion, Zufallsproben. Jacoby [28] erweitert die Idee der Elimination von Nebenbedingungen durch Transfer in die Zielfunktion und deren
Aufwölbung an den „Rändern", so daß ebenfalls mit Gradientenverfahren lokale Minima bestimmt werden können. Da kontinuierliche Durchmesser statt

Standarddurchmesser angenommen werden, sind diese anschließend kommerziellen Normduchmessern „anzupassen". Aus dieser Anpassung lokaler Minima resultieren Entwürfe, die auch erfahrene Ingenieure abgeschätzt haben könnten, ohne daß das Optimum erreicht wird. Die beschränkte Rechnerkapazität dieser Zeit (1968) ließ außerdem anwendungsreife Planungsbeispiele praktischer Größenordnung nicht zu.

Eine direktere Methode – mit Anwendungen für ein Netzwerk realistischer Größenordnung – zeigt Lam [32]. Es werden lokale Minima über eine diskrete Gradientenmethode ermittelt, die bereits Normdurchmesser berücksichtigt. Das Verfahren wird iterativ wiederholt, um durch Vergleich lokaler Minima das globale zu finden. Die außerordentlich hohe Zahl lokaler Optima stellt den Erfolg in Frage. Der Autor [8] zeigt einen graphentheoretischen Weg der systematischen und konvexen Evaluierung lokaler Minima, in der die Variablen auf die Druckhöhenverluste reduziert sind. Von Dobschütz [17] substituiert in Verästelungsnetzen für die Durchmesser nicht Durchfluß und Druckhöhenverluste, sondern variable Abschnitte kommerzieller Normdurchmesser. Über diese Transformation kann ohne Linearisierungen die numerisch effiziente Lineare Programmierung (LP) eingesetzt werden. Der Ansatz wird ebenfalls von Gupta [25], Deb [13], Karmeli et al. [29] verfolgt und weist in die heute gültige Richtung.

Andere Autoren entwickelten ebenfalls detaillierte Programme unter Verwendung verschiedenster Rechentechniken, um lokale (oder fastlokale) Minima überwiegend unter der Voraussetzung kontinuierlicher Durchmesser zu berechnen. Cenedese und Mele [10] führten, analog zum Hardy-Cross-Verfahren (s. Abschn. 2.1.2.2), eine Anfangsschätzung des Durchflußvektors ein und reduzierten damit die Durchflußvariablen auf einen Korrekturterm in jeder Schleife. Watanada [47] benutzt die Lagrange-Technik, um die Nebenbedingungen zu eliminieren. Shamir [43] ergänzt den LP Ansatz durch eine Gradientenmethode. Yang et al. [52] wenden das Prinzip der Dynamischen Programmierung an. Es werden auch einfache Schätzverfahren programmiert [38], ohne den bereits erreichten Wissensstand zu nutzen.

Drei Einzelheiten der nachfolgenden Arbeit erscheinen erwähnenswert: Die optimale Dimensionierung eines vermaschten Netzes bedingt Durchmesserwechsel zwischen zwei Knoten; die Ermittlung des globalen Kostenoptimums erfordert einen stochastischen Suchansatz; die nichtlineare Formulierung der Aufgabe impliziert unzulässige Ungenauigkeiten.

Der Begriff der Nichtlinearität bezieht sich hier nicht auf die Abhängigkeit zwischen Durchmesser, Durchfluß und Druckhöhenverlust in Druckrohren, die für ideale Flüssigkeiten von Bernoulli 1738 abgeleitet und später durch empirische Formeln der Wirklichkeit angepaßt wurde, sondern auf die Beibehaltung einer nichtlinearen Zielfunktion in der mathematischen Formulierung der Rohrnetzoptimierung.

Die Leistungen antiker Wasserbauingenieure waren ohne Kenntnis hydraulischer Formeln möglich. Der rigorose Beweis, daß ein hydraulisches Gleichgewicht für ein gegebenes Rohrnetz existiert, gelang erst 1956 Birkhoff [2].

Obwohl der Schwerpunkt des nachfolgenden Kapitels in der Berechnung der optimalen Rohrnetzdurchmesser eines vermaschten Netzes liegt, wird wegen der interessanten Verknüpfungen die Rohrnetzberechnung (die Ermittlung des Fließ- und Druckzustandes in einem Rohrnetz mit gegebenen Durchmessern) einleitend behandelt.

2.1.2 Rohrnetzberechnung

2.1.2.1 Allgemein

Für den gesamten Abschnitt gilt, daß das Rohrnetz vorgegeben ist; Graph, Rohrdurchmesser, -längen und hydraulische Kennwerte sind bekannt. Als Rohrnetzberechnung wird die Bestimmung von Durchflüssen und Druckhöhenverlusten eines vermaschten Druckrohrnetzes in Abhängigkeit der Bedarfs- und Einspeisemengen bezeichnet; das Rohrnetz selbst wird nicht berechnet. Die traditionelle Annahme, daß der Bedarf punktförmig an einem Knoten besteht, kann durch Zwischenknoten theoretisch beliebig (bis zur exakten Abbildung der Hausanschlüsse) verfeinert werden.

Sind Einspeise- und Bedarfsmengen vorgegeben, liegen Durchflüsse und Druckhöhenverluste im gesamten Netz fest; die resultierende Durchfluß- und relative Druckhöhenverteilung gilt für ein beliebiges Höhenniveau. An einem Punkt des Systems kann daher außer der Menge eine beliebige Bezugshöhe vorgegeben sein, mit der das relative Druckfeld des Systems an die geodätische Höhe der Umgebung „angeschlossen" wird. An den verbleibenden Knoten dürfen entweder nur Druck als Funktion der Menge oder Einspeisemenge oder Bedarf oder Druckhöhe vorgegeben sein. Auch erfahrene Ingenieure treffen in der Praxis Entwurfsannahmen, die diesem Theorem widersprechen. Im Gesamtnetz sind Durchfluß und Druck voneinander abhängig. Eine Einspeise- oder Bedarfsmenge kann nur erhöht werden, wenn gleichzeitig am gleichen Punkt der Druck erhöht oder gesenkt wird.

Rohrnetzberechnungen werden auch in der Praxis benutzt, um Durchfluß- und Druckhöhenverteilung zu ermitteln, wenn für einen Rohrnetzentwurf die Durchmesser geschätzt wurden. Indem Durchmesserschätzungen und hydraulische Berechnungen wiederholt werden, wird ein kostengünstiger Entwurf gesucht. Rechnerische Effizienz oder Erreichung des Kostenoptimums dieses „trial and error"-Verfahrens sind nur durch Zufall möglich.

Die erwähnte hydraulische Grundbeziehung beschreibt empirisch den Zusammenhang zwischen Druckhöhenverlust h, Durchfluß f und Durchmeser d in einer Druckrohrleitung, indem auch das Material der Druckleitung oder die Beschaffenheit der Rohrwandung über den Parameter Rauhigkeit mitberücksichtigt werden. In der Bundesrepublik wird nach den Richtlinien des DVGW [18] auch eine Abhängigkeit von der Reynoldszahl Re und damit von der kinematischen Viskosität ν des Wassers einbezogen.

Der Ansatz von Bernoulli [4] für das Verhalten idealer Flüssigkeiten postuliert Proportionalität zwischen Druckhöhenverlust und Energiehöhe

$$h \sim \frac{v^2}{2g} \tag{2.1}$$

In einem Druckrohr wird allgemein die folgende Quantifizierung der Proportionalitätsfaktoren angenommen:

$$h = \lambda \frac{l}{d} \frac{v^2}{2g} \tag{2.2}$$

Die Widerstandszahl λ [5] bildet den maßgeblichen Korrekturparameter zur Berücksichtigung der Abweichung des Systems vom idealen Verhalten. In der Bundesrepublik gilt für hydraulische Berechnungen der Wasserversorgung die implizite Beschreibung des λ-Wertes in Abhängigkeit der Reynoldszahl $Re = vk/\nu$ und relativen Rauhigkeit k/d nach Prandtl-Colebrook im turbulenten hydraulischen Übergangsbreich [35]:

$$\frac{1}{\lambda^{1/2}} = -2\log\left(\frac{2.51}{Re\lambda^{1/2}} + \frac{ks/d}{3.71}\right) = \varphi\left(Re, \frac{k}{d}\right) \tag{2.3}$$

Der Bezug der von Prandtl, Colebrook, Nikuradse, Karman unter Laborbedingungen entwickelten Formulierung zur Realität der Wasserversorgung ist umstritten. Armaturen, Krümmer, Wandverkrustungen, Verzweigungen verursachen Abweichungen, die die für ein Einzelrohr im Versuchsstand exakt erscheinende Formulierung nicht berücksichtigt. Die Kritik an der aufwendigen Formel wurde seit der Einführung elektronischer Rechner nicht weiterverfolgt. In der Neuerscheinung des zutreffenden DVGW-Arbeitsblattes (W 302, 1980) wird nicht nur „Rauhigkeit" in „Rauheit" korrigiert, sondern auch die Einführung einer pauschalen „integralen Rauheit" k_i vorgeschlagen, um trotz abweichender Wirklichkeit die Weiterverwendung der Prandtl-Colebrook-Formulierung (2.3) sinnvoll erscheinen zu lassen.

Im Ausland werden für hydraulische Berechnungen in der Wasserversorgung konsequent Formeln mit konstanten Reibungs- oder Kapazitätskoeffizienten benutzt, die auch Modifizierungen der „idealen" Exponenten der Bernoulli-Formel aufweisen; in Skandinavien, Japan, den USA gilt zum Beispiel Hazen-Williams [20]:

$$h = \frac{\alpha}{C^{1.85}} l \frac{f^{1.85}}{d^{4.87}} \tag{2.4}$$

Der Hazen-Williams-Koeffizient C ist eine vom Rohrmaterial und dem Einbaualter abhängige Kapazitätskonstante, α ein Dimensionsfaktor. Ebenso ist mit konstanten λ-Werten die Darcy-Weisbach-Formel anzutreffen [21]:

$$h = \lambda \frac{l}{d} \frac{v^2}{2g}$$

Aus Gründen der analytischen Transparenz und Äquivalenz zur Hazen-Williams-Hydraulik (2.4) wird im folgenden diese hydraulische Grundform ebenfalls verwandt, die in Deutschland auch unter dem Namen Kutter-Chézy bekannt ist [7]. Es erscheinen im Text die unterschiedlichen Kurzformen:

$$h = \lambda' l \frac{f^2}{d^5}, \qquad \text{wenn} \quad \lambda' = \lambda \frac{8}{\pi^2 g} = \text{const.} \tag{2.5}$$

oder

$$h = \gamma l f^2, \qquad \text{wenn} \quad \gamma = \frac{\lambda'}{d^5} = \text{const.} \tag{2.6}$$

oder

$$h = bl, \qquad \text{wenn} \quad b = \lambda' \frac{f^2}{d^5} = \text{const.} \tag{2.7}$$

oder allgemein:

$$h = \omega \frac{f^\delta}{d^\varepsilon}, \qquad \text{wenn} \quad \omega = \lambda' l = \text{const.} \tag{2.8}$$

Auf den Nachweis der mathematischen Allgemeingültigkeit der nachfolgenden Aussagen für implizit durchflußabhängige λ-Werte nach Prandtl-Colebrook wurde verzichtet. In den Rechenprogrammen sind iterative Korrekturen nach Prandtl-Colebrook enthalten; aufgrund der logarithmischen Insensitivitäten der Widerstandszahl ergibt sich jedoch kein signifikanter Einfluß.

Die analytische Darstellung der Rohrnetzberechnung über das erste (2.9) und zweite (2.10) Kirchhoffsche Gesetz und die hydraulische Grundgleichung (2.8) entspricht den folgenden simultan zu lösenden hydraulischen Gleichgewichtsbedingungen für ein Rohrnetz, das N_j Stränge, N_i Knoten, N_r Schleifen, Bedarfs- und Einspeisemengen q_i an den Knoten i sowie Durchflüsse f_j und Druckhöhenverluste h_j in den Strängen j, Durchmesser d_j und Stranglängen l_j besitzt:

$$\sum_{j \in J_i} f_j = q_i \qquad\qquad i = 1\,(1)\,N_i - 1 \tag{2.9}$$

$$\sum_{j \in J_r} h_j = 0 \qquad\qquad r = 1\,(1)\,N_r \tag{2.10}$$

$$h_j = \omega_j \frac{f_j^\delta}{d_j^\varepsilon} \qquad j = 1\,(1)\,N_j \tag{2.11}$$

Einspeisung und Bedarf des Systems sind ausgeglichen, $\sum q_i = 0$, so daß die Mengengleichgewichtsbedingung eines Knotens redundant ist, der als Bezugsknoten angenommen werden kann.

Die Zahl der Gleichungen (2.9) bis (2.11) ist nach Euler [49]:

$$N_i - 1 + N_r + N_j = 2N_j$$

und gleicht der Zahl der unbekannten Elemente f_j und h_j, $N_j + N_j$.

Wie erwähnt, gelang der Beweis, daß eine eindeutige Lösung des nichtlinearen Gleichungssytems (2.9) bis (2.11) existiert, erst spät (1956, Birkhoff), obwohl bereits 30 Jahre früher Cross iterative Lösungsverfahren entwickelt hatte, die in der Praxis seitdem benutzt werden [12].

Es besteht sowohl die Austauschbarkeit der Vorgabe von Bedarf und Potential an einem Knoten als auch eine analoge Äquivalenz der Parameter Durchfluß und Druckhöhenverlust in der Rohrnetzberechnung. Eine alternative Formulierung des hydraulischen Gleichgewichts (2.9) bis (2.11) lautet, wenn die Druckpotentiale $p = (p_i)$ definiert werden und Strang j die Knoten i und i_j verbindet:

$$\sum_{j \in J_i} f_j = q_i \qquad \forall\, i \qquad\qquad (2.12)$$

$$p_i - p_{i_j} = h_j \qquad \forall\, j,\ j = (i, i_j) \qquad (2.13)$$

$$h_j = \omega_j \frac{f_j^\delta}{d_j^\epsilon} \qquad \forall\, j \qquad\qquad (2.14)$$

Die Zahl der Gleichungen in (2.12) bis (2.14),

$$(N_i - 1) + N_j + N_j$$

entspricht wieder der Zahl der unbekannten Elemente f_j und h_j sowie p_i unter Berücksichtigung eines Bezugsknotens: $N_j + N_j + (N_i - 1)$.

2.1.2.2 Iterationsverfahren

Das Hardy-Cross-Verfahren [12] löst iterativ die nichtlinearen Gleichungssysteme (2.9) bis (2.11) oder (2.12) bis (2.14); in dieser Rohrnetzberechnung können beliebige Varianten der hydraulischen Grundbeziehung zwischen Durchmesser, Durchfluß, Druckhöhenverlust und Materialbeschaffenheit des Druckrohres verwandt werden. Numerische Oszillationen, langsame Konvergenz, Singularitäten sind jedoch möglich. In der Anfangsphase der Verbreitung elektronischer Rechner wurden daher intensive Untersuchungen durchgeführt und zahlreiche Vorschläge bekannt, die die Effizienz des Verfahrens garantieren sollten. Neue Rechnergenerationen dämpften dieses Interesse. Eine wirksame Möglichkeit, die Konvergenzgeschwindigkeit zu kontrollieren, zeigt Abschnitt 2.1.2.3.

Das Hardy-Cross-Verfahren sei hier trotz seiner Bekanntheit im Zusammenhang dargestellt. Man unterscheidet das Mengen- und das Druckhöhenausgleichsverfahren. Im ersten wird eine Anfangslösung des Vektors f ermittelt, die die Gleichung (2.9) erfüllt. Zweckmäßig wird dazu aus dem vermaschten Netz durch Einführung geeigneter Schnittstellen ein Verästelungsnetz hergestellt (s.u.). Es resultieren in der Regel Druckdiskontinuitäten an den Knoten, denn Kirchhoffs zweites Gesetz, Gleichung (2.10), ist nicht erfüllt. Die Korrektur der Verletzung erfolgt iterativ über einen Term Δf_r, der sequentiell für jeden Ring aus der vorangehenden Lösung berechnet wird, indem die Bedingung (2.9) erhalten bleibt und die Druckverteilung iterativ in Richtung des durch Gleichung (2.10) definierten Gleichgewichtes verbessert wird. Zur Berechnung des Korrekturterms Δf_r wird in Gleichung (2.10) der Druckhöhenverlust über die Beziehung (2.11) als Funktion des geschätzten Durchflusses eliminiert. Die Iterationsschritte und Neuberechnungen des Korrekturgliedes Δf_r ergeben sich aus einer Näherung der nichtlinearen hydraulischen Beziehung durch eine

Taylor-Entwicklung erster Ordnung aus den Lösungswerten des vorhandenen Iterationsschrittes; die Terme der Taylor-Reihe gestatten die Berücksichtigung beliebiger Faktoren und Exponenten der benutzten hydraulischen Beziehung, die sich auch theoretisch in unterschiedlichen Strängen unterscheiden könnten.

Die Berechnung des Korrekturterms entspricht der folgenden Form:

$$\varphi(\Delta f_r) = \sum_{j \in J_r} h_j(f_j + \Delta f_r) \qquad \overset{!}{=} 0$$

$$\varphi(\Delta f_r) = \sum_{j \in J_r} h_j + \Delta f_r \sum_{j \in J_r} \frac{\partial h_j}{\partial f_j} + \cdots \quad \overset{!}{=} 0$$

Unter Verwendung der repräsentativen hydraulischen Beziehung (2.8) folgt:

$$\varphi(\Delta f_r) = \sum \frac{\omega_j f_j^{\delta}}{d_j^{\varepsilon}} + \Delta f_r \sum \frac{\delta \omega_j f_j^{\delta-1}}{d_j^{\varepsilon}} + \cdots \quad \overset{!}{=} 0$$

$$\Delta f_r = -\frac{\displaystyle\sum_{j \in J_r} \frac{\omega_j f_j^{\delta}}{d_j^{\varepsilon}}}{\displaystyle\delta \sum_{j \in J_r} \frac{\omega_j f_j^{\delta-1}}{d_j^{\varepsilon}}}$$

Die zweite Variante beginnt mit einer Festlegung des Anfangsvektors p. Diese Festlegung erfordert keine Berechnung, da beliebige Potentialhöhen p benutzt werden können (z. B. die Indexnummern der Knoten), die die Bedingung $h \neq 0$ erfüllen. Werden mit dieser Anfangsschätzung anschließend nach Gleichung (2.13) und (2.14) die Durchflüsse ermittelt, so resultiert Nichteinhaltung der Bedingung (2.12). Die notwendige Korrektur des Systems wird über Neueinstellungen der Druckpotentiale durch Korrekturdrücke Δp_i hergestellt.

Die Berechnung der Korrekturglieder verläuft analog zur ersten Variante:

$$\varphi(\Delta p_i) = \sum_{j \in J_i} f_j(h_j + \Delta p_i) \qquad \overset{!}{=} q_i$$

$$\varphi(\Delta p_i) = \sum_{j \in J_i} f_j + \Delta p_i \sum_{j \in J_i} \frac{\partial f_j}{\partial h_j} + \cdots \qquad \overset{!}{=} q_i$$

$$\varphi(\Delta p_i) = \sum \left(\frac{h_j d_j^{\varepsilon}}{\omega_j}\right)^{1/\delta} + \Delta p_i \frac{1}{\delta} \sum \left(\frac{h_j d_j^{\varepsilon}}{\omega_j}\right)^{1/\delta-1} + \cdots \quad \overset{!}{=} q_i$$

$$\Delta p_i = \frac{q_i - \displaystyle\sum_{j \in J_i} \left(\frac{h_j d_j^{\varepsilon}}{\omega_j}\right)^{1/\delta}}{\displaystyle\frac{1}{\delta} \sum_{j \in J_i} \left(\frac{h_j d_j^{\varepsilon}}{\omega_j}\right)^{1/\delta-1}}$$

Beide Methoden wurden früher mit Rechenschiebern bewältigt, heute werden elektronische Klein- und Großrechner benutzt; zusätzlich können Details der Speicher- und Numerierungstechnik beachtet werden. Die Verwendung der komplizierten Prandtl-Colebrook-Hydraulik (Formel 2.3) erfolgt in einfacher Form zweckmäßig unter der iterativen Berücksichtigung der Lösung des vorangehenden Rechenschrittes.

Das zweite Verfahren (Druckhöhenausgleich) hat gegenüber dem ersten (Mengenausgleich) nicht nur den Vorteil, daß keine Anfangslösung zu berechnen ist, sondern daß die Korrekturen Δp_i an einem Knoten nicht auch das in vorangehenden Rechenschritten erzielte Gleichgewicht (an anderen Knoten) wieder zerstören (wie es im ersten Verfahren durchflußbezogener Ringkorrekturen Δf_r in den Strängen geschieht). Wie erwähnt, können jedoch Konstellationen auftreten, die zu langsamen oder oszillierenden Konvergenzen führen. Dazu trägt negativ bei, daß ringweise (im ersten Verfahren) oder knotenbezogen (im zweiten Verfahren) Korrekturen in einzelnen Rechenschritten vorgenommen werden, die nicht das gesamte System umfassen.

Eine grundsätzliche Verbesserung des Cross-Verfahrens bildet daher die sogenannte Newton-Methode [34], in der die Iterationsschritte jeweils das Gesamtsystem umfassen. Zweckmäßig wird wieder das Prinzip des Druckhöhenausgleichs verwandt.

Zur besseren Übersicht und rechentechnischen Vereinfachung sei der Graph durch die Inzidenzmatrix

$$A = [a_{ij}]$$

dargestellt, die eine numerische Abbildung der Struktur des Graphen durch die folgenden Definitionen gestattet [49]:

$$a_{ij} = +1, \quad \text{wenn Strang } j \text{ zum Knoten } i \text{ führt,}$$
$$a_{ij} = -1, \quad \text{wenn Strang } j \text{ sich vom Knoten } i \text{ entfernt,}$$
$$a_{ij} = 0, \quad \text{wenn Strang } j \text{ den Knoten } i \text{ nicht berührt.}$$

Dann lauten die hydraulischen Gleichgewichtsbedingungen (2.12) bis (2.14) in kompakter Notation (Bedarf $q_i > 0$, Einspeisung $q_i < 0$):

$$Af = q \qquad (2.12)$$

$$A^T p = h \qquad (2.13)$$

$$h = \frac{\omega f^\delta}{d^\varepsilon} \qquad (2.14)$$

Die übersichtliche Form (2.12) der ersten Kirchhoffschen Gleichgewichtsbedingung kann auch zur Ableitung einer Netzwerkeigenschaft benutzt werden, die nicht allgemein bekannt ist und besondere Bedeutung besitzt; ein vermaschtes Netzwerk besitzt eine Anzahl B

$$B = |AA^T|$$

strukturell unterschiedlicher Bäume oder Verästelungsnetze [49].

Ein „Baum" ist ein Teilgraph, in dem alle Knoten des Gesamtgraphen durch Stränge verbunden sind, ohne daß Ringe, Schleifen oder Maschen gebildet werden. Eine Schleife oder Masche oder ein Ring sei die Folge von Strängen, die den gleichen Knoten auf kürzestem Wege wiedererreicht. Zum Beispiel kann ein Baum oder Verästelungsnetz aus einem vermaschten Graphen entwickelt werden, indem aus jeder Schleife ein Strang entfernt wird. Die resultierende Durchflußverteilung würde die erste Kirchhoffsche Bedingung, Gleichung (2.12), erfüllen und könnte als Anfangslösung einer Rohrnetzberechnung im Mengenausgleichsverfahren dienen.

Die graphentheoretische Struktur jedes Baumes des Gesamtgraphen ist über die Inzidenzmatrix A gegeben. Die quadratische $(N_i - 1) \times (N_i - 1)$-Teilmatrix E der Inzidenzmatrix A beschreibt einen Baum, wenn der Betrag der Determinante

$$|E| = \pm 1$$

ist [46]. Da die Spalten der Inzidenzmatrix A von den Strängen $j = 1(1)N_j$ des vermaschten Gesamtgraphen gebildet werden, beträgt die Anzahl der Spalten N_r der Restmatrix G,

$$N_r = N_j - (N_i - 1), \tag{2.16}$$

so daß, wenn A in E und G partitioniert wird,

$$A = [\,E\,|\,G\,]. \tag{2.17}$$

Die Anzahl der Reihen in A, E, G ist $(N_i - 1)$ und gleicht der Zahl der Knoten des Netzes minus eins – dem Bezugsknoten. Das Gleichungssystem (2.12)

$$Af = q$$

wäre überbestimmt und A singulär, wenn alle Knotengleichungen enthalten wären. Wie erwähnt, ersetzt der vorgegebene Ausgleich von Bedarf und Einspeisung eine Systemgleichung. Aus (2.16) folgt, daß die Zahl der Sehnen (Stränge im Restbaum G) der Zahl der Schleifen N_r gleicht. Die Zahl der Äste (Stränge im Baum E) ist $N_i - 1$; da in einem Baum alle Knoten verbunden sind, ohne daß Schleifen bestehen, muß die Zahl der Stränge in einem Baum gleich der Zahl der Knoten N_i minus 1 sein.

Werden die Durchflüsse ebenso wie A in (2.17) partitioniert, so lautet die Kirchhoffsche Mengenbedingung (2.12):

$$Af = q$$

$$[E|G] \begin{bmatrix} f_E \\ f_G \end{bmatrix} = q$$

$$f_E = E^{-1}q - E^{-1}f_G G \tag{2.18}$$

Nach (2.18) besteht eine lineare Abhängigkeit der Durchflüsse f_E von den Durchflüssen f_G in den Sehnen. Im Sonderfall $f_G = 0$ ergibt sich im Verästelungsnetz:

$$f_E = E^{-1}q$$

Die Implikation der Aussage (2.18) ist nicht allgemein bekannt. Vermaschte Netzwerke besitzen in jeder Schleife einen Freiheitsgrad, der zur willkürlichen Festlegung eines Durchflusses benutzt werden kann; werden die Elemente f_G festgelegt, liegt der Durchfluß im gesamten Netzwerk ebenfalls fest, ohne daß eine Rohrnetzberechnung durchgeführt werden muß.

Das Newton-Verfahren zur Rohrnetzberechnung nutzt die Möglichkeit der gleichzeitigen analytischen Darstellung des Gesamtgraphen. Um ebenfalls die Berechnung einer Anfangslösung zu vermeiden, wird der Druckhöhenausgleich am Gesamtsystem ausgeführt. Mit der Elimination der Druckhöhenverluste h in Gleichung (2.13) über die hydraulische Beziehung (2.6)

$$A^T p = \gamma l f^2 \tag{2.20}$$

folgt:

$$f = \left(\frac{1}{\gamma l} A^T p \right)^{1/2} \tag{2.21}$$

Der gewonnene Ausdruck (2.21) dient der Forderung des Mengenausgleichs (2.12) an den Knoten in Abhängigkeit der Knotenpotentiale:

$$\varphi(p) = A \left(\frac{1}{\gamma l} A^T p \right)^{1/2} - q = 0 \tag{2.22}$$

Das nichtlineare System (2.22) ist ebenfalls nicht explizit lösbar, und lineare Iterationsschritte können wieder über eine Taylor-Reihe erster Ordnung aus einer Anfangsphase $p|h \neq 0$ entwickelt werden. Es folgt der Berechnungsschritt $n + 1$ aus der vorangehenden Lösung n:

$$\varphi(p_{n+1}) = A F_n A^T \Delta p_n + A \frac{1}{\gamma l} \left(A^T p_n \right)^{1/2} - q \overset{!}{=} 0 \tag{2.23}$$

in der F_n eine quadratische $N_j \times N_j$-Matrix mit den Diagonalelementen $\frac{1}{2\gamma l} \left(A^T p_n \right)^{-1/2}$ darstellt und

$$\Delta p_n = p_{n+1} - p_n$$

den iterariven Korrekturvektor des Druckpotentials p_n im Rechenschritt $(n+1)$ bedeutet.

Das lineare Gleichungssystem (2.23) wird in der Form

$$A F_n A^T \Delta p_n = q - A \frac{1}{\gamma l} \left(A^T p_n \right)^{1/2} \tag{2.24}$$

nach Δp_n aufgelöst. Verzögerte Konvergenz oder oszillierende Δp_n-Werte können mit Hilfe des im folgenden Abschnitt 2.1.2.3 dargestellten Variationsprinzips behoben werden [43], das einen unmittelbaren analytischen Zusammenhang zur Rohrnetzoptimierung bildet und eine Überleitung zur optimalen Dimensionierung des Netzes gestattet.

2.1.2.3 Variationsprinzip

Zur Rohrnetzberechnung oder hydraulischen Balancierung eines vorgegebenen Rohrnetzes seien die *internen* Energieverluste des Netzes in den Strängen j als Integrale

$$V_j(h_j) \;=\; \int_0^{h_j} f_j(x)\,dx$$

und der *externe* Energieinput/-output an den Knoten i als Integrale

$$W_i(p_i) \;=\; \int_0^{p_i} dx$$

definiert; dabei gilt die Annahme, daß die Durchflüsse $f_j(x_j)$ als Funktion der vorerst unbekannten Druckhöhenverluste $x\,(x : 0 \rightarrow h_j)$ formuliert und Einspeisungen und Bedarf q_i in Abhängigkeit additiver infinitesimaler Druckerhöhungen $dx\,(x : 0 \rightarrow p_i)$ stattfinden können. Es wäre anschaulich vorstellbar, daß zur rechnerischen Balancierung die Druckhöhenverluste in den Strängen von 0 bis h_j und die Einspeise-/Bedarfsdrücke von 0 bis p_i „wachsen", um h_j und p_i, die vorerst unbekannte Werte des hydraulischen Gleichgewichts, zu erreichen.

Da die Differenz zwischen Energieinput an den Einspeiseknoten und dem Energieoutput an den Bedarfsknoten dem Energieverbrauch in den Strängen gleicht, folgt der Wert der Variationsfunktion zu [3]:

$$V(p) \;=\; \sum_j V_j(h_j) \,-\, \sum_i W_i(p_i) \;=\; 0 \qquad\qquad (2.25)$$

Wenn zur Berechnung der Integrale, zum Beispiel, die hydraulische Form (2.6) verwandt wird, lauten diese:

$$f_j(x) \;=\; \left(\frac{x_j}{\gamma_j l_j} \right)^{1/2}$$

$$V_j(h_j) \;=\; \frac{\tfrac{2}{3}}{(\gamma_j l_j)^{1/2}}\, h_j{}^{3/2} \qquad\qquad (2.26)$$

und

$$W_i(p_i) \;=\; q_i p_i \qquad\qquad (2.27)$$

Wird h_j aus Gleichung (2.13) substituiert, folgt die vom Potential p abhängige, konvexe Funktion:

$$V(p) \;=\; \frac{2}{3}\frac{1}{(\gamma l)^{1/2}}\, A^T p^{3/2} \,-\, q^T p, \qquad\qquad (2.28)$$

deren Minimum

$$\frac{dV}{dp} \;=\; Af - q \;=\; 0 \qquad\qquad (2.29)$$

die erste Kirchhoffsche Gleichgewichtsbedingung, den Mengenausgleich ergibt. Gleichzeitig beinhaltet (2.28) die zweite Kirchhoffsche Gleichgewichtsbedingung, den Druckhöhenausgleich, sowie die hydraulische Grundbeziehung. Es folgt, daß die Berechnung des Minimums der konvexen Funktion $V(p)$ ebenfalls das hydraulische Gleichgewicht ergibt und als Rohrnetzberechnung benutzt werden kann.

Die Ermittlung eines beschleunigenden Korrekturfaktors t des Δp-Vektors der Newton-Methode,

$$p_{n+1} = p_n + t\Delta p_{n+1} \tag{2.30}$$

kann damit über das Variationsprinzip durch die Auflösung der Bedingung

$$\frac{dV}{dt}(p_n + t\Delta p_{n+1}) = 0 \tag{2.31}$$

vorgenommen werden.

Der Variationsansatz von Birkhoff [3] zeigt, daß das „natürliche" Durchflußverhalten im Rohrnetz dem Prinzip des geringsten Energieverlustes folgt. Aus der mathematischen Formulierung dieser Optimierungsaufgabe der Energieminimierung kann ebenfalls die hydraulische Balancierung des Sytems und Berechnung der vorerst unbekannten Durchflüsse f und Druckhöhenverluste h abgeleitet werden. Der Energieverlust im Rohrnetz ist proportional zum Produkt fh; Durchfluß und Druckhöhenverlust im hydraulischen Gleichgewicht sind diejenigen Werte, die minimale Energieverluste im System ergeben. Es gelten außerdem die Randbedingungen, daß Einspeisungen und Verbräuche und eine hydraulische Durchflußformel vorgegeben sind. Die Rohrnetzberechnung folgt dann der Formulierung:

$$\text{Min.} \quad \varphi(h, f) = h^T f \tag{2.32}$$

$$\text{N.B.} \quad Af = q \tag{2.33}$$

$$h = (\gamma l) f^2 \tag{2.34}$$

Wird h in (2.32) über Gleichung (2.34) eliminiert, so verbleibt der unbekannte Durchfluß f:

$$\text{Min.} \quad \varphi(f) = (\gamma l) f^3 \tag{2.35}$$

$$\text{N.B.} \quad Af = q \tag{2.36}$$

Die Zielfunktion $\varphi(f)$ in (2.35) ist streng konvex, ebenso der zulässige Bereich der linearen N.B. (2.36). Die Lösung der Aufgabe (2.35) und (2.36) ist mit Standardprogrammen der nichtlinearen Programmierung möglich.

Dieses Konzept gestattet einen unmittelbaren Übergang zur Rohrnetzoptimierung. Die Formulierung (2.32) bis (2.34) kann als Modell zum Entwurf eines Rohrnetzes angesehen werden, das minimale Energieverluste besitzt, dessen Rohre kostenlos sind und dessen Outputenergie (an den Bedarfsknoten) im Einheitspreis der Inputenergie (an den Einspeiseknoten) gleicht.

Anschaulich kann die rechnerische Lösung des Programmes (2.35) und (2.36) über ein Gradientenverfahren erfolgen, indem eine Anfangslösung f benutzt wird, die Gleichung (2.36) erfüllt. Die entstehenden Druckdiskontinuitäten an den Knoten werden in den Rechenschritten des Gradientenverfahrens iterativ verringert und sind im Minimum der Energiefunktion (2.35) ausgeglichen. Wie im Hardy-Cross-Verfahren ist die Kirchhoffsche Mengengleichgewichtsbedingung (2.26) implizit in jedem Iterationsschritt einzuhalten.

Die Philosophie des Prinzips des vorangehenden Konzeptes unterscheidet sich jedoch grundsätzlich vom Hardy-Cross- und ähnlichen Verfahren. Übereinstimmung besteht modelltechnisch in der Elimination der Variablen f oder h über eine hydraulische Grundbeziehung oder in der Anwendung von Gradientenverfahren, unter impliziter Beachtung eines Kirchhoffschen Gesetzes, um die Nichtlinearität iterativ zu behandeln.

Ein grundsätzlicher Unterschied besteht jedoch, weil ein Kirchhoffsches Gesetz durch die formale Berechnung des Minimums der Energiefunktion (2.32) ersetzt wird. Auf den möglichen Einsatz dieses mathematisch eleganten Prinzips für Rohrnetzberechnungen wurde bereits durch Thomas [45] und Rogers [40] hingewiesen.

Analog zum Hardy-Cross-Verfahren kann nach dem gleichen Prinzip der Energiekonservierung das hydraulische Gleichgewicht über eine alternative Methode der Rohrnetzberechnung in Abhängigkeit der Druckpotentiale bestimmt werden. Das hydraulische Gleichgewicht muß sich sowohl aus der Minimierung des internen Energieverbrauchs ($h^T f$) als auch der externen Energiebilanz ($q^T p$) ergeben:

$$\text{Min.} \quad h^T f \;=\; \text{Min.} \quad q^T p \tag{2.37}$$

Im Programm wird zweckmäßig der Mengeninput und Bedarf q durch die Variable Δq ersetzt, und es gilt $\Delta q \to 0$, wenn das Netz im hydraulischen Gleichgewicht ist.

Damit lautet das alternative Programm der Rohrnetzberechnung über die Minimierung des externen Energieinputs:

$$\text{Min.} \quad \Delta q\,p \;=\; \text{Min.} \;(q - Af)p \tag{2.38}$$

$$\text{N.B.} \quad A^T p \;=\; h \tag{2.39}$$

$$h \;=\; (\gamma l)f^2 \tag{2.40}$$

Wird f in der Zielfunktion über (2.40) eliminiert, reduziert sich die Aufgabe zu:

$$\text{Min.} \quad \varphi(p,h) \;=\; \left[p - A \left(\frac{h}{\gamma l} \right)^{1/2} \right] p \tag{2.41}$$

$$\text{N.B.} \quad A^T p \;=\; h \tag{2.42}$$

Mit beliebigen Anfangspotentialen $p|h \neq 0$ ist die Nebenbedingung (2.42) erfüllt, so daß das Minimum der konvexen Zielfunktion (2.41) ebenfalls iterativ mit Gradientenverfahren ermittelt werden kann.

Der Birkhoffsche Ansatz impliziert die Energiebilanz des gesamten Systems. Wie erwähnt, muß die Summe der internen Energieverluste und der externen Energiedifferenz Null sein:

$$h^T f - q^T p = 0 \qquad (2.43)$$

Angenommen, es seien an den Inputknoten Menge und Druck als Randbedingungen bekannt und als vorgegeben zu betrachten:

$$q_i p_i = const, \quad i \in I_e$$

und

$$q_i = const, \quad i \in I_v$$

Wenn dann nach (2.37) die Differenz zwischen externem Energieinput ($i \in I_e$) und -output an den Bedarfsknoten ($i \in I_v$) definiert wird:

$$\text{Min.} \quad h^T f = \text{Min.} \left(\sum_{i \in I_e} q_i p_i - \sum_{i \in I_v} q_i p_i \right), \qquad (2.44)$$

so ist die dem Minimierungsprinzip der internen Energieverluste (2.32) äquivalente Form die Maximierung des Energieoutputs:

$$\text{Max.} \sum_{i \in I_v} q_i p_i \qquad (2.45)$$

Sollen jedoch die Kosten des Energieinputs zum Beispiel als Pumpkosten minimiert werden, so müssen diese proportional zum gesamten Energieoutput angesetzt werden:

$$\text{Min.} \sim \left(\sum_{i \in I_e} q_i p_i \right) = \text{Min.} \sim \left(h^T f + \sum_{i \in I_v} q_i p_i \right) \qquad (2.46)$$

Es ist falsch, die Pumpkosten in der Zielfunktion nur proportional zum Produkt $\sum f_j h_j$ zu definieren, wie in der Literatur häufig angegeben.

2.1.3 Rohrnetzoptimierung

2.1.3.1 Nichtlineares Konzept (NLP)

Im nichtlinearen Ansatz der Rohrnetzoptimierung wird die Kostenabhängigkeit nichtlinear auf die Durchmesser bezogen. Wenn vorerst Gravitätseinspeisung angenommen wird, so gilt allgemein die folgende Kostenfunktion eines Rohrnetzes [10, 28, 37]:

$$\text{Min.} \quad \sum c_j l_j = \sum_j \alpha_j d_j^{\beta_j} l_j \qquad (2.47)$$

Die Nebenbedingungen umfassen die vorangegangenen Beziehungen der Rohrnetzberechnung (2.12) bis (2.14):

$$N.B. \qquad A f = q \qquad\qquad (2.48)$$

$$A^T p = h \qquad\qquad (2.49)$$

$$h = \frac{\omega f^\delta}{d^\epsilon}, \qquad\qquad (2.50)$$

sowie zusätzlich die Forderung ausreichender Druckversorgung P in jedem
Punkt:

$$p \geq P \qquad\qquad (2.51)$$

Werden die Durchmesser über Gleichung (2.50) in der Zielfunktion eliminiert, so resultiert mit $\beta_j = \beta$ und $\psi_j = l_j \alpha_j \omega^{\beta/\epsilon}$ das Programm:

$$\text{Min.} \quad \sum_j \psi_j \, \frac{f_j^{(\beta\delta/\epsilon)}}{h_j^{(\beta/\epsilon)}} \qquad\qquad (2.52)$$

$$N.B. \qquad A f = q$$
$$A^T p = h \qquad\qquad (2.53)$$
$$p \geq P$$

Die Vorzeichen der unbekannten Fließrichtungen und Druckhöhenverluste
sind über die Elemente a_{ij} der Inzidenzmatrix A zu Beginn festzulegen;
Durchflüsse und Druckhöhenverluste besitzen im gleichen Strang gleiche Vorzeichen:

$$f_j h_j \geq 0, \qquad \forall j$$

Da die Potenzierung negativer Zahlen nicht immer zulässig ist, lautet die
rigorose Formulierung des Modells (2.52) und (2.53) mit $p \geq 0$:

$$\text{Min.} \quad \sum_j^{N_j} \psi_j \left(\frac{f_j}{h_j}\right)^{\beta/\epsilon} |f_j|^\delta \qquad\qquad (2.54)$$

$$N.B. \qquad A f = q$$
$$A^T p = h \qquad\qquad (2.55)$$
$$p \geq P$$
$$f h \geq 0$$

Die Bedingung $f h \geq 0$ würde grundsätzlich eine präventive Komplizierung
des Modells bedeuten; die nachfolgende Logik der Modellentwicklung impliziert
diese Bedingung, so daß sie entfallen kann. Für die Konstanten gelten die
Bereiche

$$1 \leq \beta \leq 1,5 \; [33]$$
$$1,85 \leq \delta \leq 2,0 \; [20]$$
$$4,87 \leq \epsilon \leq 5,0 \; [20],$$

so daß die Funktion (2.52) bezogen auf die Druckhöhenverluste h streng konvex und bezogen auf den Durchfluß f streng konkav ist. Häufig werden auch in den Modellen konkrete Zahlenwerte der Parameter β, δ, ϵ benutzt, was die Anschaulichkeit erhöht. Es seien deshalb repräsentativ angenommen:

$$\beta = 1, \quad \delta = 2, \quad \epsilon = 5,$$

ohne Verlust der Allgemeingültigkeit der folgenden Aussagen, denn Konkavität und Konvexität bleiben im Streuungsbereich der Konstanten erhalten. Mit dieser Pararameterwahl erhält das vorangehende Modell die Form:

$$\text{Min.} \quad \sum_j \psi_j \left(\frac{f_j}{h_j}\right)^{0,2} f_j^{0,2} \tag{2.57}$$

$$\text{N.B.} \qquad Af = q$$
$$A^T p = h \tag{2.58}$$
$$p \geq P$$

Die Nichtlinearität des Modells bleibt auf die Zielfunktion beschränkt; der zulässige Bereich der Nebenbedingungen ist linear und konvex. Konkavität in bezug auf den Durchflußvektor bedeutet Kostendegression in bezug auf den Durchfluß. Es folgt als notwendige Bedingung für einen kostenminimalen Entwurf, daß eine möglichst große Konzentration der Flüsse in möglichst wenigen „Hauptarterien" des Netzes vorzunehmen ist.

Graphentheoretisch genügt ein Baum diesem Optimalitätskriterium. Nach Gleichung (2.18) werden die Freiheitsgrade eines vermaschten Rohrnetzes, die zur Erreichung einer möglichst konzentrierten Durchflußverteilung zur Verfügung stehen, über den Restbaum G gesteuert. Werden diesem „Nullflüsse" oder minimal zulässige Flüsse zugeordnet, so resultiert komplementär die höchst mögliche Konzentration von Flüssen in den Ästen des Baumes. Diese notwendige Bedingung für die Existenz lokaler Minima gilt unabhängig vom Wert der ebenfalls variablen Druckhöhenverluste; die Variablen f und h sind separierbar. Jeder Baum E, der aus dem Gesamtgraphen unter der Voraussetzung von Nullflüssen oder minimal zulässiger Flüsse f_G im Restbaum entwickelt wurde, besitzt die notwendige graphentheoretische Konfiguration eines lokalen Kostenminimums. Dieses Kriterium kann auch wie folgt veranschaulicht werden.

Eine Alternativformulierung des Modells (2.57) und (2.58) durch eine Variablensubstitution verringert gleichzeitig die Variablenzahl und Nebenbedingungen. Es wird eine Anfangslösung f^a der Durchflußverteilung f ermittelt, die die Mengengleichgewichtsbedingung erfüllt. In Anlehnung an das Hardy-Cross-Verfahren des Mengenausgleichs (s. Abschn. 2.1.2.2) werden anschließend Korrekturen Δf_r, $r = 1(1)N_r$ definiert, die die Variablen f_j, $j = 1(1)N_j$ ersetzen. Die Zahl der Durchflußvariablen ist damit verringert, $N_r < N_j$, und die Mengengleichgewichtsbedingung kann entfallen; es sei vereinfachend vorausgesetzt $h_j, f_j \geq 0$:

$$\text{Min.} \quad \sum_j \psi_j \; \frac{\left(f_j^a + \sum_{r \in R_j} \Delta f_r\right)^{0,4}}{h_j^{0,2}} \tag{2.59}$$

$$\text{N.B.} \quad A^T p = h$$
$$p \geq P$$

Es besteht, wie zuvor, Konvexität der Aufgabenstellung in bezug auf den Druckhöhenverlust h und Konkavität bezüglich der Durchflußvariablen Δf_r. Da die erste Kirchhoffsche Nebenbedingung eliminiert wurde, verbleibt der Nachweis der notwendigen und hinreichenden Bedingungen für die Existenz eines Minimums bezüglich der Durchflüsse ausschließlich über die Zielfunktion. Die zweite Ableitung der Zielfunktion nach Δf_r ist negativ definiert, so daß die Zielfunktion in bezug auf Δf_r streng konkav ist.

Aufgrund der graphentheoretisch gegebenen Freiheitsgrade in bezug auf den Durchfluß (s. Abschn. 2.1.2.1) folgt, daß in jeder Schleife nur ein Strang identifiziert werden kann, dessen Durchfluß zu Null oder zu einem minimal zulässigen Fluß zu reduzieren ist, um für die Schleife die kostengünstigste Lösung zu erhalten. Für einen beliebig vorgegebenen, zulässigen Vektor h bildet die Nullsetzung eines Stranges eine „Ecklösung" der Kostensumme der Schleife. Der Übergang zwischen verschiedenen Ecklösungen einer Schleife kann durch Veränderung des Δf_r-Vektors in (2.59) erreicht werden; dabei liefern Zwischenwerte höhere Kosten. Die Ecklösungen bilden lokale Minima in bezug auf den Durchfluß. Die Auswahl des günstigsten „Nullstranges" richtet sich nach den Koeffizienten der Kostenterme in der Zielfunktion, deren Wert durch h mitbestimmt wird. Für jeden zulässigen, vorerst noch unbekannten Vektor h existiert ein kostengünstiger Vektor f_G. Mit der günstigsten Vorgabe f_G ist auch der Vektor f_E nach (2.18) durch ein lineares Gleichungssystem bestimmt. Es verbleibt die Ermittlung der optimalen Druckhöhenverluste im Baum. Die Berechnung eines lokalen Minimums des Gesamtgraphen folgt damit dem Programm ($\psi^E = \psi f_E^{0,4}$, $j \in J_E$):

$$\text{Min.} \quad \sum_j \frac{\psi_j^E}{h_j^{0,2}} \tag{2.60}$$

$$\text{N.B.} \quad A^T p = h$$
$$p \geq P \tag{2.61}$$

Die Zielfunktion (2.60) ist streng konvex in bezug auf h, und der zulässige Bereich ist linear. Da die notwendigen und hinreichenden Bedingungen zur Existenz des globalen Optimums gegeben sind, kann die algorithmische Lösung des Programms (2.60) und (2.61) mit Standardverfahren der nichtlinearen Programmierung erfolgen. Rechentechnisch ist dafür zu sorgen, daß aufgrund der bekannten Durchflußrichtungen die Positivbedingung $h > 0$ eingehalten wird, indem z. B. die Inzidenzmatrix A jeweils umdefiniert wird. Es resultiert das globale Kostenminimum eines Baumes durch die Vorgabe f_G, Bestimmung der optimalen Durchflüsse $f^* = (f_E^* \mid f_G)$ und Druckhöhenverluste h^*.

Eine Umrechnung der Lösungsvektoren (f^*, h^*) in korrespondierende optimale Normdurchmesser ist möglich, wenn zwei unterschiedliche Durchmesser im Strang angeordnet werden. Im Abschnitt 2.1.3.2 wird die korrespondierende Ermittlung einer Durchmesserkombination gezeigt, die vorgegebenen Wertepaaren der Durchflüsse und Druckhöhenverluste hydraulisch äquivalent ist. Die geschlossene nichtlineare Formulierung (2.57) und (2.58) zeigt klar erkennbar, daß die Aufgabe der Rohrnetzoptimierung nichtkonvex ist; die Funktion (2.57) ist weder konkav noch konvex. Obwohl der zulässige Bereich die rechentechnisch günstige lineare Form besitzt, kann deshalb ein globales Optimum des Gesamtgraphen nicht durch Gradientenalgorithmen ermittelt werden, wie in der Literatur häufig vorgeschlagen wird.

Da die Variablen in den Nebenbedingungen separierbar sind, in der Zielfunktion Konkavität in bezug auf den Durchfluß f und Konvexität in bezug auf die Druckhöhenverluste h besteht, müssen lokale Minima an den Ecken des konvexen Polyeders der auf den Durchfluß bezogenen Nebenbedingungen auftreten. Sind die zugehörigen lokaloptimalen Durchflüsse f ermittelt, verbleiben streng konvexe, nichtlineare Formulierungen in bezug auf die Variable h, deren Minima aufgrund der zutreffenden „notwendigen und hinreichenden" Kuhn-Tucker-Bedingungen ermittelt werden können [27]. Die Ermittlung des globalen Optimums des Gesamtgraphen kann über die Evaluierung der Gesamtzahl der vorhandenen Bäume B vorgenommen werden oder über eine stochastische Auswertung nach Prinzipien der Evolutionsstrategie (s. Abschn. 2.2.3).

Neben dem Vorteil der analytischen Klarheit des nichtlinearen Modells, die z. B. eine Dekomposition in konvexe und konkave Variablenbereiche gestattet und die inhärente nichtkonvexe Struktur der Aufgabe verdeutlicht, bestehen entscheidende Nachteile der nichtlinearen Formulierung.

Es können Durchmesserbeschränkungen vom Rohrhersteller, vorhandenem Lagerbestand oder durch technische Vorschriften vorgegeben sein. In der nichtlinearen Formulierung erfordern diese Durchmesserbeschränkungen, im Gegensatz zum linearen Modell, zusätzliche Nebenbedingungen; minimal und maximal zulässige, vorgegebene Durchmesser $d_{\min}$ und $d_{\max}$ ergeben unter der Verwendung der hydraulischen Grundgleichung (2.8) maximal und minimal zulässige Druckhöhenverluste H° und H^{u}:

$$H^\circ = \frac{\omega f^\delta}{d_{\min}^\epsilon}$$

$$H^{\mathrm{u}} = \frac{\omega f^\delta}{d_{\max}^\epsilon}$$

Außerdem kann eine maximal zulässige Durchflußgeschwindigkeit $v_{\max}$ einzuhalten sein, der ebenfalls ein Mindestdurchmesser entspricht:

$$d^{\mathrm{u}} = d_{\min} = \frac{2f}{(\pi v_{\max})^{1/2}}$$

Ergeben sich aufgrund verschiedener Kriterien unterschiedliche minimale und/oder maximale Durchmesser, so gelten der größte der minimalen und der kleinste der maximalen Durchmesser als „bindende" Nebenbedingungen. Die notwendige Programmerweiterung der nichtlinearen Formulierung lautet:

$$\text{Min.} \quad \sum_{j}^{N_j} \psi_j \left(\frac{f_j}{h_j}\right)^{\beta/\epsilon} |f_j|^{\delta} \tag{2.62}$$

$$\text{N.B.} \quad \begin{aligned} Af &= q \\ A^T p &= h \\ p &\geq P \\ h &\leq H^{\circ} \\ h &\geq H^{\mathrm{u}} \end{aligned} \tag{2.63}$$

Bisher wurde der Parameter ψ_j als Konstante angesehen. Die Definition (s. (2.52))

$$\psi_j = l_j \, \alpha_j \, \omega_j^{\beta_j/\epsilon} \tag{2.64}$$

enthält neben den Kostenparametern α_j, β_j den Faktor ω_j der hydraulischen Grundbeziehung (2.8); die Bestimmung dieser Parameter erfordert zusätzliche Näherungsfunktionen und bedingt unvermeidbare Verzerrungen, wie im folgenden gezeigt wird.

Die Beziehung (2.47) definiert die Rohrkosten als nichtlineare monotone Funktion; die tatsächlichen Rohrkosten sind nicht kontinuierlich, sondern ganzzahlig. Es sind Kostenpunkte vorgegeben, die sich auf kommerzielle Normdurchmesser beziehen und im allgemeinen nicht exakt auf einer exponentiellen Kurve der Form (2.47) angeordnet werden können. Die Konstanten α_j, β_j können daher nur so bestimmt werden, daß die gedachte Funktion (2.47), z. B. nach dem Kriterium der kleinsten Quadrate, möglichst den vorgegebenen Kostendaten entspricht. In praktischen Beispielen ergaben sich Abweichungen der Funktion (2.47) von den vorgegebenen Kostenpunkten $> 10\,\%$, wobei die Gesamtzahl der Normdurchmesser zwischen 80 und 900 mm in der Regression benutzt wurde.

Wird die Optimierungsrechnung auf einen Baum bezogen, so liegen die Durchflüsse fest, und es können über maximal zulässige Durchflußgeschwindigkeiten, wie erwähnt, minimal zulässige Durchmesser $\underline{d}_j$ berechnet werden; diese können auch aus anderen Gründen vorgegeben sein. Damit ist die Bestimmung eines Fixkostenanteils $c_j^0(\underline{d}_j)$ möglich. Die Substitution der Kostenfunktion (2.47) durch einen Fixkostenansatz der Form

$$c_j^0 = c_j^0(\underline{d}_j) + \alpha_j^0(d_j - \underline{d}_j)^{\beta_j^0}$$

ergab z.B. eine Reduktion der erwähnten Abweichungen der Funktion von vorgegebenen Kostendaten um etwa die Hälfte.

Eine weitere Komplikation ist mit der Bestimmung des Widerstandswertes ω_j verbunden, den der Paramter ψ_j in Gleichung (2.64) enthält. Werden die Durchflüsse als bekannt vorausgesetzt, verbleibt die Abhängigkeit der ω_j-Parameter vom Durchmesser, oder, alternativ, vom Druckhöhenverlust. Wird diese Abhängigkeit durch die Prandtl-Colebrook-Beziehung (2.3) dargestellt, so ergibt sich $\omega_j = \omega_j(d)$ als parabolische Funktion, die im Bereich kleinerer Durchmesser aufgrund des stärkeren Einflusses der relativen Rauhigkeit k/d auf den Widerstandswert ω_j ebenfalls ansteigt, ebenso wie im Bereich größerer Durchmesser durch den stärkeren Einfluß der Reynoldszahl. Das Minimum der Funktion $\omega_j(d)$ liegt im mittleren Bereich der Reynoldszahlen. In Beispielen ergaben sich Schwankungen des ω_j-Wertes in der Größenordnung von $\sim 10\,\%$, die nicht vernachlässigt werden können. Die Formulierung einer entsprechenden Näherungsfunktion $\omega_j(d)$ oder $\omega_j(h_j)$ und ihre Einbeziehung in die Zielfunktion ist notwendig. Es wurde eine logarithmische Struktur gefunden, die die gewünschte Annäherung der Funktion $\omega_j(d)$ mit ausreichender Genauigkeit (Abweichungen $< 1\,\%$) gestattete [8]; a_j, b_j, c_j sind Konstanten:

$$\omega_j = a_j \log^2 h_j + b_j \log h_j + c_j$$

Diese numerischen Ungenauigkeiten und Komplizierungen, die aus der Annäherung der Kostendaten durch eine kontinuierliche Funktion sowie aus der Notwendigkeit interner hydraulischer Parameter im nichtlinearen Modell resultieren, werden im linearen Konzept vermieden.

Ein entscheidender, zusätzlicher Nachteil des nichtlinearen Modells folgt aus der notwendigen Umrechnung der resultierenden „optimalen" kontinuierlichen Durchmesser in hydraulisch äquivalente Normdurchmesser. Die hypothetische Kostenkurve der kontinuierlichen Durchmesser besteht aus konkaven Teilstücken, wenn druckhöhenäquivalente Normdurchmesser eingesetzt werden. Der insgesamt quasikonvexe Verlauf der konkaven Teilstücke bedeutet, daß die angenommene Kostenfunktion (2.47) aufgrund der Diskrepanz zwischen konkaven Teilbereichen und konvexem Gesamtverlauf (Abb. 2.4) eine verzerrende Vereinfachung darstellt, während die lineare Form (2.65) die realen Kosten wiedergibt.

2.1.3.2 Lineares Konzept (LP)

Der Strang j der Länge l_j sei aus einer Folge $k = 1(1)K$ kommerzieller Normdurchmesser d_{jk} steigender Größe zusammengesetzt, die einschließlich Verlegung, Formstücke, Armaturen, Wartung $c = (c_k)$ DM pro laufenden Meter kosten. Auf eine Differenzierung c_{jk} sei verzichtet, obwohl diese grundsätzlich möglich ist. Die Einzellängen oder Strangabschnitte l_{jk} der Durchmesser sind unbekannt und zu ermitteln. Wenn keine weiteren Vorgaben bestehen, folgt der kostenoptimale Entwurf des Stranges j der Bedingung:

$$\text{Min.} \quad \sum_k c_k l_{jk} \tag{2.65}$$

$$\text{N.B.} \quad \sum_k l_{jk} = l_j \tag{2.66}$$

Aus Gründen der übersichtlichen Darstellung sei wieder Grativätseinspeisung vorausgesetzt. Das Modellkonzept erlaubt jedoch in einfacher Form die Einbeziehung des Pumpbetriebes, wie später gezeigt wird.

Die Formulierung (2.65) und (2.66) ist linear, obwohl ganzzahlige Normdurchmesser berücksichtigt werden. Die in zahlreichen Modellansätzen der Rohrnetzoptimierung postulierten kontinuierlichen Durchmesser sind hier eliminiert worden, indem sie über die Substitution kontinuierlicher Abschnittslängen von Normdurchmessern ersetzt wurden. Ebenso entspricht die Definition Definition der Rohrkosten „pro laufenden Meter" den Angaben der Praxis – im Gegensatz zur exponentiellen Kostenfunktion (2.47) des nichtlinearen Modells.

Die Darstellung (2.65) wurde bereits häufig aufgegriffen [13, 17, 25] und geht wahrscheinlich auf Labye (1966) zurück [51]. Jedoch blieb die resultierende Konsequenz weitgehend unbeachtet. Zum Beispiel werden in den nichtlinearen Modellkonzepten Durchmesserwechsel ausschließlich an den vorgegebenen Knoten des Netzes vorgesehen, obwohl das die Praxis für Hauptverteilungsleitungen nicht vorschreibt. Die Erreichung eines bestimmten, optimalen Wertepaares (f_j^*, h_j^*) im Strang j ist nur durch zwei Normdurchmesser d_{jk}^*, d_{jk+1}^* der Länge l_{jk}^* und l_{jk+1}^* möglich. Formal bilden zwei aufeinanderfolgende Durchmesser die notwendige und hinreichende Bedingung zur Erzeugung beliebiger Wertepaare (f_j, h_j) in einem Strang j. Physikalisch ist evident, daß für eine vorgegebene Durchflußmenge f_j ein beliebiger Druckhöhenverlust h_j im Strang j eingestellt werden kann, wenn die Trennstelle zwischen zwei gedachten Normdurchmessern im Strang j entsprechend verschoben wird. Liegt in einem Rohrnetz der optimale Durchflußvektor (Druckhöhenverlustvektor) bereits fest, so ist der ebenfalls bekannte zugehörige kostenoptimale Druckhöhenverlustvektor (Durchflußvektor) über Normdurchmesserkombinationen in den Strängen erreichbar.

Dieser Zusammenhang folgt aus den Freiheitsgraden der Variablen in einem Rohrnetz. Von den drei unbekannten Größen f, h, d können jeweils zwei aus den hydraulischen Gleichgewichtsbedingungen bestimmt werden. Sind die Durchmesser d gegeben, so folgen Durchfluß f und Druckhöhenverlust h über die Rohrnetzberechnung. Analog können in der Rohrnetzoptimierung die Durchmesser über die hydraulische Grundgleichung (2.50) eliminiert werden, so daß Kostenabhängigkeit bezogen auf Durchfluß und Druckhöhenverlust in der Zielfunktion (2.52) sowie als lineare Nebenbedingungen die erste und zweite Kirchhoffsche Gleichgewichtsbedingung (2.48) und (2.49) verbleiben, die eine zweite Variable fixieren.

Zur mathematischen Diskussion der optimalen Durchmesserzuordnung in einem Strang j sei vorerst angenommen, daß die Werte der optimalen Durchflüsse

f_j bekannt sind und die gewünschten optimalen Druckhöhenverluste über eine entsprechende Durchmesserwahl erreicht werden sollen. Dazu sei der Strang, wie erwähnt, aus einer Folge von Normdurchmessern d_{jk} gedacht, deren Abschnittslängen l_{jk} variabel und zur Gesamtlänge l_j zu addieren sind. Es resultiert nach (2.7) der Druckhöhenverlust als lineare Funktion der Abschnittslängen:

$$n_{jk} = b_{jk} l_{jk}$$
$$h_j = \sum_k b_{jk} l_{jk}$$

(2.67)

Um für vorgegebenen Durchfluß die Druckhöhe h_j und Gesamtlänge l_j mit minimalen Kosten zu verwirklichen, genügt das LP:

$$Min. \quad \sum_k c_k l_{jk}$$

(2.68)

$$N.B. \quad \sum_k l_{jk} \geq l_j$$

(2.69)

$$\sum_k b_{jk} l_{jk} \leq h_j$$

(2.70)

Die Ungleichheitszeichen in (2.69) und (2.70) ergeben keinen physikalischen Sinn; aufgrund der Logik der Minimierung resultieren die Gleichheitszeichen, wie unten gezeigt wird. Da das LP (2.68) bis (2.70) zwei Nebenbedingungen besitzt, können die Basislösungen höchstens zwei Variablen enthalten [26]. Diese Aussage gilt für beliebige Wertepaare f_j, h_j, einschließlich des optimalen, sowie für jeden Strang j im vermaschten Netz, ebenso wie für eine Erweiterung der Zielfunktion durch Pumpkosten. Da die Koeffizienten der N.B. (2.69) gleich (eins) sind und die Koeffizienten der N.B. (2.70) eine monoton fallende Folge bilden, besteht die Lösung aus zwei Abschnittslängen l_{jk}^* und l_{jk+1}^* benachbarter Normdurchmesser k und $k + 1$ [26]. Im kostenoptimalen Entwurf eines vermaschten Rohrnetzes können benachbarte Normdurchmesser mit unterschiedlichen Abschnittslängen analog nur in einem Strang einer Schleife auftreten, da sich die Nebenbedingung (2.70) auf eine Schleife bezieht. Ist eine der Abschnittslängen Null, so ergeben sich durchgehende Strangdurchmesser. Abbildung 2.1 zeigt die graphische Darstellung des LP (2.68) bis (2.70), bezogen auf zwei Basisvariable.

Mit der Vereinfachung

$$d_{jk} < d_{jk+1}$$

(2.71)

folgt, daß

$$c_k < c_{k+1}$$

und

$$b_{jk} > b_{jk+1}$$

(2.72)

Abb. 2.1. Primales LP

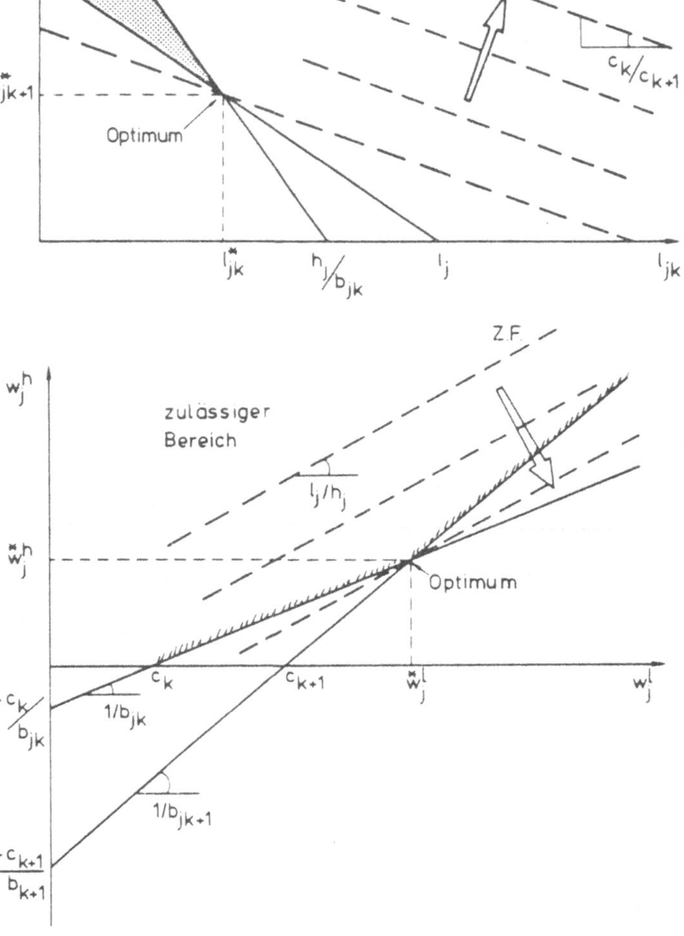

Abb. 2.2. Duales LP

Die notwendige Bedingung, daß das Optimum im Schnittpunkt der Nebenbedingungen (2.69) und (2.70) liegt, lautet:

$$\frac{b_{jk}}{b_{jk+1}} > 1 > \frac{c_k}{c_{k+1}} \tag{2.73}$$

Es gelten daher die Gleichheitszeichen der N.B. (2.69) und (2.70). Der Lösungsvektor

$$l_{jk}^* = \frac{h_j - b_{jk+1}l_j}{b_{jk} - b_{jk+1}} \tag{2.74}$$

$$l_{jk+1}^* = \frac{l_j b_{jk} - h_j}{b_{jk} - b_{jk+1}} \tag{2.75}$$

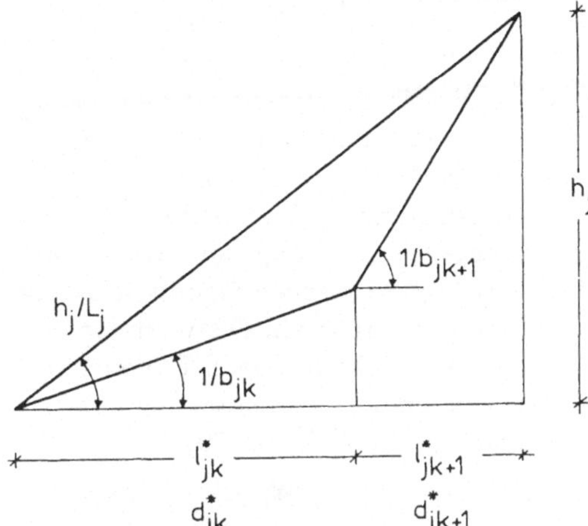

Abb. 2.3. Druckhöhengradienten

ist kostenunabhängig, da Durchfluß und Druckhöhenverlust vorgegeben wurden; ebenso liefert Abb. (2.1) das Auswahlkriterium der zugehörigen optimalen Durchmesser $k, k + 1$. Es existiert ein zusammenhängender linearer Bereich, wenn die Bedingung

$$h_j/b_{jk+1} > l_j \quad \text{und} \quad h_j/b_{jk} < l_j$$

oder

$$1/b_{jk} < l_j/h_j < 1/b_{jk+1} \tag{2.76}$$

erfüllt ist (s. Abb. 2.3). Andernfalls sind die Durchmesser k und $k + 1$ unzulässig; sie besitzen dann nicht die Kapazität, den vorgegebenen Durchfluß unter Einbehaltung des Druckhöhenverlustes h_j durch den Strang j zu leiten. Erwähnenswert ist, daß sich im kleineren Durchmesser k ein kleinerer und im größeren Durchmesser $k + 1$ ein größerer Druckabfall als der vorgegebene Gesamtwert h_j/l_j (Abb. 2.3) ergibt.

Diese Kriterien sind, ebenso wie das Konzept einer Durchmesserkombination, nicht allgemein bekannt. Häufiger werden in der Literatur Folgerungen aus der Annahme kontinuierlicher Durchmesser gezogen. Zum Beispiel wird empfohlen [19], daß in einer Durchmessersequenz k eines Stranges j die optimale Verteilung der Druckhöhenverluste aus dem gleichbleibenden Verhältnis zwischen marginalem Kostenzuwachs, Δc_{jk}, und Druckhöhenverlust, Δh_{jk}, zu bestimmen sei:

$$\Delta c_{jk} / \Delta h_{jk} = const.$$

Diese Bedingung ist aufgrund der diskreten Eigenschaften der Durchmesser nicht erfüllbar. Die kontinuierliche Veränderung, die aus der Substitution der Durchmesser durch Durchfluß und Druckhöhenverlust gefolgert wird, kann nicht in korrespondierende marginale kontinuierliche Veränderungen ganzzahliger Durchmesser umgesetzt werden, wenn ein durchgehender Durchmesser im Strang vorausgesetzt wird.

Andererseits wird für eine Strangfolge j angegeben [11, 13], die von aufeinanderfolgenden Durchmessern d_j der Länge l_j gebildet und von abnehmenden Flüssen f_j durchflossen wird sowie insgesamt einen Druckhöhenverlust $\sum h_j = H$ erfährt, daß ein optimaler Entwurf besteht, wenn das Verhältnis zwischen den Kosten C_j eines Stranges j und seinem Druckhöhenverlust h_j konstant ist. Diese Bedingung wurde ebenfalls unter der Annahme kontinuierlicher Durchmesser abgeleitet, indem z. B. die nichtlineare Zielfunktion (2.52) nach Lagrange durch die hydraulische Grundgleichung ergänzt wurde. Die Kosten C_j eines kommerziellen Durchmessers vorgegebener Länge sind fest vorgegeben; im gleichen Strang j ergibt sich aus der hydraulischen Grundgleichung in Abhängigkeit des vorgegebenen Durchflusses ebenfalls ein Festwert für den Druckhöhenverlust. Das Verhältnis der beiden Werte kann nur in Fällen seltener Zufallskombinationen der vorgegebenen Kostendaten konstant bleiben.

Aus der Normalform des primalen Programms (2.68) bis (2.70):

$$\text{Min.} \qquad \sum_k c_k\, l_{jk} \tag{2.77}$$

$$\text{N.B.} \qquad \sum_k l_{jk} \geq l_j \tag{2.78}$$

$$- \sum_k b_{jk}\, l_{jk} \geq -h_j \tag{2.79}$$

folgt die korrespondierende duale Formulierung:

$$\text{Max.} \quad (l_j W_j^l - h_j W_j^h) \tag{2.80}$$

$$\text{N.B.} \quad W_j^l - b_{jk} W_j^h \leq c_k, \quad k = 1(1)K, \tag{2.81}$$

die in Abb. (2.2), ebenfalls bezogen auf zwei Variablen k, $k+1$, dargestellt ist. Der optimale duale Vektor lautet:

$$W^{*l} = (c_j b_{jk+1} - c_{k+1} b_{jk}) > 0 \tag{2.82}$$

$$W^{*h} = \frac{c_k - c_{k+1}}{b_{jk+1} - b_{jk}} > 0 \tag{2.83}$$

Wird die Bedingung (2.79) in die ursprüngliche Form (2.70) übertragen, wechselt auch das Vorzeichen der korrespondierenden dualen Variablen

$$W^{*h} = \frac{c_{k+1} - c_k)}{b_{jk+1} - b_{jk}} < 0 \tag{2.84}$$

und kann in dieser Form interpretiert werden.

Die Ermittlung der dualen Lösung ist auch über die Lagrange-Form möglich, da in den Nebenbedingungen (2.69) und (2.70) die Gleichheitszeichen gelten:

$$\varphi(l,\lambda) = \sum_k c_k l_{jk} - \lambda_j^l \left(\sum_k l_{jk} - l_j\right) - \lambda_j^h \left(\sum_k b_{jk} l_{jk} - h_j\right)$$

An den Stellen: $\dfrac{\partial \varphi}{\partial l_{jk}} = 0$ und $\dfrac{\partial \varphi}{\partial l_{jk+1}} = 0$ gleichen die Lagrange-Multiplikatoren den dualen Variablen:

$$\lambda_j^l = \frac{c_k b_{jk+1} - c_{k+1} b_{jk}}{b_{jk+1} - b_{jk}} > 0 \tag{2.85}$$

$$\lambda_j^h = \frac{c_{k+1} - c_k}{b_{jk+1} - b_{jk}} < 0 \tag{2.86}$$

Die Vorzeichen der Lagrange-Multiplikatoren (2.85) und (2.86) zeigen, daß die Kosten mit steigender Länge l_j eines Stranges zunehmen ($\lambda_h^l > 0$) und mit steigendem Druckhöhenverlust h_j fallen ($\lambda_j^h < 0$); die Nichtlinearität dieser Werte in bezug auf die Durchmesser und den Durchfluß verweist auf die grundsätzlich nichtlineare Struktur der Aufgabe trotz der vorgenommen linearen Formulierung. Da die b_{jk}, b_{jk+1} Parameter nach der Definition (2.7) mit wachsendem Durchfluß ebenfalls zunehmen, fallen die Grenzkosten λ_j^h mit steigendem Durchfluß, so daß analog zum nichtlinearen Modell (2.52) und (2.53) ebenfalls Kostendegresionen in bezug auf den Durchfluß zu erkennen sind. Andererseits erhöhen sich Durchmesser $k + 1$ (s. Abb. 2.3) und folglich auch k aufgrund der Bedingung (2.76) mit steigendem Durchfluß, so daß eine Erhöhung der Grenzkosten λ_j^h resultiert. Insgesamt ist daher der Nachweis der Kostendegression im linearen Konzept nicht vergleichbar einfach wie im nichtlinearen möglich. Der Nachweis erfolgt zweckmäßig über die Transformation der linearen Form in die nichtlineare [55]. Mit der Definition eines „hydraulisch äquivalenten" Durchmessers d_j, der nach (2.5) den gleichen Druckhöhenverlust wie eine lineare Kombination d_{jk}, l_{jk} und d_{jk+1}, l_{jk+1} besitzt,

$$\frac{l_j}{d_j^\epsilon} = \frac{l_{jk}}{d_{jk}^\epsilon} + \frac{l_{jk+1}}{d_{jk+1}^\epsilon}$$

und dessen Einheitskosten c_j den summierten Einheitskosten der Durchmesserkombination entsprechen,

$$c_j l_j = c_{jk} l_{jk} + c_{jk+1} l_{jk+1},$$

folgt mit

$$l_j = l_{jk} + l_{jk+1},$$

eine konkave Abhängigkeit der Einheitskosten c_j vom Durchmesser d_j:

$$c_j = c_{jk+1} - \left(c_{jk+1} - c_{jk}\right) \frac{\dfrac{1}{d_j^\epsilon} - \dfrac{1}{d_{jk+1}^\epsilon}}{\dfrac{1}{d_{jk}^\epsilon} - \dfrac{1}{d_{jk+1}^\epsilon}}$$

Der konkave Verlauf der Kosten c_j im Bereich $d_k \leq d_j \leq d_{k+1}$, der aus der hydraulischen Äquivalenz des hypothetischen kontinuierlichen Durchmessers d_j und der linearen Kombination der Normdurchmesser k und $k+1$ resultiert, steht im Widerspruch zu den konvex angepaßten Kostendaten der Praxis, die die Funktion (2.47) mit $1 \leq \beta_j \leq 1,5$ darstellt. Es besteht jedoch Monotonie der Kosten im Bereich $k-1, k, k+1$, da allgemein die Bedingung

$$\lim_{k+1 \to k} \frac{dc_j}{dd_{k,k+1}} > \lim_{k-1 \to k} \frac{dc_j}{dd_{k-1,k}}$$

mit

$$\frac{dc_j}{dd_{k,k+1}} = \frac{\epsilon}{d_k} \frac{c_{k+1} - c_k}{1 - \left(\dfrac{d_k}{d_{k+1}}\right)^5}$$

und

$$\frac{dc_j}{dd_{k-1,k}} = \frac{\epsilon}{d_k} \frac{c_k - c_{k-1}}{\left(\dfrac{d_k}{d_{k-1}}\right)^5 - 1}$$

erfüllt ist.

Die Monotonie der hydraulisch äquivalenten (mit gleichem Druckhöhenverlust) kontinuierlichen Kostenfunktion $c_j(d_j)$ entspricht einem quasi-konvexen Verlauf (s. Abb. 2.4), so daß die Bedingung einer notwendigen Durchflußkonzentration zur Erreichung eines lokalen Optimums wie im nichtlinearen Fall gefolgert werden kann. Wenn die Kostendaten die Quasi-Konvexität nicht garantieren, ist das Kriterium der Durchflußkonzentration nicht gültig. Außerdem weist Abbildung 2.4 darauf hin, daß die Lage eines lokalen Minimums auch durch die Unstetigkeiten der ersten Ableitung der Kostenkurve beeinflußt werden kann. Dieses ist insbesondere zu erwarten, wenn das Optimalitätskriterium der Nullflüsse in den Sehnen nicht eingehalten wird und stattdessen, zum Beispiel, Minimaldurchmesser angeordnet werden. In diesem Fall erfährt das ursprüngliche Kostenminimum des Verästelungsnetzes eine Verschiebung. Die Evolutionsstrategie (s. Abschn. 2.2.3) reagiert entsprechend, indem sie die Methode eine Auslotung der unmittelbaren Nachbarschaft eines Ausgangspunktes ermöglicht.

Das analog dem nichtlinearen Modell (2.60) und (2.61) auf einen graphentheoretischen Baum $j \in J_E$ bezogene, erweiterte lineare Optimierungsmodell der Investitionskosten (2.68) bis (2.70) lautet ($\kappa = $ Einheitsvektor der Strangabschnitte):

$$\text{Min.} \quad \sum_{j \in J_E} \sum_k c_{jk} l_{jk} \tag{2.87}$$

$$\text{N.B.} \quad [l_{jk}]\kappa = l$$

$$A^T p - [bl]\kappa = 0 \tag{2.88}$$

$$p \geq P$$

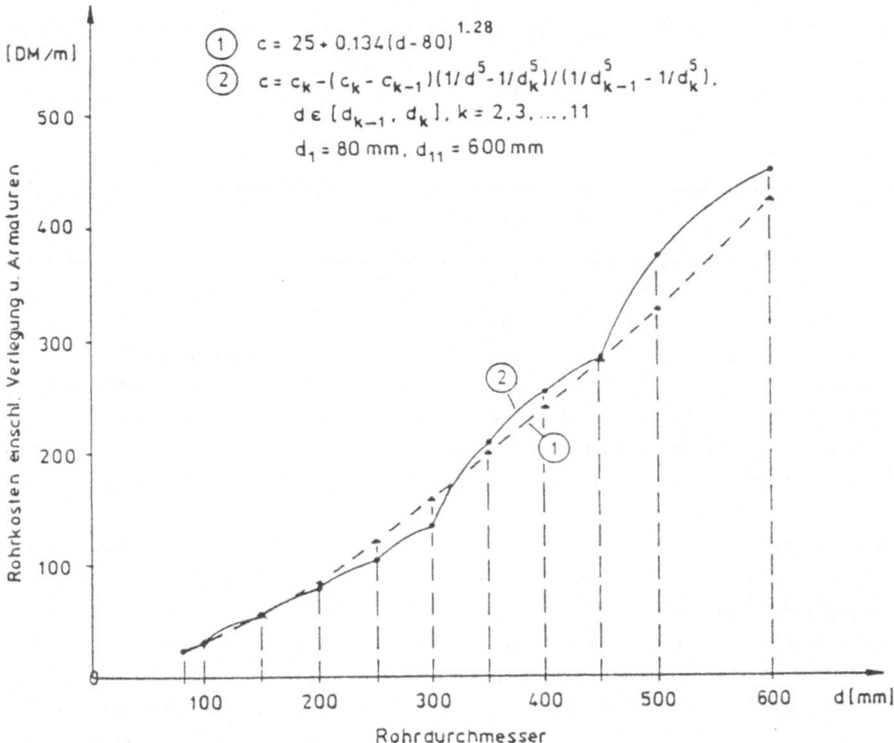

Abb. 2.4. Vergleich der Kosten einer Normdurchmesserkombination ① und eines hydraulisch äquivalenten kontinuierlichen Durchmessers ②

Die Lösung des Programmes (2.87) und (2.88) ist auch für Großstädte mit vertretbarem rechentechnischen Aufwand möglich, wenn ein effizientes LP benutzt wird, das zusätzlich die besonderen strukturellen Eigenschaften der Aufgabe berücksichtigt und an diese optimal angpaßt ist. Zum Beispiel sollte „gepackt" gespeichert werden, um die zahlreichen Nullelemente der Inzidenzmatrix zu eliminieren; die als Gleichungen formulierten Nebenbedingungen in (2.88) sollten als „General Upper Bounds" einbezogen werden; es sollte der gesamte Lösungsraum der für einen Strang infrage kommenden Durchmesser berücksichtigt werden und die Durchflußsituation nicht auf einen einzigen Baum beschränkt bleiben, so daß jeweils das Minimum vorangehender LP-Lösungen als untere Schranke oder Anfangslösung eines neuen Baumes benutzt werden kann; dazu gehört, daß die verwendete LP Routine auch unzulässige Anfangslösungen zuläßt.

Die zutreffende Wahl eines engen Durchmesserbereiches $k = 1(1)K$ trägt zur Reduktion der Variablen l_{jk} bei. Da der Durchfluß in einem Baum nach Gleichung (2.18) bekannt ist, wird die Durchmesserwahl zwischen dem kleinsten ($k = 1$) und größten ($k = K$) Normdurchmesser zweckmäßig nach den Kriterien der größten ($k = 1$) und kleinsten ($k = K$) zulässigen Durchflußgeschwindigkeiten vorgenommen.

Wie erwähnt, sind die Optimierungsrechnungen nicht nur aus rechentechnischen Gründen auf Hauptverteilungsnetze zu beschränken. Das Sekundärnetz umfaßt Mindestdurchmesser (Nebenstraßen und Hausanschlüsse), die keine weitere Reduzierung oder optimale Größenbestimmung gestatten. In der Auswahl des Graphen der Hauptverteilung, auf den sich die Optimierung bezieht, ist daher anzustreben, daß sich die Sehnen in die Größenordnung des Sekundärnetzes einfügen, so daß ein möglichst nahtloser analytischer Übergang zwischen Hauptverteilung und Sekundärnetz entsteht.

Für Hauptverteilungsnetze von Klein- und Mittelstädten erlaubt die Kapazität der heute (1987) vorhandenen Rechenanlagen, die Gesamtzahl der Bäume oder lokalen Minima auszuwerten. Städtebauliche, versorgungstechnische u.a. Vorgaben können zur Verminderung des Rechenvolumens beitragen, indem z.B. Haupt- und Nebenstraßen als Äste und Sehnen ausgebildet werden, so daß sich die Anzahl der möglichen lokalen Minima verringert. Für Großstädte wurde zusätzlich eine evolutionsstrategische stochastische Suchtechnik entwickelt (s. Abschn. 2.2.3).

Das Modell (2.87) und (2.88) erlaubt in einfacher Form die Einbeziehung von Pumpkosten. Wie erwähnt (s. Abschn. 2.1.2.3) führt das in der Literatur verbreitete Konzept der Proportionalität der Pumpkosten zur Summe der Energieverluste zu falschen Ergebnissen. Die im System entstehenden Energieverluste sind durch den Energieoutput an den Bedarfsknoten zu ergänzen, obwohl die an den Bedarfsknoten aus dem System entlassene Energie im allgemeinen nicht monetär genutzt werden kann. Die Summe der Energieverluste und des Energieoutputs gleicht dem Pumpkosten verursachenden Energieinput an den Einspeiseknoten. Zweckmäßig werden daher Pumpkosten als externer Energieinput an den Einspeiseknoten, $i \in I_e$, definiert und in dieser Form einbezogen, wenn c_i^p die spezifischen Pumpkosten angibt:

$$\text{Min.} \quad \sum_j \sum_k c_k l_{jk} + \sum_{i \in I_e} c_i^p q_i p_i \qquad (2.89)$$

$$\text{N.B.} \quad [l_{jk}]\kappa = l$$

$$A^T p - [bl]\kappa = 0 \qquad (2.90)$$

$$p \geq P$$

Das Ergebnis des Programmes (2.89) und (2.90) besteht aus den optimalen Abschnittslängen l_{jk}^*, l_{jk+1}^*, den zugehörigen Durchmessern d_{jk}^*, d_{jk+1}^* sowie den optimalen Druckhöhen p_i^* der vorgegebenen Einspeisemengen q_i an den Knoten $i \in I_e$.

Analog können Boosterstationen berücksichtigt werden, deren Anordnung im Netz an vorgegebenen Standorten geplant ist, um in entlegene Netzteile oder höhere Druckzonen zu fördern. Wenn $h^d = (h_j^d)$ die zu ermittelnde Druckhöhe der Druckerhöhungsanlagen in den Strängen $j \in I_d$ bedeutet und c_j^p die spezifischen Pumpkosten, so besitzt die formale Erweiterung des LP die folgende Form:

$$\text{Min.} \quad \sum_j \sum_k c_k l_{jk} \; + \; \sum_{i \in I_e} c_i^p q_i p_i \; + \; \sum_{j \in I_d} c_i^p f_j h_j^d \qquad (2.91)$$

$$\text{N.B.} \qquad\qquad [l_{jk}]\kappa \; = \; l$$

$$A^T p + h^d - [bl]\kappa \; = \; 0 \qquad (2.92)$$

$$p \; \geq \; P$$

Das Ergebnis des Programms (2.91) und (2.92) sind die optimalen Abschnittslängen l_{jk}^*, l_{jk+1}^* und Normdurchmesser d_{jk}^*, d_{jk+1}^*, optimale Pumphöhen der Einspeisungen p_i^*, $i \in I_e$ und Druckerhöhungsstationen h_j^d, $j \in I_d$.

Das Konzept der Bestimmung lokaler Minima über graphentheoretische Baumstrukturen ist mathematisch rigoros, wenn den Sehnen Nullflüsse zugeordnet werden, so daß in (2.18) $f^G = 0$ gilt und Verästelungsnetze entstehen. Wird jedoch die Anordnung der Sehnen aus Gründen der Versorgungssicherheit im Netz gewünscht obwohl die hydraulische Notwendigkeit einer Vermaschung nicht besteht, so ist die mathematische Rigorosität des Modells unterbrochen. Der Nachweis, daß die Rangfolge der lokalen Minima der Baumstrukturen auch nach der Ergänzung der Verästelungsnetze durch Sehnen mit Flüssen $f^G \neq 0$ bestehen bleibt, kann nicht geführt werden. Die zur Ermittlung des globalen Optimums eingesetzte vollständige Enumeration lokaler Minima oder zur konvergierenden Verbesserung lokaler Minima benutzte Evolutionsstrategie ist daher auf vermaschte Graphen zu beziehen, deren resultierende Rangfolge von derjenigen der zugehörigen Bäume abweichen kann (s. Abschn. 2.2.3).

Verschiedene Verfahren sind möglich, um im Anschluß an die Bestimmung lokaler Optima der Baumstrukturen die hydraulisch überflüssigen Sehnen einzufügen und die Vermaschung wiederherzustellen. Im entwickelten Programm wurde das Prinzip benutzt, die Ergänzung der Verästelungsnetze durch Sehnen mit vorgegebenen Minimaldurchmessern und Minimalflüssen vorzunehmen. Es resultierte in den Planungsbeispielen eine Schwankungsbreite der Mehrkosten durch Addition der Sehnen in unterschiedlichen Bäumen von $< 1\,\%$, so daß die Kosten der Verästelungsnetze und zugehörigen vermaschten Graphen nahezu parallel verliefen. Da die zulässigen Minimalflüsse und Minimaldurchmesser vom Planer vorzugeben sind, sollten diese Werte, wie erwähnt, in Übereinstimmung mit der Struktur des Rohrnetzgraphen so festgelegt werden, daß die Nebenstränge oder Sehnen in die Größenordnung kommerzieller Mindestdurchmesser fallen. Die Sehnen des Baumes sollten grundsätzlich die Arterien des Netzes darstellen. Wie bei anderen Beispielen mathematischer Modellierungen kann auch hier die Effizienz der Rechnungen wesentlich durch die Vorgaben der planenden Ingenieure erhöht werden.

Das gewählte Verfahren der Ergänzung der Verästelungsnetze durch Sehnen schließt sich an die Bestimmung der optimalen Durchmesser der Baumstrukturen an, die mit der Bedingung $f^G = 0$ aus dem Modell (2.87) und (2.88) oder (2.89) und (2.90) ermittelt wurden. Nach der Lösung des LP sind Druckhöhen,

Durchmesser, Durchflüsse bekannt, ebenso resultieren aus den Potentialhöhen an den Knoten zu erwartende Durchflußrichtungen der einzurechnenden Sehnen.

Diese Richtung wird dem vorgegebenen Betrag der Minimalflüsse in den Sehnen zugrunde gelegt. Es folgt nach Gleichung (2.18) eine neue Durchflußverteilung, und mit den vorgegebenen Mindestdurchmessern der Sehnen ergibt sich auch ein zugehöriger Druckhöhenverlust h_j^G, $j \in I_G$. Ein zweiter LP-Lauf wird mit den korrigierten Flüssen und unter Berücksichtigung einer zusätzlichen Slackvariablen h_j^{sl} des Druckhöhenverlustes in den Sehnen durchgeführt, die Zulässigkeit und Optimalität garantiert. Es ergeben sich dadurch technisch Druckminderungen in der Sehne j, wenn das LP-Ergebnis des zweiten Laufs $h_j^{sl} > h_j^G$ liefert. Resultiert jedoch $h_j^{sl} < h_j^G$, so wählt das Programm die jeweils kostengünstigste Lösung, um die Bedingung $h_j^{sl} = h_j^G$ herzustellen; es kann der Druck in der Sehne j über eine Boosterstation erhöht oder eine Teilstrecke des Stranges j durch einen größeren Durchmesser ersetzt werden. Ebenso kann programmtechnisch eine Boosterstation angeordnet und in die Zielfunktion einbezogen werden, wenn die Potentialhöhendifferenz einer Sehne sich im zweiten LP-Lauf umkehrt, so daß gegen das ursprüngliche Druckgefälle zu fördern ist.

Diese Möglichkeiten garantieren nicht nur die hydraulische Zulässigkeit der LP Lösungen; häufig zeigte sich in Anwendungsbeispielen, daß die Anordnung von Boosterstationen wirtschaftlicher war als optisch günstiger wirkende Graphen. Es kann zusätzlich die Aufgabe gegeben sein, bestehende Netze zu erweitern oder vorhandene Netzteile in die Neuplanung mit einzubeziehen. In den Industrieländern werden Trabantenstädte versorgungstechnisch integriert oder Netzteile saniert, in Entwicklungsländern sind versorgte Stadtteile der Kolonialzeit in das geplante Netz der expandierenden Großstadt einzubeziehen usw. Das Modell ermöglicht die Integration in der folgenden Form.

Bestehende Einzelstränge werden als Nebenbedingung berücksichtigt, die die Einhaltung des Druckhöhenverlustes aus den vorhandenen Durchmessern garantieren. Das Programm besitzt die Option, Stränge als Äste zu fixieren, so daß diese nicht den Status eines Nullstranges oder einer Sehne annehmen dürfen. Diese Option wird für bestehende Stränge aktiviert; dadurch wird die Zahl der möglichen Bäume oder lokalen Minima des Gesamtgraphen zusätzlich beschränkt.

Sind bestehende Netzteile an ein neu zu dimensionierendes Rohrnetz anzuschließen, werden die Anschlußpunkte und Verbindungsmengen als bekannt vorausgesetzt. Es erfolgt ein hydraulischer Ausgleich im alten Netz, der die zugehörigen relativen Potentialhöhen der Anschlußpunkte liefert. Diese Potentialhöhendifferenzen zwischen den Anschlußpunkten werden ebenfalls als einzuhaltende Randbedingungen im Optimierungslauf berücksichtigt, so daß der Druckhöhen- und Durchflußanschluß mit der optimalen Dimensionierung des neuen Netzes vollzogen ist. Bestehen Unsicherheiten über die zweckmäßige Verteilung der Einspeisemengen in das alte Netz, so müssen diese systematisch variiert und die Dimensionierung des neuen Netzes wiederholt werden.

2.1.3.3 Planungsbeispiel Sekondi-Takoradi/Ghana

Abbildung 2.5 zeigt den Graphen eines geplanten Hauptverteilungsnetzes im zweitgrößten Ballungsgebiet der Küstenregion von Ghana, Sekondi-Takoradi, für etwa 165 000 Einwohner. Der Graph besitzt 29 Knoten, 5 Schleifen, 33 Stränge. Einspeisungen erfolgen vom Knoten 2 (Inchaban) mit 52,8 l/s und vom Knoten 16 (Daboasi) mit 233,1 l/s; vom Knoten 29 sollen 73,9 l/s über eine Druckerhöhung in ländliche Gebiete weitergeleitet werden. Die Mengen entsprechen einem Bedarf von ca. 150 l/(E d). In Abbildung 2.5 sind Systemgraphen, minimal zulässige Versorgungspotentiale, Knotenbedarfswerte, Stranglängen dargestellt; die Rauhigkeit beträgt in allen Strängen $k = 1$ mm, Viskosität des Wassers $\nu = 1,31 \times 10^{-6}\,\mathrm{m^2/s}$. Die theoretisch zulässige maximale Durchflußgeschwindigkeit wurde zu 2 m/s angenommen (im Entwurf nicht erreicht), die minimal zulässigen Durchmesser wurden mit NW 80, die minimal zulässigen Strangwassermengen zu 1 l/s festgelegt; ferner besteht Gravitätseinspeisung. Die Rohrkosten einschließlich Verlegung betrugen:

NW [mm]	DM/m	NW [mm]	DM/m
80	25	350	207
100	32	400	255
150	55	450	285
200	80	500	375
250	105	600	450
300	136		

Die Gesamtzahl der Bäume war $B = 3080$. Werden die Stränge zwischen den Knoten (1,2) und (2,3) als Äste sowie der Strang (18,19) als Sehne vorgegeben, reduzierte sich die Zahl auf 580. Es wurde die Gesamtzahl der Bäume und lokalen Minima evaluiert, das globale Optimum zeigt Abbildung 2.6.

Die Kosten betrugen 3,471 Mio. DM (3,283 Mio. DM für die Äste, 0,188 Mio. DM für die Sehnen). Deutlich sind Durchmesserkombinationen zu erkennen. Die evolutionsstrategische Auswertung wurde mit einem vom globalen Optimum abweichenden Ergebnis von 0,7 % für befriedigend gehalten, das Konvergenzverhalten zeigt Abbildung 2.7. Die Vermaschung erfolgte mit der Bedingung, daß in den Sehnen Minimaldurchmesser NW 80 sowie Minimalflüsse von 1 l/s einzuhalten sind.

Ferner wurden Rechenvergleiche zwischen linearem (LP) und nichtlinearem (NLP) Modell durchgeführt, indem die zehn rangbesten Bäume (ohne Sehnen) linear (s. Abschn. 2.1.3.2) und nichtlinear (s. Abschn. 2.1.3.1) optimiert wurden; die verwandte NLP-Routine war Zoutendijks Methode der „zulässigen Richtungen" [55]. Die nichtlinear ermittelten Entwürfe waren im Mittel 5,4 % teurer als die linear berechneten.

Obwohl die Matrix der Nebenbedingungen im nichtlinearen Fall etwa um den Faktor 10 (Anzahl der Normdurchmesser) kleiner war als im linearen Modell, betrug die Rechenzeit zur Optimierung eines Baumes ~ 7 Min., da

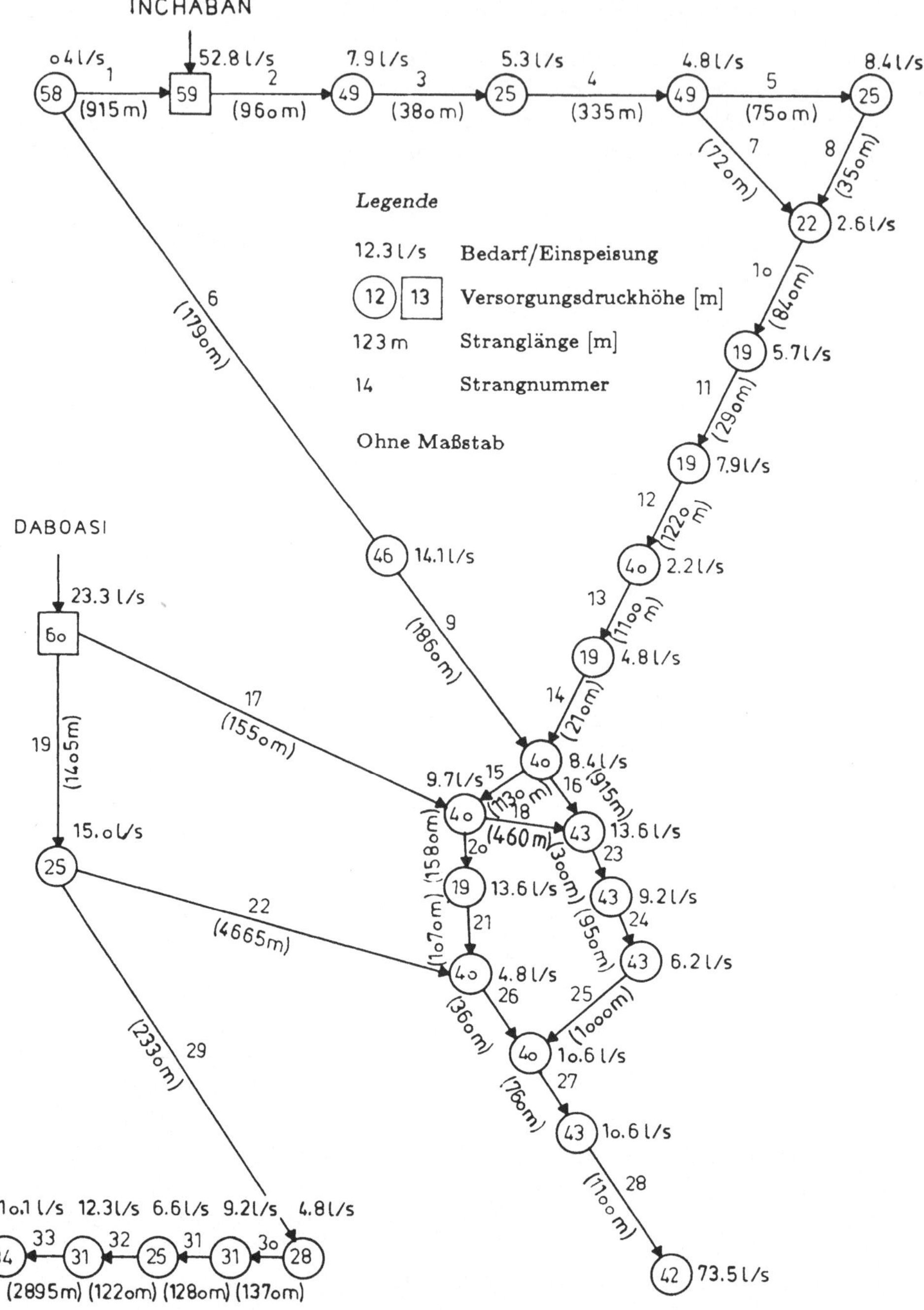

Abb. 2.5. Sekondi-Takoradi (Ghana). Inputdaten

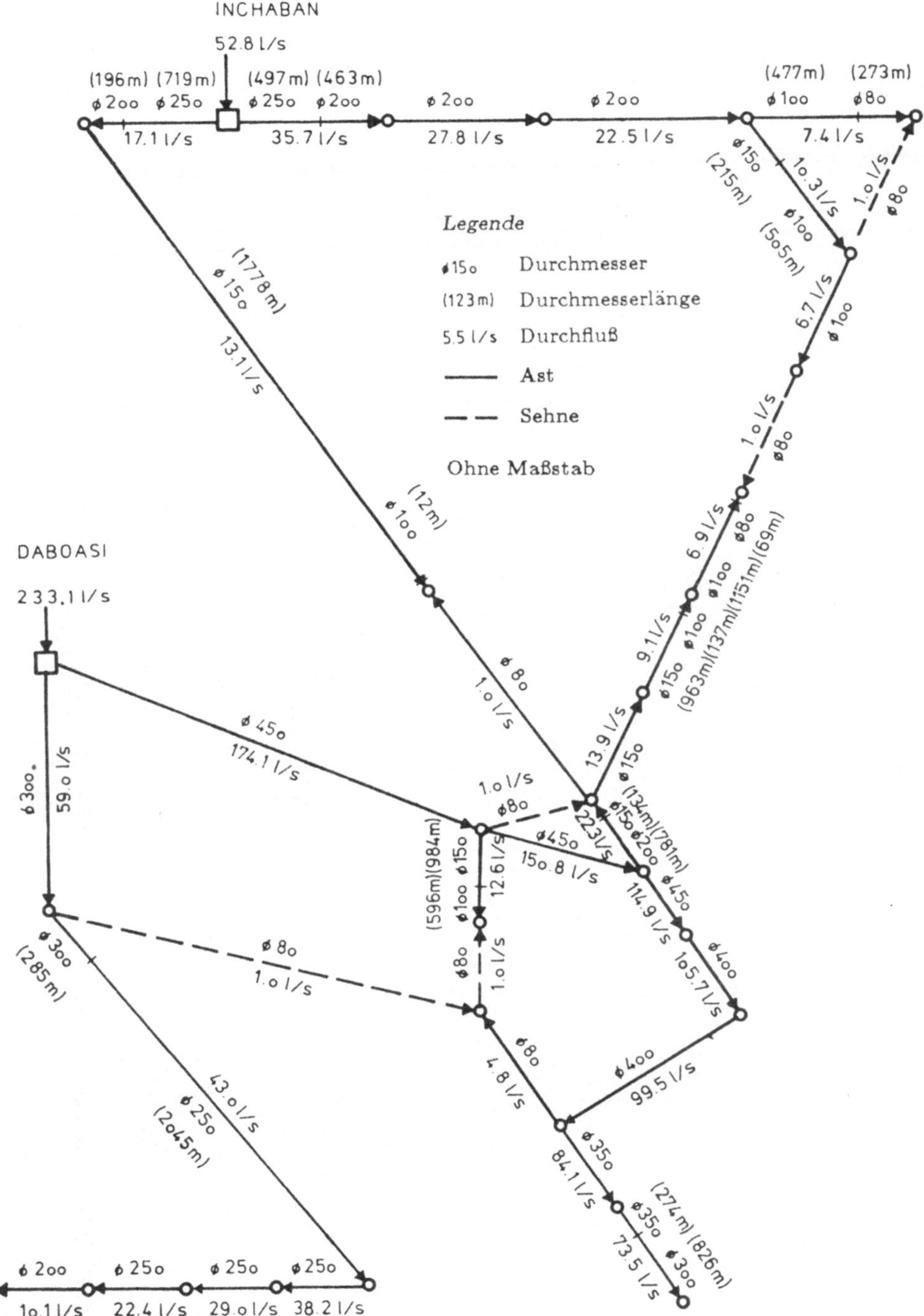

Abb. 2.6. Sekondi-Takoradi (Ghana). Entwurf

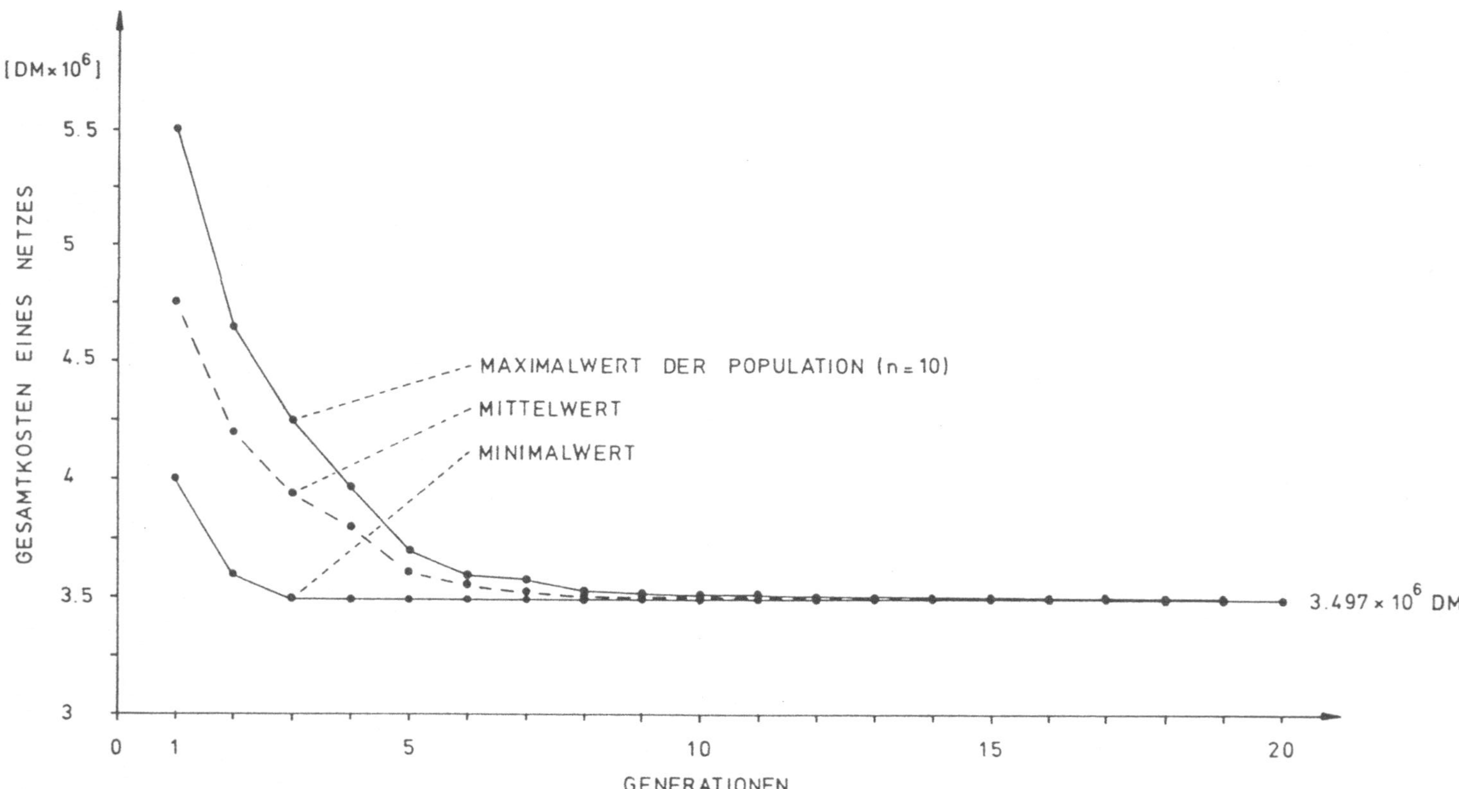

Abb. 2.7. Evolutionsstrategische Optimierung „Sekondi-Takoradi"

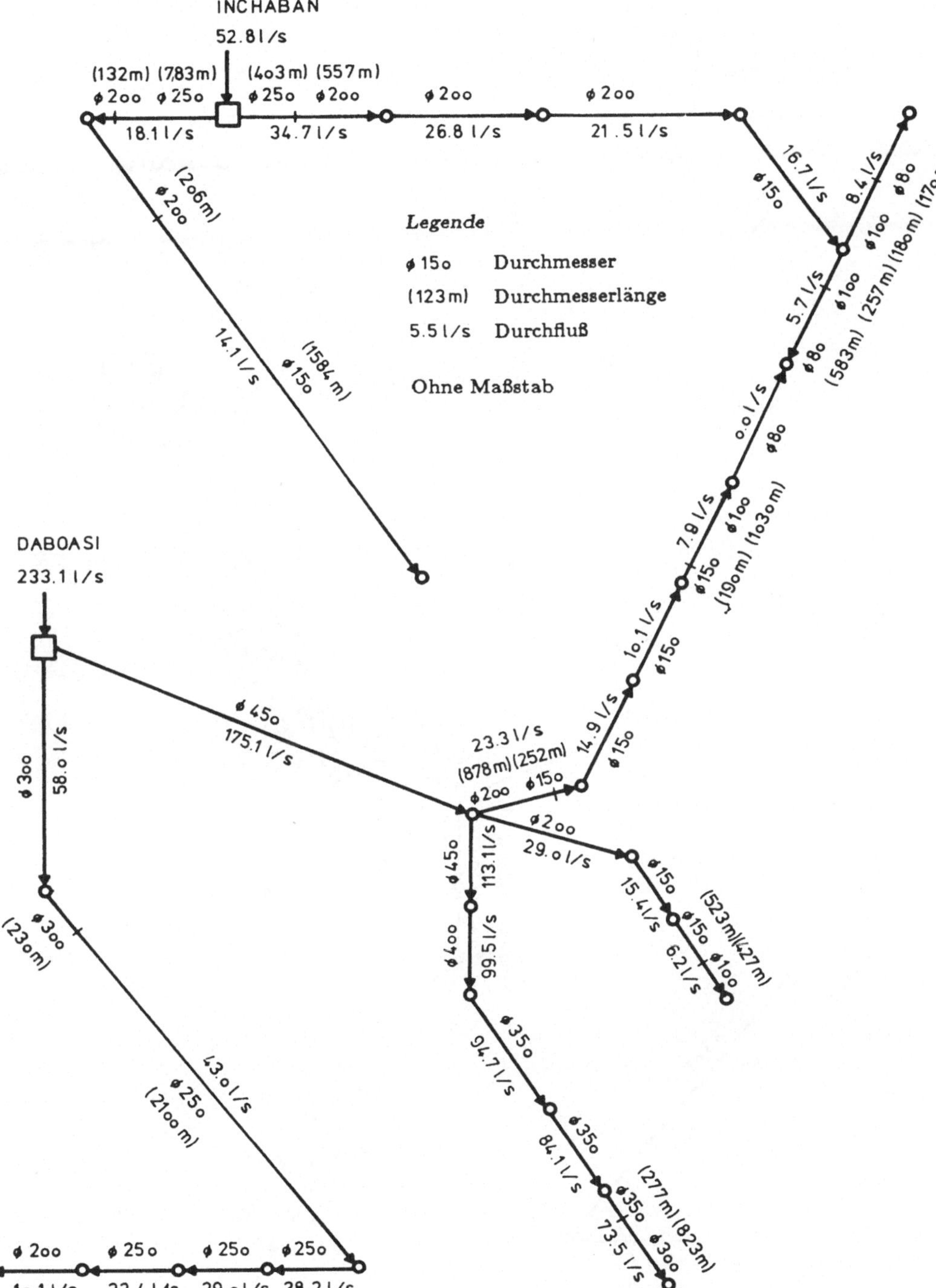

Abb. 2.8. Sekondi-Takoradi (Ghana). Linear berechneter Entwurf eines Verästelungsnetzes

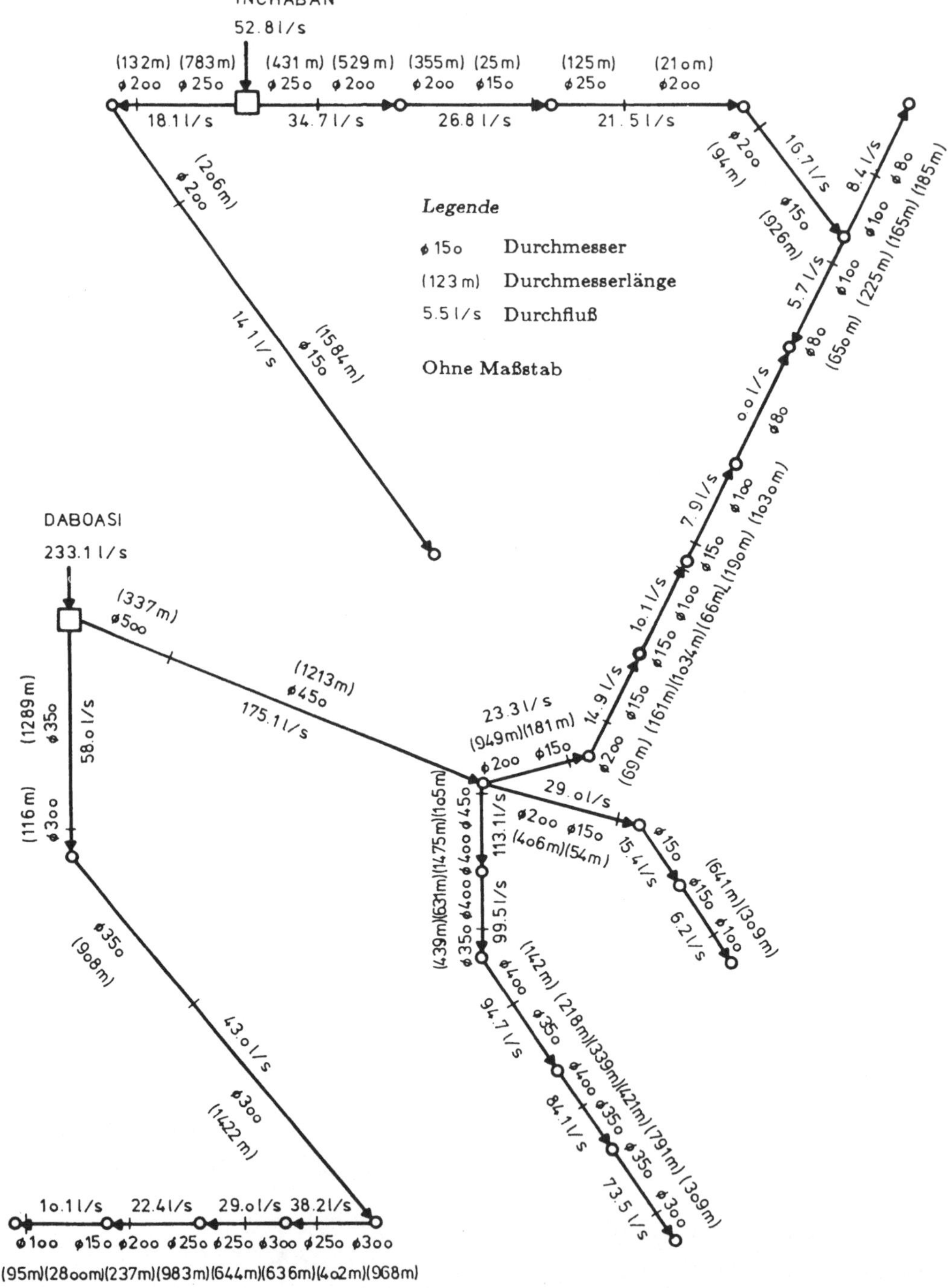

Abb. 2.9. Sekondi-Takoradi (Ghana). Nichtlinear berechneter Entwurf eines Ver-ästelungsnetzes

aufgrund des iterativen Konzeptes der Gradientenmethode $\sim$ 15 LP-Schritte notwendig waren; im linearen Modell betrug die Rechenzeit für einen Baum $\sim$ 3 s (UNIVAC 1108).

Im Vergleich zeigt die folgende Tabelle die optimalen Kosten von 10 Bäumen des Beispiels Sekondi-Takoradi, die mit dem linearen (LP) und nichtlinearen (NLP) Modell gerechnet wurden; im nichtlinearen Fall werden zusätzlich die unmittelbar resultierenden Ergebnisse mit kontinuierlichen Durchmessern (1) und die hydraulisch äquivalente Transformation zu Normdurchmessern (2) unterschieden (s. Abb. 2.4). Den optimalen Baum zeigen Abbildung 2.8 – LP – und Abbildung 2.9 – NLP.

Baum Nr.	LP	NLP (1) Abb. 2.4 (kontinuierlich)	NLP (2) Abb. 2.4 (Normdurchmesser)	Abweichung vom LP
	Kosten 10^6 DM			%
1	3.260	3.233	3.356	2,9
2	3.278	3.269	3.376	3,0
3	3.316	3.275	3.421	3,2
4	3.361	3.440	3.585	6,7
5	3.366	3.464	3.591	6,7
6	3.452	3.483	3.583	3,3
7	3.546	3.648	3.707	4,5
8	4.636	4.517	4.754	2,5
9	4.640	4.571	4.826	4,0
10	4.772	5.405	5.545	16,2

2.1.3.4 Planungsbeispiel Bujumbura/Burundi

Abbildung 2.10 zeigt den Südteil eines für Bujumbura, Hauptstadt von Burundi, geplanten Netzes, das etwa 120 000 Einwohner sowie ein militärisches Zentrum versorgen sollte. Rohwasserquelle der Gesamtwasserversorgung von Bujumbura ist der Tanganyika See; entlang des Ufers, im nordöstlichen Bereich des Sees, erstreckt sich die Stadt. Das Gelände steigt nach Osten an. Das Wasserwerk liegt zentral in Ufernähe, nördlich des hier untersuchten Stadtteiles „Bujumbura, Zone 1 Sud", der den Bereich zwischen den Flüssen Muha und Kanyosha umfaßt. „Zone 1 Sud" ist hydraulisch vom Hauptnetz getrennt; über die Hauptverteilung wird ein Endbehälter am Knoten 174 gefüllt. Von diesem pumpt das Pumpwerk SP 2c in die Zone 1 Sud und füllt im Nachtbetrieb den Gegenbehälter R 10 am Knoten 173. Im Tagbetrieb speisen die Pumpstation SP 2c und der Behälter R 10 gleichzeitig das Netz.

Kleinere Durchmesser sollten in PVC ($k = 0{,}4$ mm), größere als Duktilguß ($F, k = 3$ mm) verlegt werden; vorhandene Stahlrohre ($A, k = 1$ mm) sollten verbleiben. Die Kosten betrugen einschließlich Verlegung:

	PVC			F			
NW[mm]	100	150	200	300	400	500	600
DM/m	170	210	250	380	500	700	800

Zur Berücksichtigung der Pumpkosten in der Zielfunktion wurde der Gegenwartswert über einem Planungshorizont von 30 Jahren mit dem Zinssatz der finanzierenden Weltbank von 2 % gebildet; es waren der mittlere Auslastungsfaktor der Pumpen mit 0,193, die Energiekosten mit 0,1434 DM/kWh, der Wirkungsgrad der Pumpen mit 0,7 vorgegeben. Ferner war für sämtliche Knoten (Ausnahme: Knoten 171, Minimaldruck: 10 m) ein minimaler Versorgungsdruck von 20 m (über Gelände) einzuhalten, die minimal und maximal zulässigen Durchflußgeschwindigkeiten betrugen im Gesamtnetz 0 und 2,0 m/s.

Es waren drei Lastfälle zu untersuchen:

A.   Maximaler Tagesbedarf
      Einspeisung vom Behälter R 10
      Verbrauchsfaktor 2.0

B.   Maximaler Stundenbedarf
      Einspeisung vom Pumpwerk SP 2c und vom Behälter R 10
      Verbrauchsfaktor 1.44

C.   Nachtbetrieb
      Einspeisung vom Pumpwerk SP 2c und Füllung des
      Behälters R 10 mit 118.4 l/s
      Verbrauchsfaktor 0.38

Die mathematische Optimierung wurde für den Lastfall B durchgeführt; anschließend wurde die Hauptverbindung zwischen dem Pumpwerk und dem Behälter (Knotenfolge 174, 12, 4, 3, 128, 1, 127, 172, 183) durch einige Proberechnungen auf einen Durchmesser erweitert, der einen effizienten Wirkungsgrad der Pumpen ergab. Die iterative Berechnung unter schrittweiser Vergrößerung der Normdurchmesser der Hauptleitung erfolgte nach Hardy-Cross, indem die folgende Charakteristik der druckabhängigen Mengenförderung des Pumpwerkes zugrunde gelegt und programmintern durch zwei Parabeln angenähert wurde:

Q [m³/h]	219	470	680	860	1010	1160
H [m ü NN]	115	110	105	100	95	90
Q [m³/h]	1535	1600	1780	1900	1995	2085
H [m ü NN]	85	80	75	70	65	60

Abbildung 2.10 zeigt den resultierenden Entwurf, nachdem die Hauptverbindung zwischen Pumpwerk und Behälter dem Nachtbetrieb angepaßt worden war. Die ursprünglichen Ergebnisse der mathematischen Optimierung nach dem

Spitzenstundenbedarf sind in Klammern gesetzt; sie erforderten wenige Korrekturen. Die Abbildungen 2.11 bis 2.13 zeigen das Durchfluß- und Druckverhalten des Systems, wenn maximaler Tagesbedarf (Lastfall A), maximaler Stundenbedarf (Lastfall B) und Nachtbetrieb (Lastfall C) bestehen. Da die exakte optimale Lösung des mathematischen Programms außerdem einen Wechsel aufeinanderfolgender Normdurchmesser innerhalb eines Stranges zuläßt, wurde aus praktischen Gründen derjenige Durchmesser dem benachbarten angeglichen, dessen Länge im Vergleich zum zweiten gering war. Ferner wurden die bereits vorhandenen Stahlrohre A 100 und A 150 ohne Kostenanrechnung übernommen, wenn für die zugehörigen Stränge aus der mathematischen Optimierung kleinere oder gleiche Durchmesser resultierten. Es ergaben sich insgesamt dadurch Verschiebungen der optimalen Druck- und Durchflußverteilungen. Zum Beispiel werden im Knoten 131 und 2 die geforderten Mindestversorgungsdrücke von 20 m (131: 17,6 m; 2: 19,6 m) unterschritten (s. Abb. 2.12). Dieser Druck wird auch im Lastfall A (s. Abb. 2.11), für den das Netz nicht optimal entworfen worden war, in den Punkten 131 (mit 9,2 m), 170 (mit 15,8 m), 2 (mit 16,8 m) nicht eingehalten; ebenso ist der Druck im Knoten 171 (mit 6,2 m) kleiner als mit 10 m gefordert. Es liegt im Ermessen des bearbeitenden Ingenieurs, diese Abweichungen im Rahmen der übrigen Annahmen zu akzeptieren oder zu korrigieren. Die Kosten dieses Entwurfs (s. Abb. 2.10) betrugen 7,33 Mio. DM; 6,12 Mio. DM entfielen auf Investitionen (Rohre einschließlich Verlegung), 1,21 Mio. DM auf den Betrieb (Pumpkosten).

Die Gesamtzahl der Bäume des vorliegenden Graphen beträgt 711 834 024. Mit der Vorgabe, daß der Hauptstrang der Knotenfolge 174, 12, 4, 3, 128, 1, 127, 127, 173 keine Sehnen enthalten soll, reduziert sich diese Zahl auf 57 796 904. Der Zielfunktionswert der (mit Hilfe der Evolutionsstrategie ermittelten) zweitbesten Lösung wich vom oben genannten Betrag um weniger als 1 % ab. Abbildung 2.14 gibt einen Vergleich der beiden Lösungen. In zwei Bereichen des Netzes sind unterschiedliche Hauptfließrichtungen zu erkennen, die durch voneinander abweichende Abbildungen der graphentheoretischen Bäume entstehen und lokale Minima der Gesamtaufgabe anzeigen. Die Abbildungen 2.15 bis 2.17 geben die aus den Lastfällen A, B, C resultierenden Durchfluß- und Druckverteilungen der zweitbesten Lösungen an. Obwohl die Kosten der besten und zweitbesten Lösung fast identisch sind, bestehen an einigen Punkten und Strängen deutliche Unterschiede des Druckes und der Durchflüsse im Vergleich der beiden Entwürfe. Als praktisches Ergebnis der hohen Zahl lokaler Minima der Gesamtaufgabe können zahlreiche Entwürfe mit sehr ähnlichen Kosten errechnet werden, die jedoch in der strukturellen Auslegung der Hauptleitungen signifikante Abweichungen aufweisen. Es ist ein Vorteil der mathematischen Optimierung, daß die Ermittlung mehrerer kostenähnlicher Entwürfe die endgültige Auswahl unter Berücksichtigung zusätzlicher Kriterien, zum Beispiel der Festlegung bestimmter Straßen zur Verlegung der Hauptleitungen, von Optionen der Erweiterung oder Ausbaureihenfolge der Stränge usw., gestattet.

Häufig wird von Praktikern, die noch ältere Verfahren der Rohrnetzdimensionierung anwenden, die Frage gestellt, ob und wie sich der Einsatz mathematischer Optimierungsverfahren lohnt. Die Frage wird manchmal durch die Feststellung ergänzt, daß die Genauigkeit der mathematischen Optimierung nicht der Genauigkeit vorhandener oder prognostizierter Daten entspricht: Aus diesem Grund sei die Optimierung ungerechtfertigt. Die vorherrschende Methode der Praxis, Rohrnetzentwürfe optimal zu gestalten, besteht in einer Vorabschätzung der Durchmesser und anschließenden hydraulischen Überprüfungen des Entwurfs. Nach einem Vergleich der Durchflüsse und Druckhöhen mit den Sollwerten werden einige Durchmesser intuitiv korrigiert; die hydraulische Nachrechnung wird wiederholt usw. Die Nachteile dieser Methode sind evident. Nur mit geringer Wahrscheinlichkeit wird das Optimum gefunden, systematische Variationen der Inputbedingungen sind nicht möglich, es entstehen nicht mehrere kostengünstige Entwürfe. Einige dieser Nachteile der iterativen Schätzung und Vorteile der mathematischen Optimierung sind monetär nicht quantifizierbar. Es wurde jedoch, parallel zur mathematischen Optimierung, ein Rohrnetzentwurf der geschilderten traditionellen Weise durch einen erfahrenen Ingenieur eines bekannten Ingenieurbüros zum Vergleich durchgeführt.

Das Ergebnis zeigt Abbildung 2.18; die Abbildungen 2.19 bis 2.21 geben die Lastfälle A, B, C wieder. Die Gesamtkosten dieses Ingenieurentwurfs betrugen 8,06 Mio. DM; 6,86 DM für Invesititionen (Rohre einschließlich Verlegung), 1,20 Mio. DM für den Betrieb (Pumpkosten). Das bedeutet einen prozentualen Unterschied zur Optimierung von 9,9 % der Gesamtkosten, oder von 12 % bezogen auf die Investitions- oder Rohrkosten. Zu berücksichtigen ist, daß der Durchmesser DN 400 der Hauptverbindung zwischen Pumpwerk und Behälter aufgrund der im Nachtbetrieb zur Füllung des Behälters erforderlichen Durchflußmenge hydraulisch festliegt und etwa 40 % der Gesamtkosten abdeckt. Werden die Fixkosten der nicht optimierbaren Hauptverbindung aus dem Vergleich entfernt, so verbleiben als Rohrkosten 4,20 Mio. DM im Ingenieurentwurf und 3,46 Mio. DM für die Optimierung; dieser Kostenunterschied beträgt 21 %.

Außer der Einschränkung der Variabilität der Netzstruktur durch die dominierende Hauptleitung, wurden die zur Optimierung notwendigen Freiheitsgrade im vorliegenden Beispiel dadurch weiter eingeengt, daß sich zahlreiche Mindestdurchmesser DN 100 im Entwurf ergaben, deren weitere Verkleinerung nicht erlaubt war. Die mathematische Optimierung sollte grundsätzlich auf das Hauptverteilungsnetz bezogen sein, das ausreichende Variabilität der Durchmesser garantiert. Mindestdurchmesser würden dann ausschließlich in den Sehnen erscheinen.

Der konkrete Kostenvergleich im vorliegenden Beispiel rechtfertigt trotz dieser Beschränkung die Optimierung, ohne daß die zusätzlich vorhandenen Vorteile, i.e. Sensitivitätstests, Produktion mehrerer kostengünstiger Lösungen, systematische Variation von Randbedingungen, schnelle Bearbeitung usw., quantifiziert werden könnten. Größere Netze mit weniger einschränkenden Nebenbedingungen bewirken prozentual und absolut höhere Einsparungen; die Nachrechnung eines Beispiels der Literatur [31] ergab eine Größenordnung von 40 %.

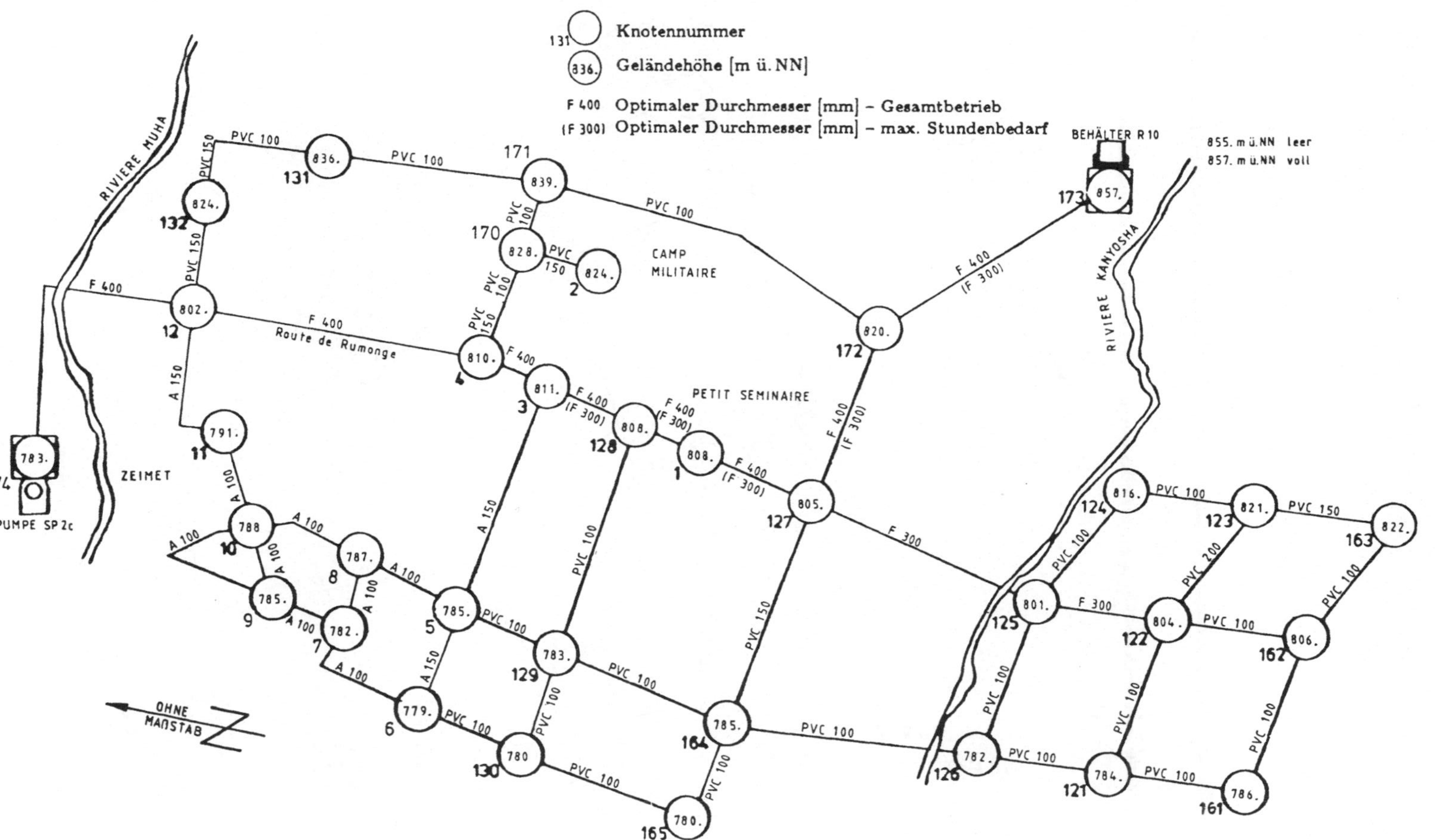

Abb. 2.10. Mathematische Optimierung: Rohrnetzplan – beste Lösung

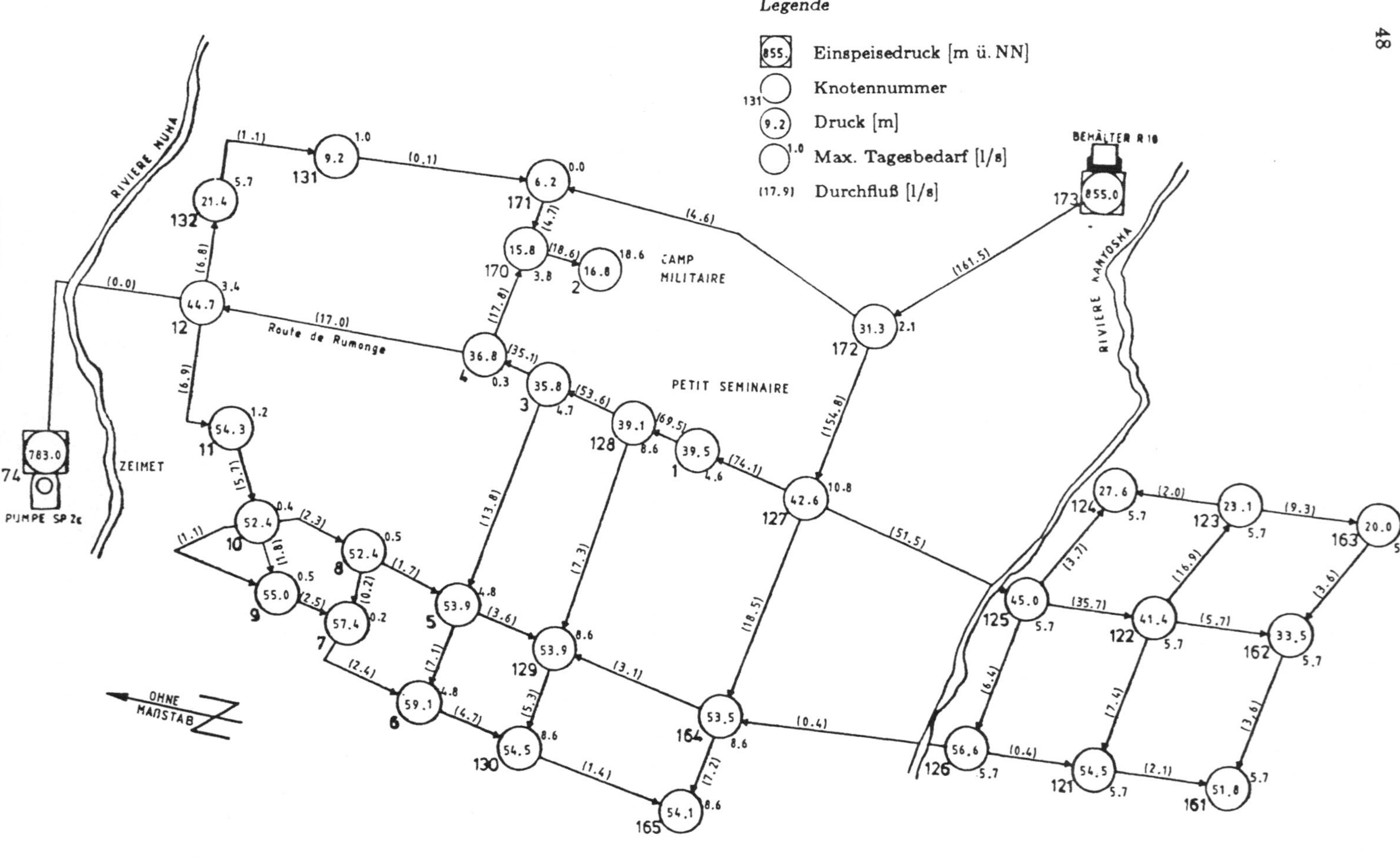

Abb. 2.11. Mathematische Optimierung: Beste Lösung – Lastfall maximaler Tagesbedarf (Behältereinspeisung)

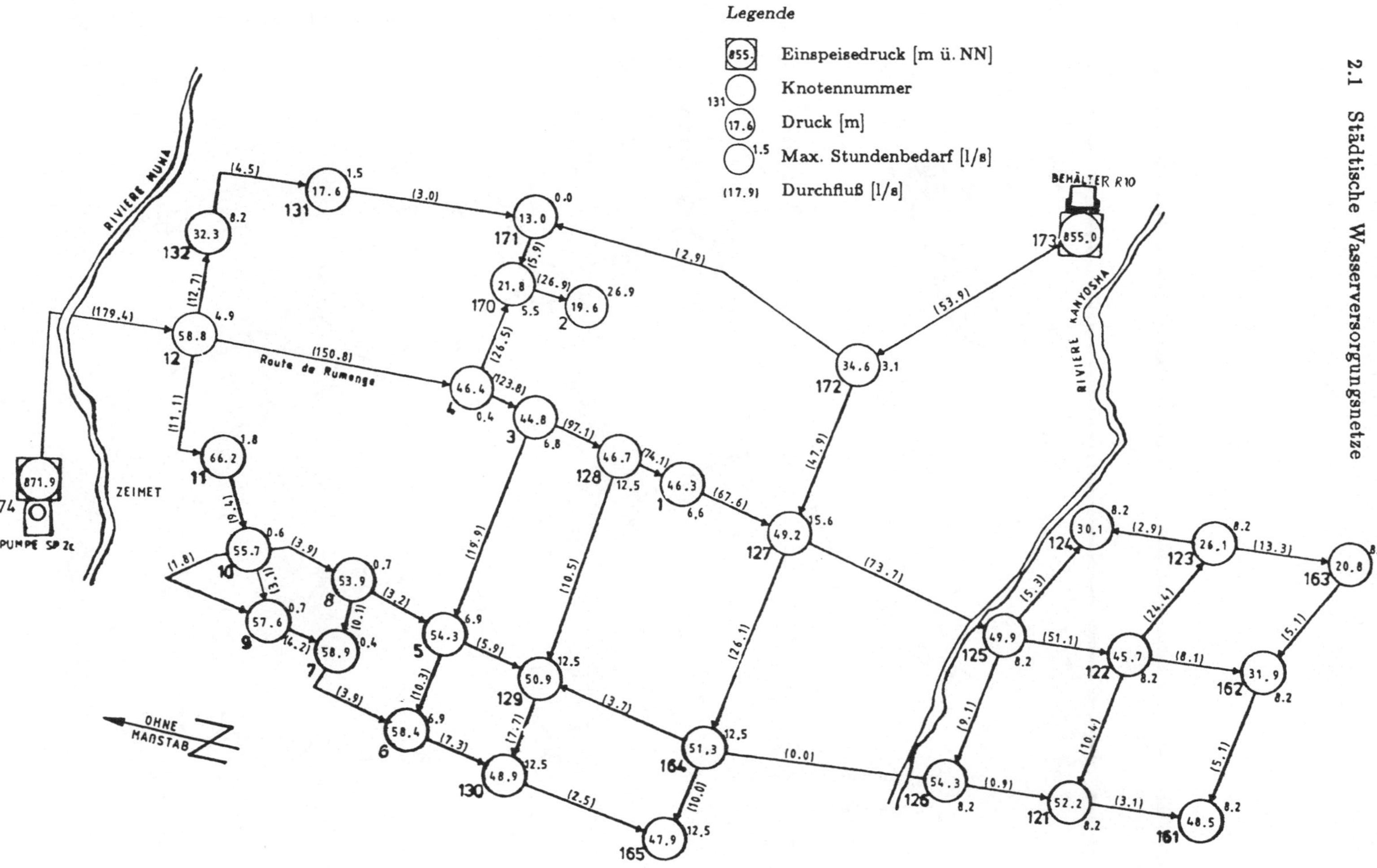

Abb. 2.12. Mathematische Optimierung: Beste Lösung – Lastfall maximaler Stundenbedarf (Behälter- und Pumpeinspeisung)

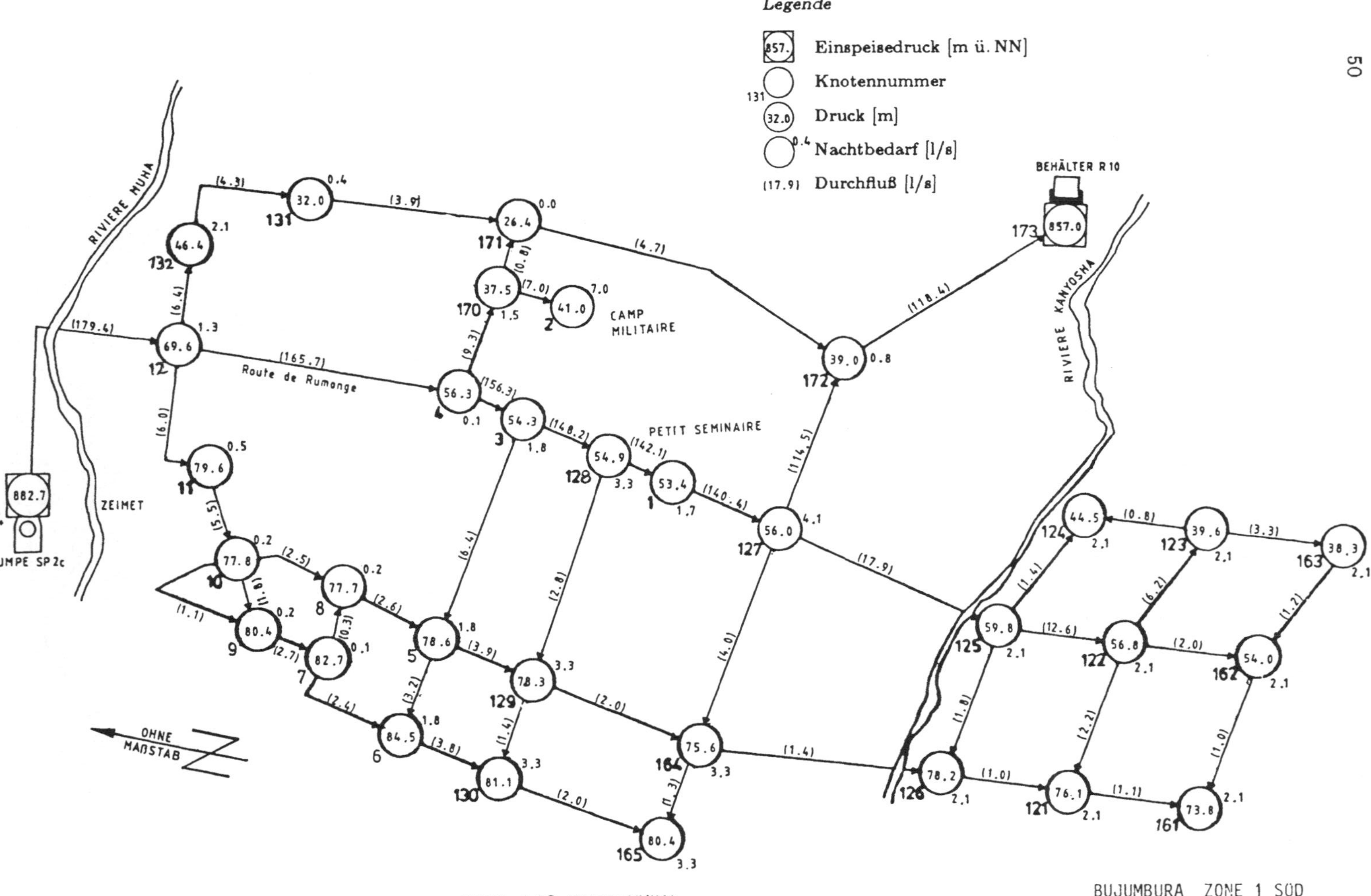

Abb. 2.13. Mathematische Optimierung: Beste Lösung – Lastfall Nachtbedarf (Behälterfüllung)

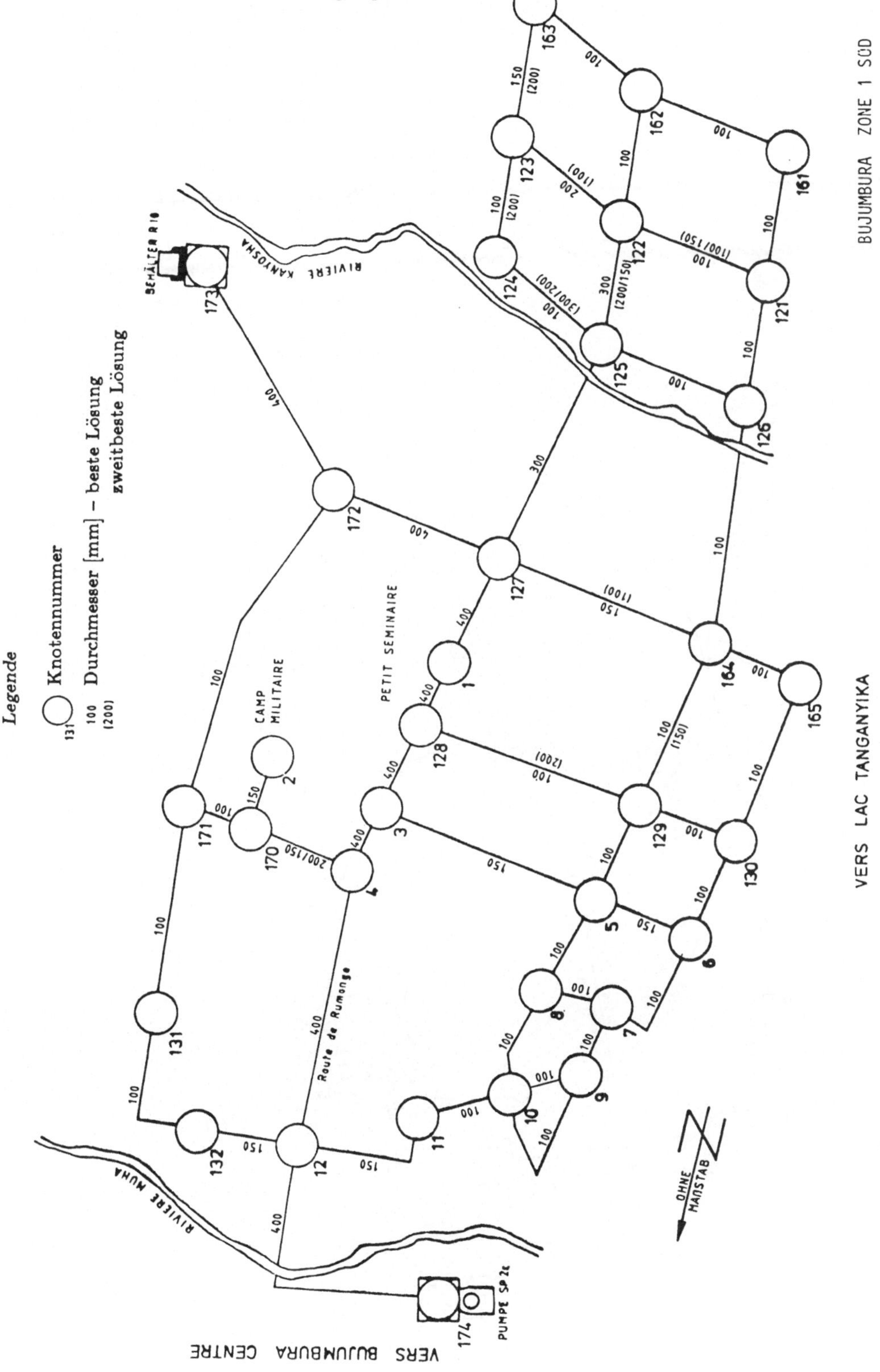

Abb. 2.14. Mathematische Optimierung: Vergleich beste und zweitbeste Lösung

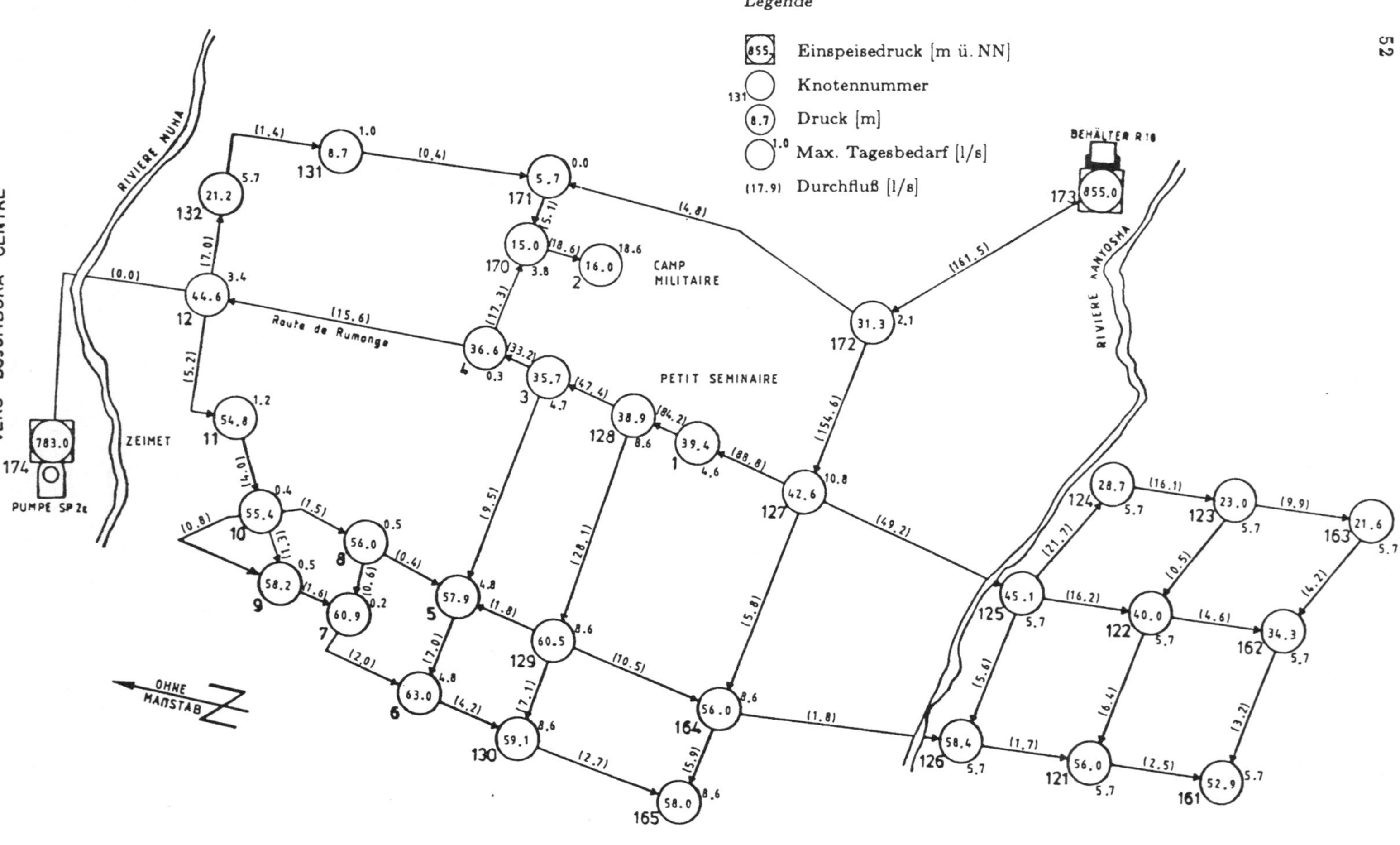

Abb. 2.15. Mathematische Optimierung: Zweitbeste Lösung – Lastfall maximaler Tagesbedarf (Behältereinspeisung)

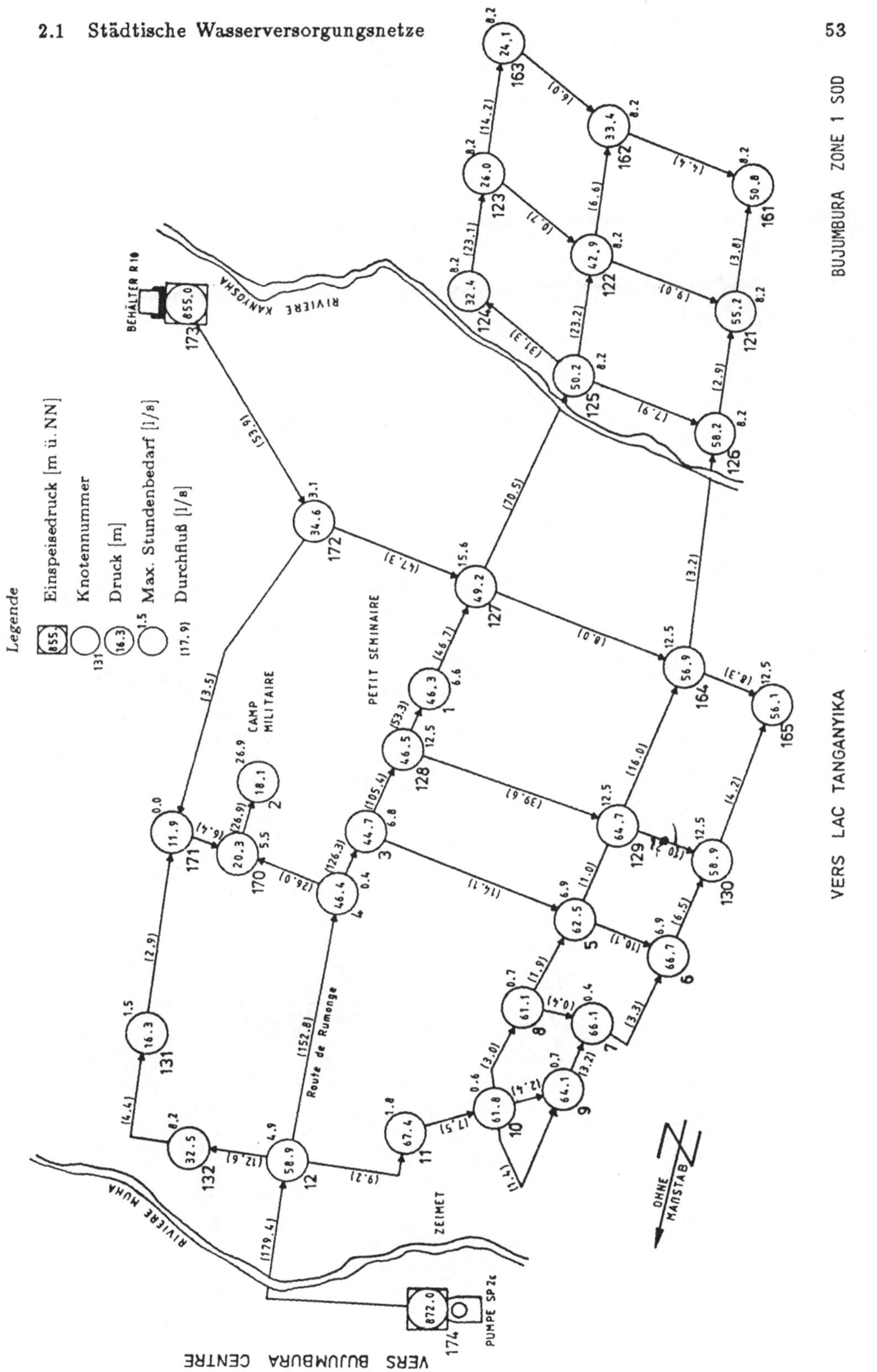

Abb. 2.16. Mathematische Optimierung: Zweitbeste Lösung – Lastfall maximaler Stundenbedarf (Behälter- und Pumpeinspeisung)

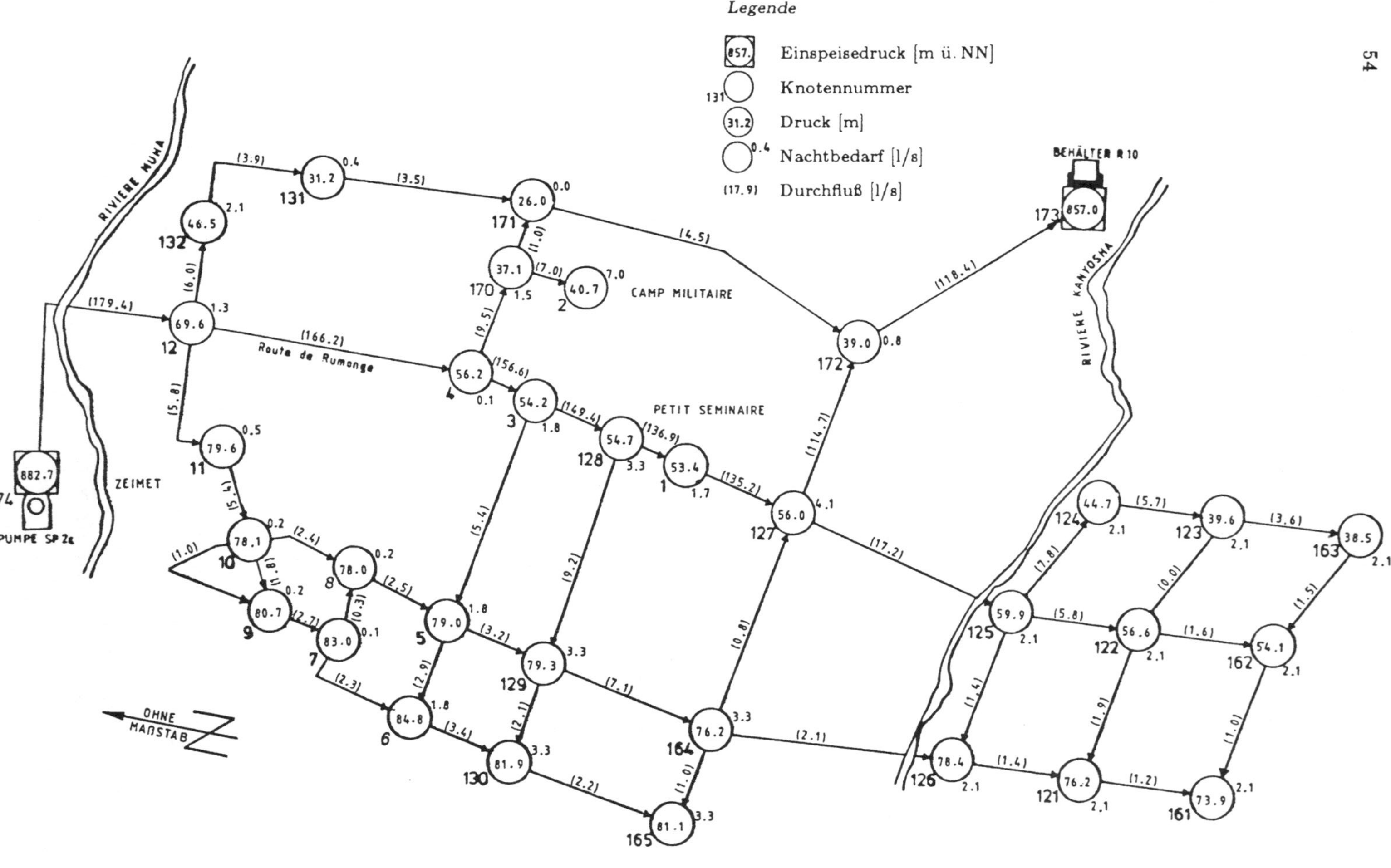

Abb. 2.17. Mathematische Optimierung: Zweitbeste Lösung – Lastfall Nachtbedarf (Behälterfüllung)

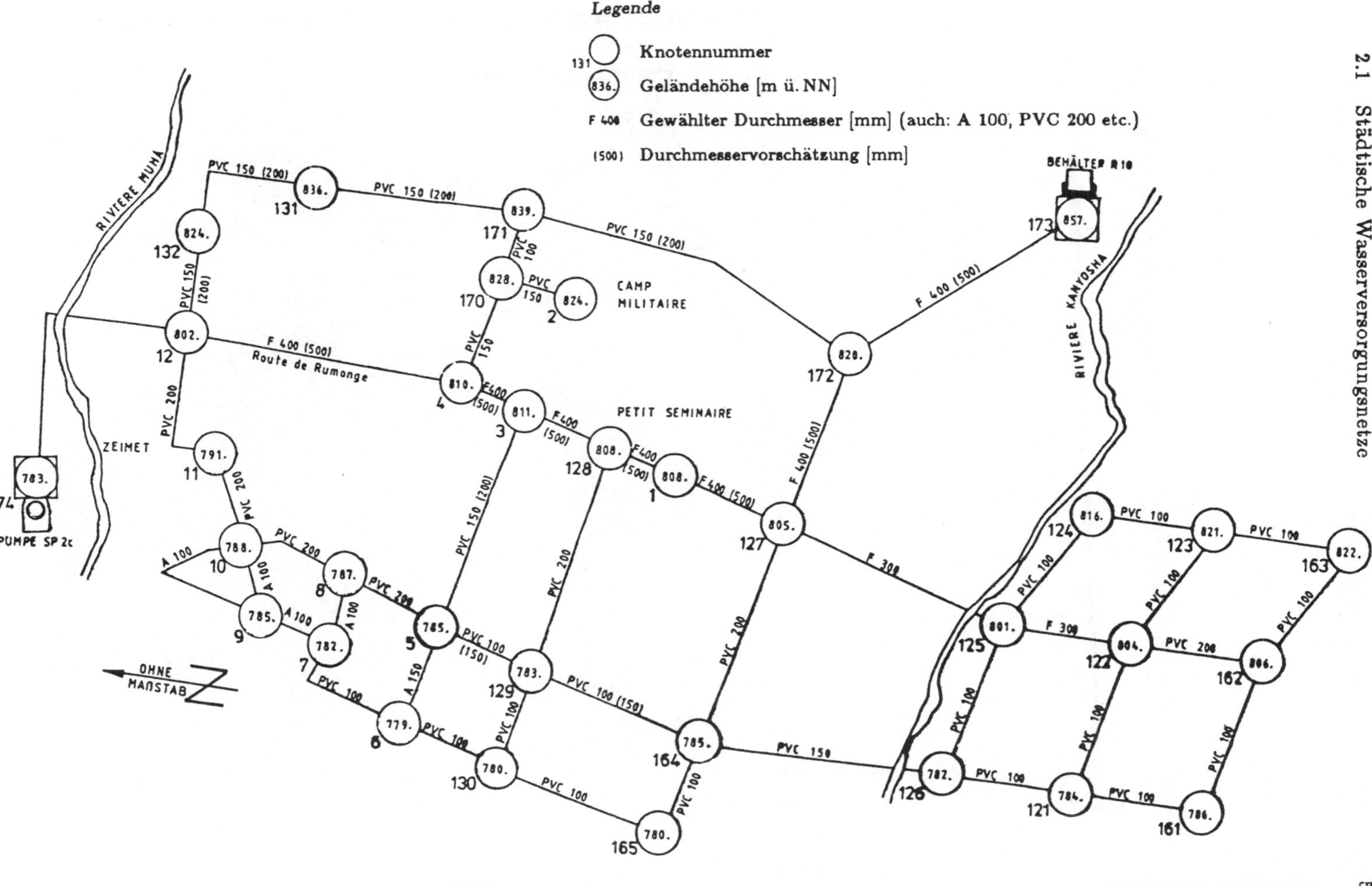

Abb. 2.18. Ingenieurentwurf: Rohrnetzplan

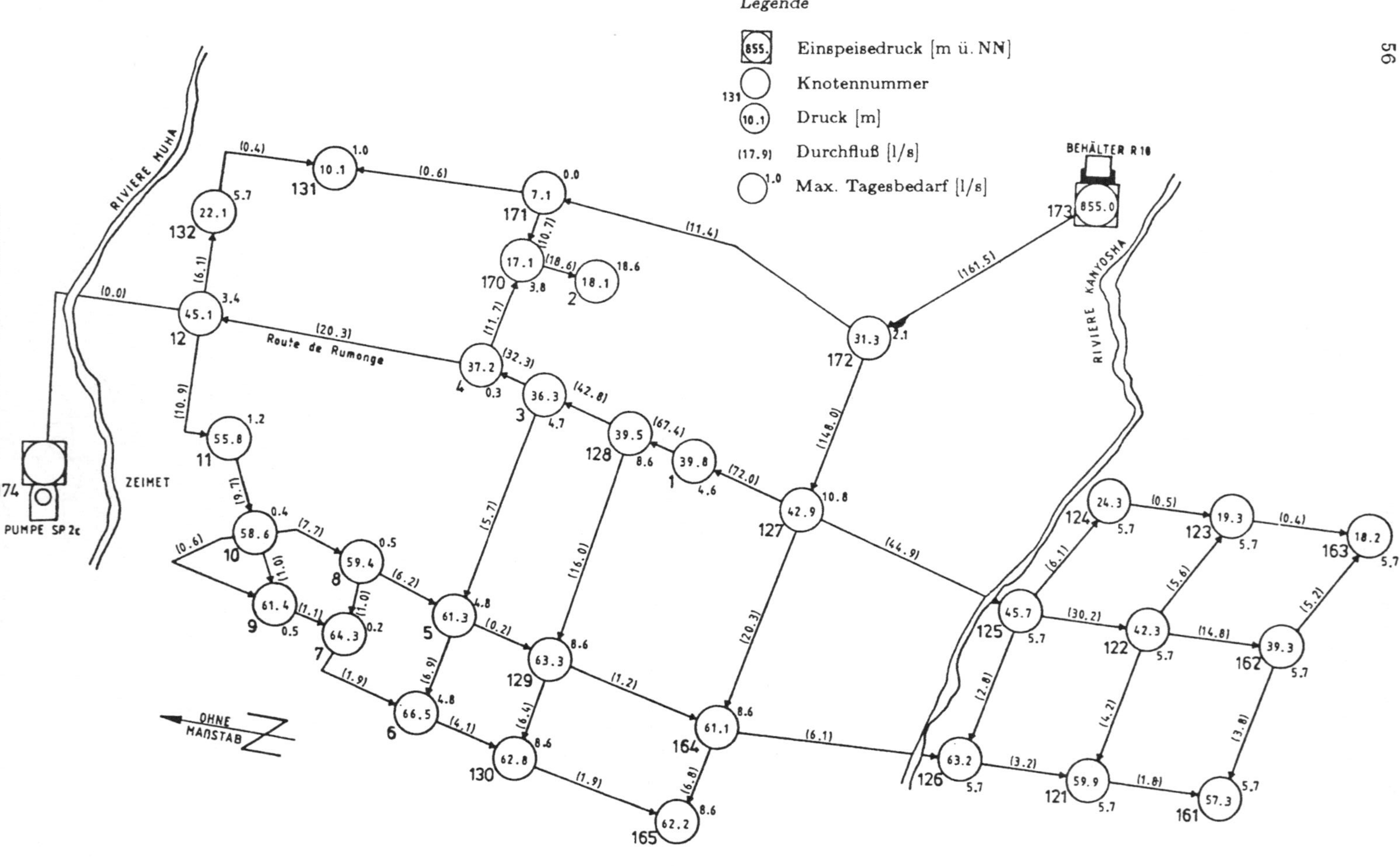

Abb. 2.19. Ingenieurentwurf: Maximaler Tagesbedarf (Behältereinspeisung)

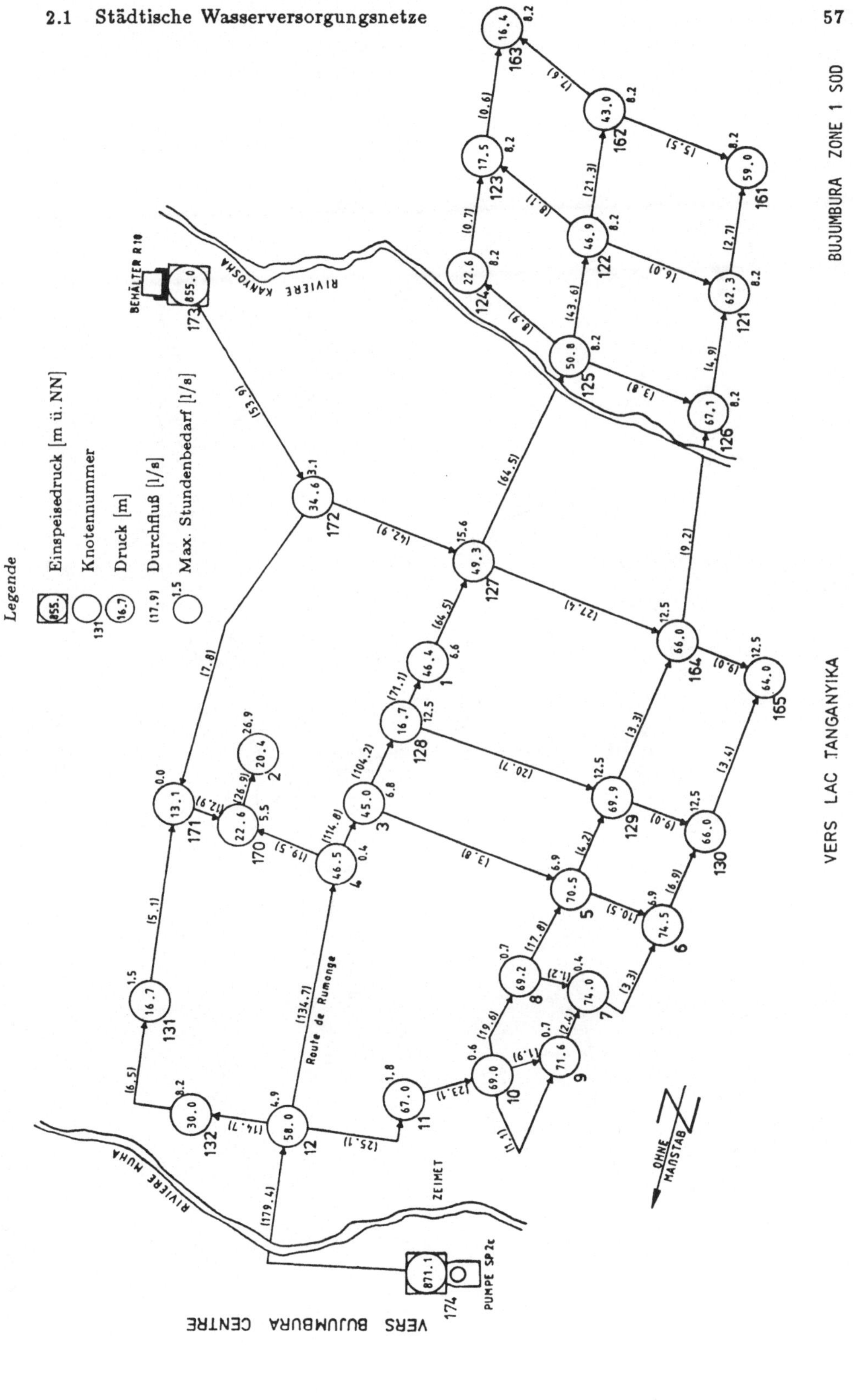

Abb. 2.20. Ingenieurentwurf: Maximaler Stundenbedarf (Behälter- und Pumpeinspeisung)

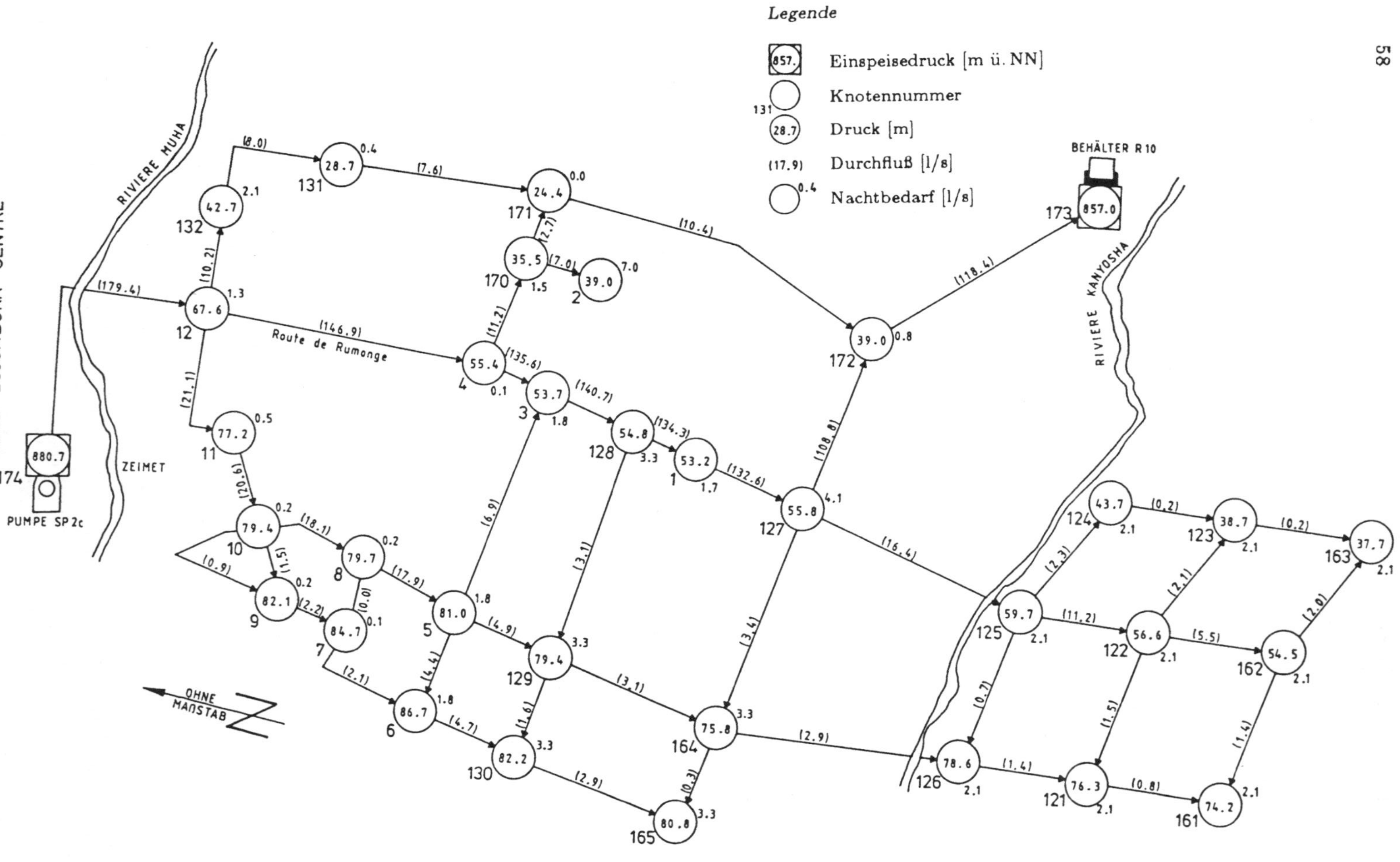

Abb. 2.21. Ingenieurentwurf: Nachtbedarf (Behälterfüllung)

2.2 Regionale Wasserversorgung

2.2.1 Einleitung

Städtische Wasserversorgungsnetze setzen Rohwasserquellen voraus, die Quantität und Qualität garantieren. Häufig überfordern städtische und industrielle Verbrauchszentren die Quellen ihrer Nähe. Diese Situation hatte schon historische Bedeutung und entsprechenden Einfluß auf Städtegründungen. Schon im Altertum wirkte jedoch die Notwendigkeit einer Fernwasserversorgung nicht präventiv. Die Burg Pergamon an der ägäischen Küste der Türkei wurde im zweiten Jahrhundert vor Christi mit $\sim 4000 \, m^3/d$ Wasser aus einer Entfernung von ~ 40 km versorgt. Die Fernleitung durchquerte ein Tal mit einem Höhenunterschied von fast 200 m; es bestand eine Druckleitung von 20 atü. Ähnliche Beispiele sind bekannt. Römische Aquädukte, Kanäle, Stollen der Wasserversorgung, die heute noch im mediterranen Raum zu besichtigen sind, gehörten zu den hervorragenden technischen Leistungen des Altertums. Im ersten Jahrhundert nach Christi wurden eine Million Einwohner der Stadt Rom mit $500\,000 \, m^3/d$ Wasser fernversorgt, im dritten Jahrhundert floß der Stadt bereits die dreifache Menge zu [3]. Die wissenschaftliche und technische Entwicklung des Mittelalters schloß sich nicht unmittelbar an. Anlagen verfielen, Hygiene verkam, neues Wissen prüfte die Inquisition. Der europäische Mensch des Mittelalters schöpfte Trinkwasser aus Quellen, in die auch Abwasser floß. Es begann die Zeit der großen Seuchen.

Erst die technische Neuzeit brachte grundsätzliche Veränderungen im Bereich städtischer Infrastrukturen. Wichtige Elemente der Wasserversorgung wurden Pumpen und eiserne Druckleitungen. Erkenntnisse der Bakteriologie trugen dazu bei, den Zusammenhang zwischen Gesundheit und Wasserversorgung wiederherzustellen. Steigender Bedarf, Überbeanspruchung und Mehrzwecknutzung der Quellen führten zu Verbund- und Fernwasserversorgungen. Ihre bekannten Beispielen in der Bundesrepublik sind die Bodenseewasserversorgung, die Mangfallversorgung im Raum München, Fernleitungen aus dem Spessart zum Rhein-Main-Gebiet, die Harzwasserwerke für Bereiche Norddeutschlands. Bedeutende Anlagen der Fernwasserversorgung bestehen in Kalifornien, Australien, Israel.

Die Regionale Wasserversorgung bezeichnet den Verbund von Quellen (Wassergewinnungsanlagen) und Senken (Verbrauchszentren) einer Region, um Versorgungssicherheit, Wirtschaftlichkeit, betriebliche Anpassung zu erreichen oder zu verbessern. Die Versorgungssicherheit schließt dabei Aspekte der Wasserqualität, Speicherung, Kompensation von Qualitäts- und Quantitätsschwankungen, des Umweltschutzes, Abweichungen prognostizierter Bedarfsentwicklungen, betrieblichen Zentralisierung, Minderung von Störungen ein. Ebenso beinhaltet der Begriff der Wirtschaftlichkeit eines Verbundnetzes die Nutzung von Größenersparnissen, Vorteile der Zentralisierung des Betriebs, ökonomische Er-

schließung entfernter Bedarfs- und Quellgebiete. Der Nutzen einer erhöhten
Anpassungsfähigkeit eines Verbundsystems beinhaltet kurz- oder mittelfristige
Dispositionsänderungen auf veränderte Bedarfsmengen sowie andere flexible
Reaktionsmöglichkeiten. Der technische und finanzielle Aufwand von Fernwasserversorgungen ist bedeutend. Die Notwendigkeit der Anwendung systemanalytischer Methoden und Verfahren des Operations Research scheint im besonderen Maße gegeben.

Die wachsende Polarisierung der Welt zwischen Industrie- und Entwicklungsländern ergibt zum Teil unterschiedliche Zielsetzungen und Aufgaben der
Regionalen Wasserversorgung, die beide Teile aus unterschiedlichen Gründen
verwirklichen wollen. In den Industrieländern wird der regionale Verbund vor-
rangig angestrebt aus Gründen steigender Überbeanspruchung und Mehrzwecknutzung begrenzter Rohwasserquellen; bekannte Ursachen liegen im Wachstum
spezifischer Bedarfswerte, städtischer und industrieller Ballungsgebiete, technisch bedingter Verbrauchssteigerungen, vielseitiger Umweltbelastungen. Obwohl in verschiedenen Megalopolisgebieten der Welt die Grenzen der gesicher-
ten Trinkwasserversorgung erreicht worden sind, gilt in Industrieländern noch
allgemein, daß die Aufgaben der Trinkwassserversorgung auch in der Zukunft
gelöst werden können. Als Voraussetzung dienen immer häufiger Fern- und
Verbundwasserversorgungssysteme.

In den Entwicklungsländern besteht die Notwendigkeit Regionaler Wasserversorgungen im Zusammenhang mit der Landflucht, der Bildung weitflächiger
Ballungsgebiete, dem gleichzeitigen Nachholbedarf auf vielen Gebieten der
technischen Infrastruktur. Prognosen lauten, daß die Verarmung vieler Länder
der Dritten Welt weiter wachsen und technische Sanierungsmöglichkeiten sin-
ken werden. Akkumulierende Schwierigkeiten in Entwicklungsländern aufgrund
topographischer, geologischer, klimatischer, wirtschaftlicher, kultureller, sozi-
aler Gegebenheiten können zu lebensbedrohenden Wasserversorgungsengpässen
führen. Die Ziele der Fernleitung und Trinkwasserverteilung über weitflächige
Ballungsgebiete richten sich daher auf „optimale" Zuordnung von Quellen und
Bedarfszentren und des qualifizierten Personaleinsatzes durch zentrale Anlagen.
Der Mangel finanzieller Mittel in Verbindung mit dem Nachholbedarf auf vielen
Gebieten der Infrastruktur bedingt die Notwendigkeit, Wirtschaftlichkeitskrite-
rien und analytische Planungsverfahren in besonderem Maße zu nutzen. Häufig
ist eine unmittelbare Übertragbarkeit technischer Konzepte der Industrieländer
auf Entwicklungsländer nicht gegeben. Modifizierungen der Konzepte und An-
passungen an die spezifischen örtlichen Bedingungen sind notwendig. Systemanalytische Modelle und Operations Research-Methoden können beliebige Planungskriterien und Randbedingungen einbeziehen.

Bisherige Arbeiten zum Thema der Fernwasser-, Verbundwasser-, Regionalen Wasserversorgung unter dem besonderen Aspekt der Anwendung von
Operations Research-Verfahren bestehen nicht im gleichen Umfang wie im Bereich städtischer Wasserversorgungsnetze. Gandenberger [2] gibt bereits 1957
Formeln zur Bestimmung optimaler (kontinuierlicher) Durchmesser von Fern-

leitungen in Abhängigkeit wichtiger Einflußgrößen an, Linaweaver und Clark [5]
werten umfangreiches statistisches Material zur Kostenbestimmung von Fernwasserleitungen aus, Karpe [4] modelliert verschiedene Aspekte der Fernwasserversorgung unter Berücksichtigung spezifischer Einflußparameter. Ein re-
gionales Verteilungsmodell der Wasserversorgung für Prognosen der Bedarfs-
entwicklung einer Region in Virginia bis zum Jahr 2020 entwickeln Young
und Pisano [8]; zukünftige Technologien der Wassergewinnung, unterschiedliche Kostenfunktionen und andere Varianten werden in einem nichtlinearen
Modell formuliert, Gradientenverfahren dienen der Lösung. Auch DeLucia und
Rogers [1] formulieren für die Nordatlantikregion der USA ein umfangreiches
Modell und versuchen, von unterschiedlichen Anfangslösungen lokale Minima
der nichtkonvexen Aufgabe zu ermitteln. Neis et al. [6] wenden für die geplante Verbundwasserversorgung des Saarlandes lineare, graphentheoretische
Transportalgorithmen an und berücksichtigen die Nichtlinearität der Kosten
und Hydraulik extern. Insgesamt besitzen die Ansätze begrenzte mathematische oder algorithmische Kapazität, auch zahlreiche einschränkende Annahmen. Das folgende Modell stellt ein erweitertes Konzept dar.

2.2.2 Modellkonzept

Das Konzept der Regionalen Wasserversorgung enthält die folgenden charakteristischen Unterscheidungen zur vorangehenden Städtischen Wasserversorgung
(s. Abschn. 2.1):

- Jeder Knoten kann Standort einer Druckerhöhungsanlage sein.
- Die Sicherheitsanforderung einer Vermaschung des Netzes besteht nicht.
- Das Verhältnis von Quellen (Einspeiseknoten) zu Senken (Bedarfsknoten)
  ist größer.
- Die Einspeisemengen sind bis zu einem oberen Grenzwert variabel.

Der Betrieb eines regionalen Verbundsystems soll möglichst gleichmäßig verlaufen; die Kapazität der Fernleitungen wird nicht für den Ausgleich von Be-
darfsspitzen ausgelegt. Der Dimensionierung der Fernleitungen werden daher
in der Regel mittlere Bedarfswerte zugrunde gelegt. Ferner ist davon auszuge-
hen, daß die Speicherung für kurzzeitige Bedarfsspitzendeckungen im Bereich
der städtischen Verteilungsnetze, ebenso wie betriebliche Zwischenspeicher an
den Druckerhöhungsstationen oder gewünschte Sicherheitsreserven nicht in den
Optimierungsprozeß einzubeziehen sind und die Festlegung der notwendigen
Speichervolumina nach Kriterien der Versorgungssicherheit und nicht der Kostenoptimierung erfolgt.

Unter Beibehaltung der Notation vom vorangehenden Abschnitt 2.1 der
Städtischen Wasserversorgung beschreibt das folgende Programm in Abhängigkeit der Variablen e (Einspeise- oder Bedarfsmengen), l (Abschnittslängen der
Normdurchmeser), h^p (Pumpdruckhöhen), g (geodätische Geländehöhen), h^g
(geodätische Potentialgefälle) (s. Abb. 2.22) die Regionale Wasserversorgung:

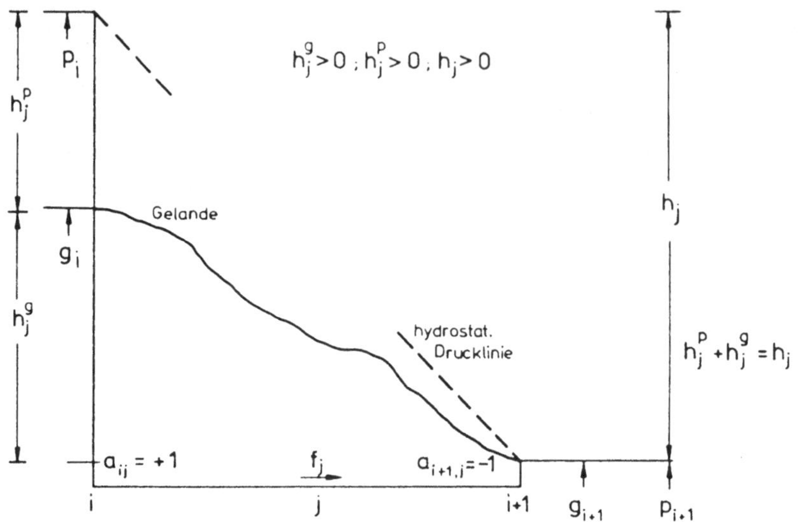

Fall a: Pumpbetrieb und Abbau des geodätischen Gefälles

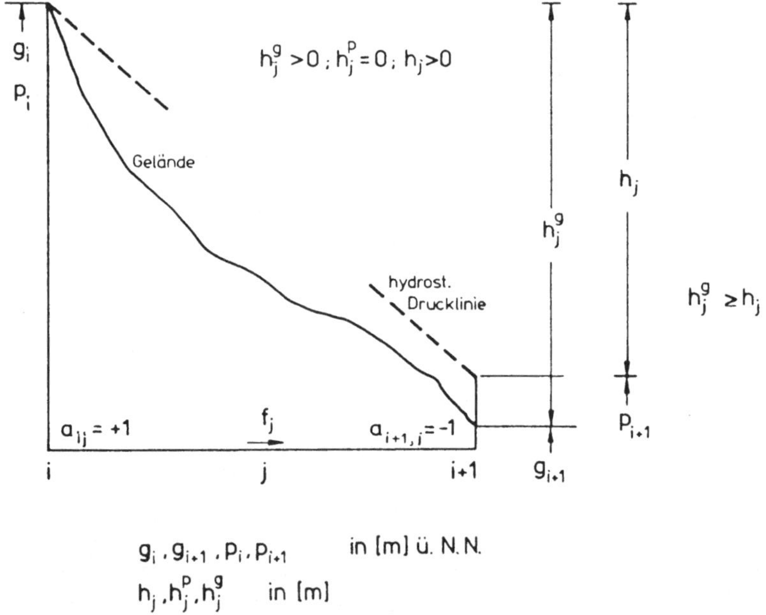

Fall b: Ausreichendes geodätisches Gefälle ohne Pumpbetrieb

Abb. 2.22 a, b

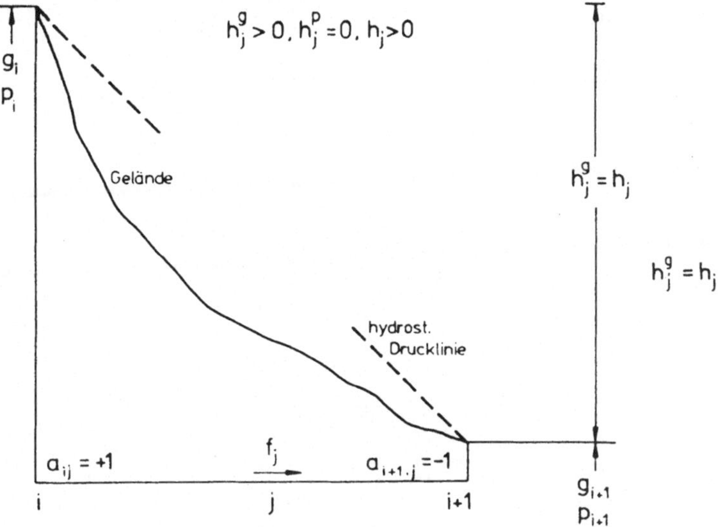

Fall c: **Exakter Abbau der geodätischen Druckhöhe ohne Pumpbetrieb**

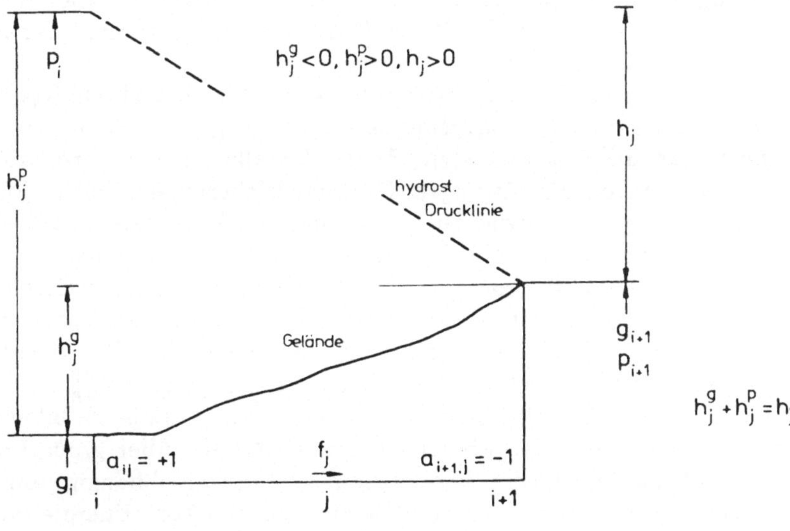

$$g_i, g_{i+1}, p_i, p_{i+1} \quad \text{in [m] ü. N.N.}$$
$$h_j, h_j^p, h_j^g \quad \text{in [m]}$$

Fall d: **Pumpbetrieb, Überwindung geodätischer Steigung**

Abb. 2.22 c, d

$$\text{Min.} \quad \sum_j \sum_k C_{jk}(l_{jk}) \;+\; \sum_{i \in I_e} C_i(e_i) \qquad\qquad (2.93)$$

$$\text{N.B.} \qquad\qquad [l_{jk}]\kappa^T \;=\; l$$

$$Af \;=\; e$$

$$e \;\leq\; q$$

$$A^T g \;=\; h^g \qquad\qquad (2.94)$$

$$h^p + h^g \;\geq\; h$$

$$h \;=\; \gamma l f^2$$

$$v \;\leq\; v^{max}$$

$$e, l, h^p \;\geq\; 0$$

Die Terme der Zielfunktion $C_{jk}(l_{jk})$ bezeichnen den Trassen zugeordnete Transportkosten, die aus Investitionen (Rohrkosten einschließlich Verlegung und Armaturen) und Pump- sowie anderen Betriebskosten zusammengesetzt sind. Die Wasserwerkskosten $C_i(e_i)$, $i \in I_e$, umfassen Rohwasserfassung, -aufbereitung, Reinwasserspeicherung. Die Kostenparameter sind ortsspezifisch; ihre Ermittlung setzen entsprechende Untersuchungen voraus. Im Rahmen von Voruntersuchungen können in der Regel Richtwerte der Literatur verwandt werden.

Die Invesititonskosten sind der Praxis entsprechend auf die Abschnittslängen l_{jk} bezogen, wobei k den Normdurchmesser im Strang j bezeichnet. Es gilt die Annahme, daß die Gesamtkosten für die Installation der Fernleitungen einschließlich Armaturen, Entlüftungen, Druckstoßsicherungen, Düker, Fundamente, Verankerungen usw. sowie deren Wartung und Unterhalt in Abhängigkeit des Doppelindex jk darstellbar sind. Der Index j bezeichnet die Lage der Leitungstrasse, so daß geographische, geologische, topographische Abhängigkeiten mit zusätzlichem Bezug zum Normdurchmesser k angegeben werden können. Der auf die Abschnittslänge bezogene Annuitätenwert der Investitionskosten einschließlich des Unterhalts der Anlagen sei C_{jk}^{ct}.

Den dominierenden Betriebskostenanteil der Transportkosten bilden die Pumpkosten, entsprechend der Förderung großer Mengen über große Entfernungen und Höhenunterschiede; diese Kosten sind linear abhängig vom Energiepreis, vom Zeitwert der monetären Verzinsung und vom Energieprodukt fh. Es bestehen bei bekannten Durchflußmengen der grundsätzlich als Verästelungsnetze ausgelegten regionalen Verbundnetze innerhalb eines Stranges optimale Ausgleichsmöglichkeiten zwischen Investitions- und Betriebskosten (große Durchmesser – kleine Druckhöhenverluste, kleiner Durchmesser – großes Potentialgefälle). Dieser interne Ausgleich im hydraulisch separierten Strang bildet die Grundlagen des folgenden Optimierungskonzeptes. Die hydraulische Separation der Stränge kann vorgenommen werden, da im Verästelungsnetz Durchflüsse bekannt und Druckdiskontinuitäten an den Knoten aufgrund von Druckerhöhungen erlaubt sind.

Die Nebenbedingungen (2.94) enthalten lineare mengen- und druckhöhen-bezogene Definitionen, Zuordnungen und Zulässigkeiten des Systems sowie die nichtlineare hydraulische Grundgleichung, die wieder die Nichtkonvexität der Aufgabe verursacht. Ein geschlossener Lösungsalgorithmus des Modells ist nicht bekannt; bisherige Lösungsansätze basieren auf Modellvereinfachungen.

Werden im Grundmodell vorgegebene Einspeise- und Bedarfsmengen q angenommen $e = q$, so vereinfacht sich die Formulierung (2.93) und (2.94) zu

$$\text{Min.} \quad \sum_j \sum_k c_{jk}\,(l_{jk}) \tag{2.95}$$

$$\text{N.B.} \qquad [l_{jk}]\,\kappa = l \tag{2.96}$$

$$Af = q \tag{2.97}$$

$$A^T g = h^g \tag{2.98}$$

$$h^p + h^g \geq h \tag{2.99}$$

$$h = \gamma l f^2 \tag{2.100}$$

$$v \leq v^{max} \tag{2.101}$$

$$l, h^p \geq 0$$

Die in städtischen Netzen aus Sicherheitsgründen gewünschte Vermaschung wird für regionale Netze grundsätzlich nicht gefordert. Vermaschungen können jedoch auftreten, wenn bestehende Leitungen, Kapazitätsgrenzen der Quellen oder Ergänzungstrassen für neue Anschlußgebiete zu berücksichtigen sind. Die Logik der Modellentwicklung folgt daher der Städtischen Wasserversorgung; es werden graphentheoretische Bäume untersucht. Bezogen auf einen Baum dient (2.97) der Berechnung der Durchflüsse als Nebenbedingung; die Druckhöhenverluste nach (2.100) werden zur linearen Funktion der Abschnitts-längen. Die Berechnung des geodätischen Druckgefälles h^g nach (2.98) kann extern erfolgen. Wird ferner vorausgesetzt, daß durch Wahl des kleinsten zulässigen Normdurchmessers $k = 1$ die Nebenbedingung (2.101) erfüllt wird,

$$f_j \,/\, \left(\pi d_{jk}^2/4 \right) \leq v_k^{max}, \ k = 1, \cdots, K, \ \forall j\,, \tag{2.102}$$

so folgt mit der Zerlegung der Transportkosten $c_{jk}(l_{jk})$ in die Bestandteile spezifischer jährlicher Investitionskosten c_{jk}^{ct} und Pumpkosten c_j^{pt}, die reduzierte Form des Grundmodells (2.95) bis (2.101) zu

$$\text{Min.} \quad C(l, h^p) = \sum_{j \in J_E} \left(\sum_k c_{jk}^{ct} l_{jk} + c_j^{pt} h_j^p f_j \right) \tag{2.103}$$

$$\text{N.B.} \quad h^p + h^g \geq bl \tag{2.104}$$

$$[l_{jk}]\kappa = l \tag{2.105}$$

$$l, h^p \geq 0$$

Positives geodätisches Druckgefälle kann nicht abgebaut werden (s. Abb. 2.22 Fall b), wenn kein ausreichend kleiner Durchmesser zur Verfügung steht oder die

Bedingung maximal zulässiger Durchflußgeschwindigkeit verletzt würde. Dann resultiert das Ungleichheitszeichen in (2.104) und es gilt $h^p = 0$, so daß die N.B. (2.104) lautet:

$$h^g > bl \qquad (2.106)$$

Diese Ungleichung würde im Programm eine Slackvariable h^{sl} erfordern, deren Wert jedoch berechnet und zu einer theoretischen Korrektur der geodätischen Höhe benutzt werden kann, so daß in (2.104) wieder das Gleichgewichtszeichen gilt:

$$h_j^{sl} = h_j^g - b_{jk}l_{jk}, \ k = 1$$

Stehen ausreichend kleine Durchmesser zur Verfügung und werden maximal zulässige Geschwindigkeiten eingehalten, kann auch vorhandenes geodätisches Gefälle voll abgebaut werden (s. Abb. 2.22 Fall c):

$$h^g = bl \qquad (2.107)$$

Wird gepumpt (s. Abb. 2.22 Fall a und d), so gilt ebenfalls das Gleichheitszeichen in (2.104):

$$h^p + h^g = bl, \ h^p \neq 0. \qquad (2.108)$$

Zur Erklärung eines weiteren Details sei $h_j^g = 0$ angenommen, so daß $h_j^p \neq 0$ und in (2.104) das Gleichheitszeichen folgt; wird dann h_j^p aus (2.104) in die Zielfunktion substituiert, verbleibt im Modell nur eine Nebenbedingung:

$$\text{Min.} \qquad C(l) = \sum_{j \in J_E} \sum_k \left(c_{jk}^{ct} l_{jk} + c_j^{pt} f_j b_{jk} l_{jk} \right) \qquad (2.109)$$

$$\text{N.B.} \qquad [l_{jk}]\kappa = l \qquad (2.110)$$

Jede Basislösung des Programms (2.109) und (2.110) kann höchstens eine Variable $l_{jk} \neq 0$ enthalten. Würde die Annahme $h_j^g = 0$ aufgehoben, so wäre die Zielfunktion durch Konstanten ohne zusätzliche Variable erweitert; die Bedingung, daß die optimale Lösung einen durchgehenden Strangdurchmesser enthält, bliebe erhalten.

Der Durchfluß liegt im Verästelungsnetz fest, und die optimalen Pumphöhen an den Knoten sind zu ermitteln. Die Stränge können daher einzeln betrachtet werden. Die folgenden Optimalitätskriterien genügen einem Einzelstrang:

$$\text{Min.} \qquad C_j(l) = C_j^c + C_j^p = \sum_k \left(c_{jk}^{ct} l_{jk} + c_j^{pt} f_j b_{jk} l_{jk} \right) \qquad (2.111)$$

$$\text{N.B.} \qquad \sum_k l_{jk} = l_j, \ \forall j \qquad (2.112)$$

Im Unterschied zum Modell der Städtischen Wasserversorgung (2.68) bis (2.70) verändern sich die Koeffizienten der Variablen l_{jk} in der Zielfunktion nicht monoton mit steigendem k, sondern in konvexer Form: Der Koeffizient c_{jk}^{ct}

im Term C_j^c steigt und b_{jk} im Term C_j^p fällt mit wachsendem k. Die Zielfunktion (2.111) ergibt sich als konvexer Polygonzug, den qualitativ Abbildung 2.23 zeigt:

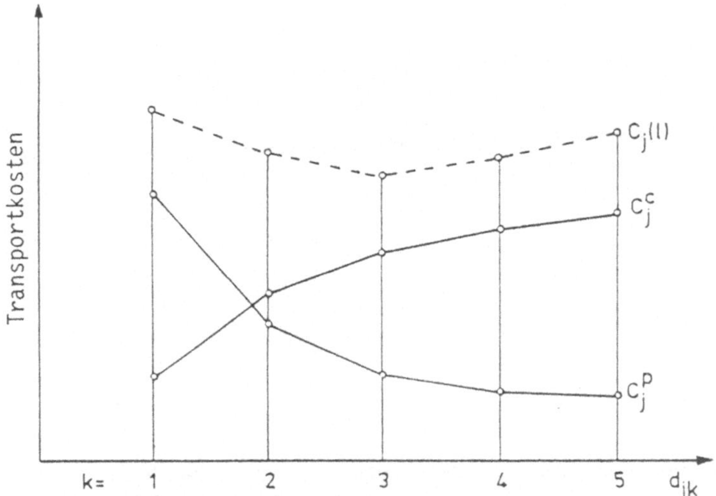

Abb. 2.23. Schemaskizze. Transportkosten für konstanten Durchfluß

Abbildung 2.23 zeigt ebenfalls, daß das Kostenoptimum einen durchlaufenden Durchmesser d_{jk} der Länge l_j bedingt, da der Polygonzug der Gesamtkosten $C_j(l)$ aus Geraden besteht. In den geraden Abschnitten treten zwei benachbarte Durchmesser auf; das Optimum liegt jedoch an einem Eckpunkt, wenn nicht der Sonderfall konstanter Gesamtkosten $C_j(l)$ im Abschnitt k, $k+1$ parallel zur Abszisse auftritt. Das gleiche Ergebnis zeigt Abbildung 2.24 in einer durch benachbarte Abschnittslängen l_{jk} und l_{jk+1} aufgespannten Ebene. Konturlinien der zugehörigen Zielfunktion $C_j(l)$ sind qualitativ für verschiedene Durchmesserkombinationen k, $k+1$ angegeben und verlaufen im Winkel zur N.B. (2.112),

$$l_{jk} + l_{jk+1} = l_j.$$

Ein Minimum liegt vor, wenn die Konturlinien der Z.F. die Achsen schneiden, so daß ebenfalls die Ecklösung l_{jk} oder $l_{jk+1} = l_j$ erscheint (Abb. 2.24).

Die Notwendigkeit eines optimalen durchgehenden Durchmessers resultiert ebenfalls, wenn ausreichende geodätische Druckhöhe besteht, so daß das Pumpen entfällt (s. Abb. 2.22 Fall b); mit $h_j^p = 0$ lautet das LP für einen Strang j:

$$\text{Min.} \quad C_j(l) = \sum_k c_{jk}^{ct}\, l_{jk} \tag{2.113}$$

$$N.B. \quad \sum_k l_{jk} = l_j \tag{2.114}$$

$$\sum_k b_{jk} l_{jk} \leq h_j^g \tag{2.115}$$

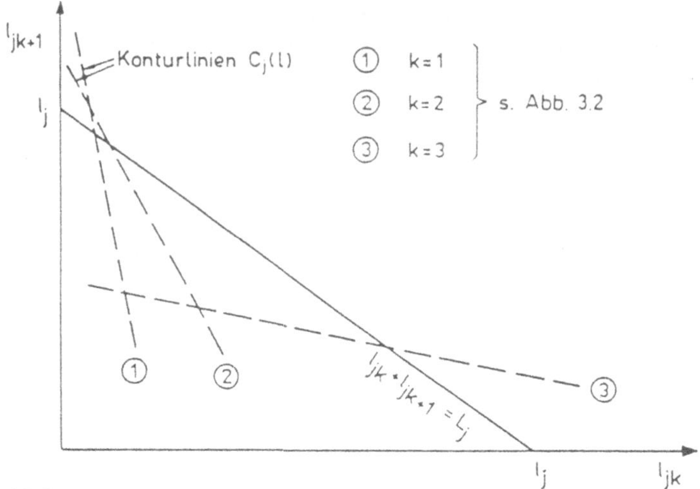

Abb. 2.24. Durchmesserauswahl

Wird die geodätische Druckhöhe h_j^g nicht abgebaut, so ist die N.B. (2.115) nicht bindend und damit überflüssig, so daß die Struktur des LP mit nur einer Nebenbedingung dem Programm (2.111) und (2.112) entspricht und daher jede Basislösung nur eine Variable enthält. Die Durchmesser k, $k+1$, $k+2, \cdots$ werden über die gesamte Länge des Stranges genutzt, bis mit steigendem Durchfluß die zulässige Maximalgeschwindigkeit erreicht ist, so daß der nächsthöhere Durchmesser gewählt werden muß. Es resultiert eine Treppenkurve der Durchmesser und Kosten über Durchflußbereiche wie in Abbildung 2.25 dargestellt:

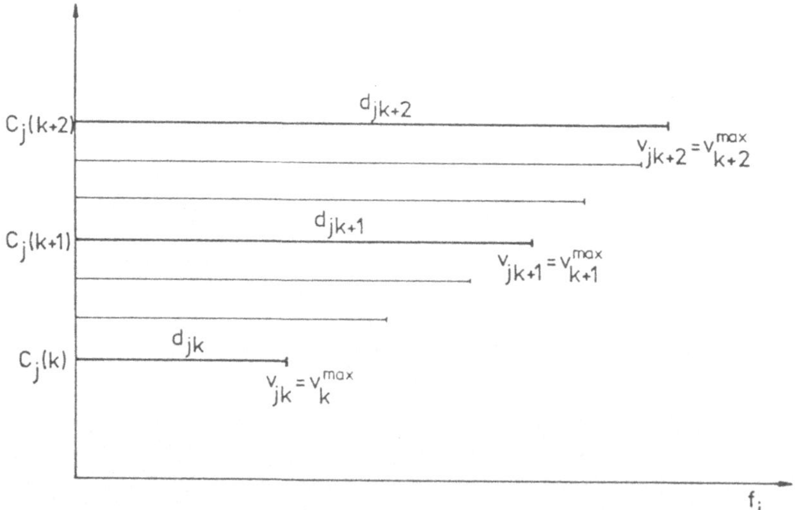

Abb. 2.25. Transportkosten ohne Pumpbetrieb (Abb. 2.22 Fall c)

Im Sonderfall einer exakten Nutzung der geodätischen Potentialdifferenz ohne Pumpbetrieb (s. Abb. 2.22 Fall c) kann die Nebenbedingung (2.115) aktiviert werden, so daß das Gleichheitszeichen gilt und eine Basislösung des LP (2.113) bis (2.115) – ebenso wie in der Städtischen Wasserversorgung auch zwei benachbarte Normdurchmesser enthalten kann. In diesem Fall (s. Abb. 2.26) genügt Durchmesser k, bis der Durchfluß f' die vorhandene geodätische Druckhöhe abgebaut hat. Um den Durchfluß weiter zu steigern, könnte Pumpbetrieb eingeführt werden, dessen Kosten jedoch höher liegen als die lineare Substitution des Durchmessers k durch den nächstfolgenden Durchmesser $k + 1$: Der Durchmesser k ist durch den Durchmesser $k + 1$ vollständig ersetzt, wenn die zulässige Maximalgeschwindigkeit in k erreicht wird. Im Bereich $f' - f''$ ist eine lineare Durchmesserkombination k, $k + 1$ die kostengünstigste Lösung.

Außer im oben beschriebenen Sonderfall (s. Abb. 2.22 Fall c) der exakten Ausnutzung der geodätischen Druckdifferenz ohne Pumpbetrieb, in dem Durchmesserkombinationen in einem Strang auftreten können, besteht die optimale Lösung jedoch aus durchlaufenden Strangdurchmessern; es gilt:

$$l_{jk} = l_j, \quad \forall \; j, \; k$$

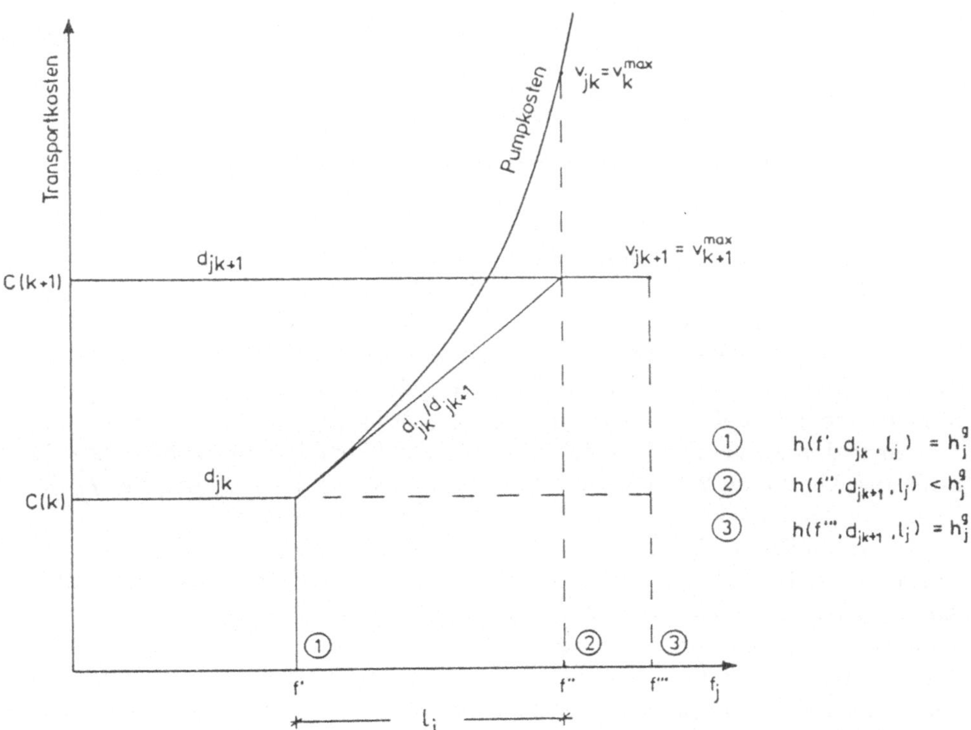

Abb. 2.26. Transportkosten mit geodätischer Druckhöhe (Abb. 2.22 Fall c)

Die Bestimmung des optimalen Durchmessers k^* eines Stranges j folgt dem Kriterium:

$$k^* = k \,|\, \text{Min.}\{\cdots, C_j(k), \cdots\}$$

$$= k^* \,|\, \text{Min.}\{\cdots, C_{jk}^{ct}\, l_j + c_j^{pt}\, f_j^3\, l_j\, \gamma_{jk}, \cdots\}$$

(2.116)

Die qualitative Darstellung der Funktionen $C_j(k)$ in Abhängigkeit des Durchflusses f_j zeigt Abbildung 2.27:

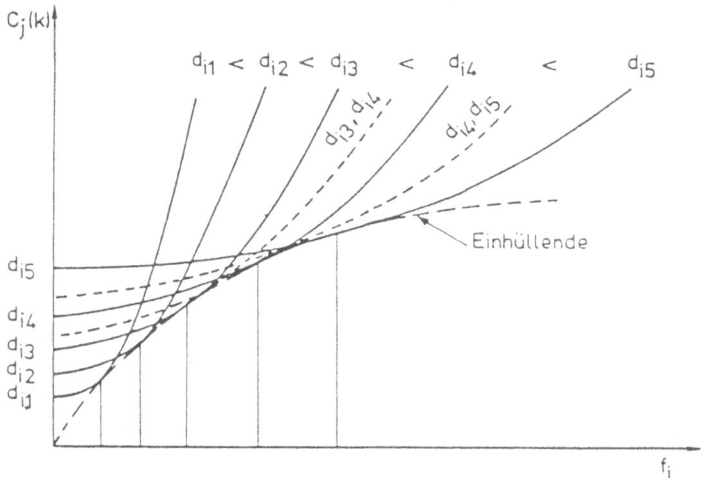

Abb. 2.27. Gesamtkosten einer Fernleitung mit variablem Druchfluß

Abbildung 2.27 zeigt außerdem die Einzelheit, daß eine Aufteilung des Stranges j in zwei aufeinanderfolgende Durchmesser d_{jk} und d_{jk+1} der Gesamtlänge l_j – unabhängig von der Länge der Abschnitte l_{jk} und l_{jk+1} – Kostenkurven ergeben würden, die sich im gleichen Punkt schneiden. Es folgt weiter, daß an einer beliebigen Schnittstelle f_j' die Kosten einer linearen Durchmesserkombination d_{jk} und d_{jk+1}, Länge l_{jk} und l_{jk+1}, größer/gleich den Kosten eines durchgehenden Durchmessers d_{jk} der Länge l_j sind. Abbildung 2.23 kann aus Abbildung 2.27 entwickelt werden, wenn an der Schnittstelle f_j' die Kosten in Abhängigkeit der Durchmesser aufgetragen werden.

Die Einhüllende der Kurvenschar der Gesamttransportkosten $C_j(k)$ ist konkav (s. Abb. 2.27), so daß die in der Praxis angenommene degressive Abhängigkeit der Transportkosten vom Durchfluß bestätigt wird. Die Einhüllende schmiegt sich von unten an die konvexen Transportkosten der Einzeldurchmesser an, berührt diese jedoch für jeden Durchmesser nur einmal. Zwischen den Berührungspunkten befinden sich konvexe Teilstücke des Pumpbetriebes, so daß der exakte Verlauf quasi-konkav ist. Die hier abgeleitete konkave Struktur der Transportkosten ist aus der Praxis bekannt und gilt ebenso für den Abwassertransport. Die Pumpkosten verlaufen nach der Beziehung (2.116) annähernd als Parabeln dritter Ordnung.

Abbildung 2.28 zeigt diese Ergebnisse zusammenfassend in einem Beispiel. Es wurden steigende geodätische Druckhöhen $h^g = -50, 0, 5, 50$ m, Durchmesser NW 100–800 mm, $k = 1(1)12$, Stranglänge $l_j = 1\,000$ m sowie die Kostendaten des Planungsbeispiels „Saar" (s. Abschn. 2.2.4) verwendet.

Ein Einzeldurchmesser kann bis zur vollen Nutzung des zur Verfügung stehenden geodätischen Potentials oder bis zur Erreichung der maximal zulässigen Durchflußgeschwindigkeit einen steigenden Durchfluß besitzen. Wenn die Pumpkosten Null sind, bestehen die Transportkosten aus konstanten Investitionen für einen Durchmesser k der Länge l_j und ergeben eine Treppenfunktion bezogen auf den Durchfluß. Es können jedoch Durchmesserkombinationen auftreten, wenn das vorhandene geodätische Potential für einen gegebenen Durchmesser k der Länge l_j nicht ausreicht und für $k + 1$, Länge l_j, eine positive Druckdifferenz verbleibt. Wird gepumpt, so ergeben sich konvexe Einzelkurven, deren Einhüllende quasi-konkav ist. Durchmessersprünge und konvexe Pumpkosten treten mit steigendem Durchfluß gleichzeitig auf, wenn kein ausreichendes geodätisches Potential zur Verfügung steht.

Vorhandene Leitungen können mit der bereits bestehenden Kapazität in das geplante Verbundnetz einbezogen werden. Ist die vorhandene Trasse nur eine Option, so können im optimalen Plan geringere oder höhere Leistungen als die vorhandenen errechnet werden. Wenn die bestehende Leistung die geforderte optimale Kapazität ohne Erweiterungen fördert, ist noch der technische Zustand der Leitung abzusichern. Liegt die geplante optimale Kapazität über der bestehenden Leistungsfähigkeit, sind zusätzlich zwei Planungskonstellationen zu untersuchen.

Erstens, es ist positives geodätisches Gefälle vorhanden. Dann ist entweder das ergänzende Einfügen eines neuen Durchmessers d_{jk} über eine Teilstrecke der bestehenden Leitung d_{jb} optimal, oder es muß der bestehenden Leitung eine Pumpstation zugeordnet werden.

Die Systemskizze (2.29) zeigt, daß in den Bereichen

$$f_{jb} \; < \; f_j \; < \; f_j', \; (b : \text{bestehend})$$

und

$$f_j'' \; < \; f_j \; < \; f'''$$

das ergänzende Einfügen eines neuen Durchmessers am kostengünstigsten ist, während im Abschnitt

$$f_j'' \; < \; f_j \; < \; f_j'''$$

die zusätzlichen Pumpkosten zu kleineren Gesamtkosten führen würden. Weiterhin wären die Alternativen zu untersuchen, ob das ergänzende Einfügen eines neuen Durchmessers und gleichzeitiges Pumpen billiger ist. Diese Alternativen sind nicht dargestellt.

In Abbildung 2.29 wurde vorausgesetzt, daß die Annuitäten der neuen Leitung C_{jk}^c höher als die der bestehenden C_{jb}^c sind.

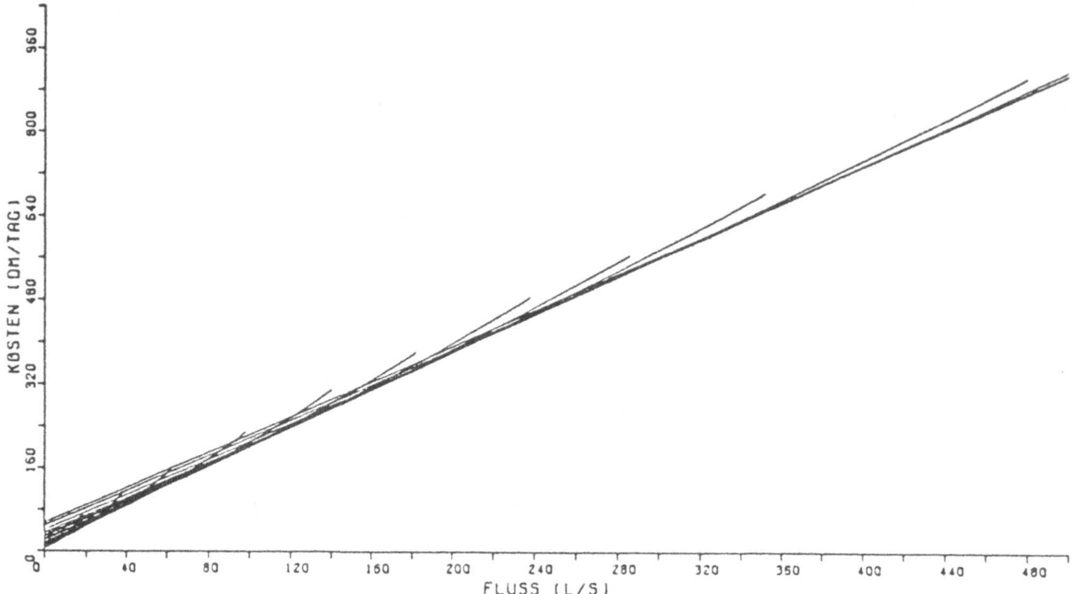

(a) $h^g = -50{,}0$ m: Pumpkosten dominieren

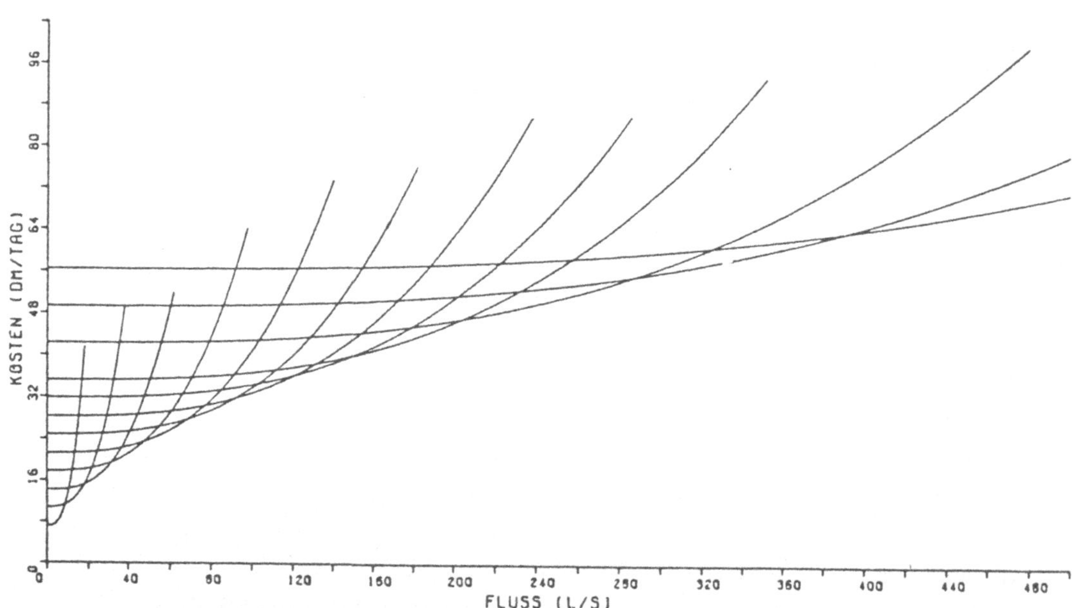

(b) $h^g = 0{,}0$ m: Normalfall, Gesamtkosten bestehen anteilmäßig aus Investitions- und Pumpkosten

Abb. 2.28 a, b. Beispiel „Saar"

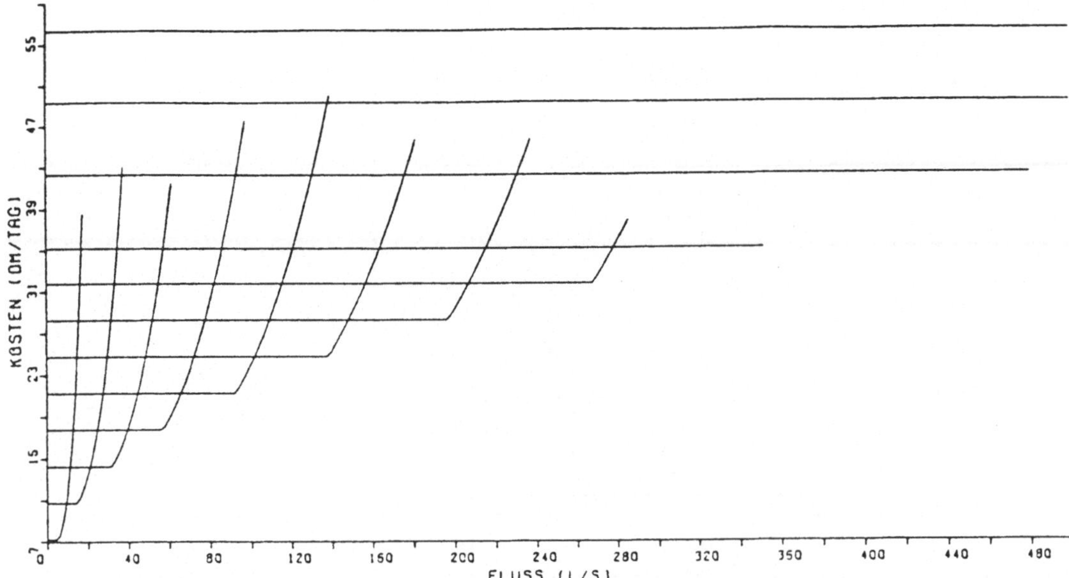

(c) $h^g = 5{,}0$ m: Investitionskosten dominieren

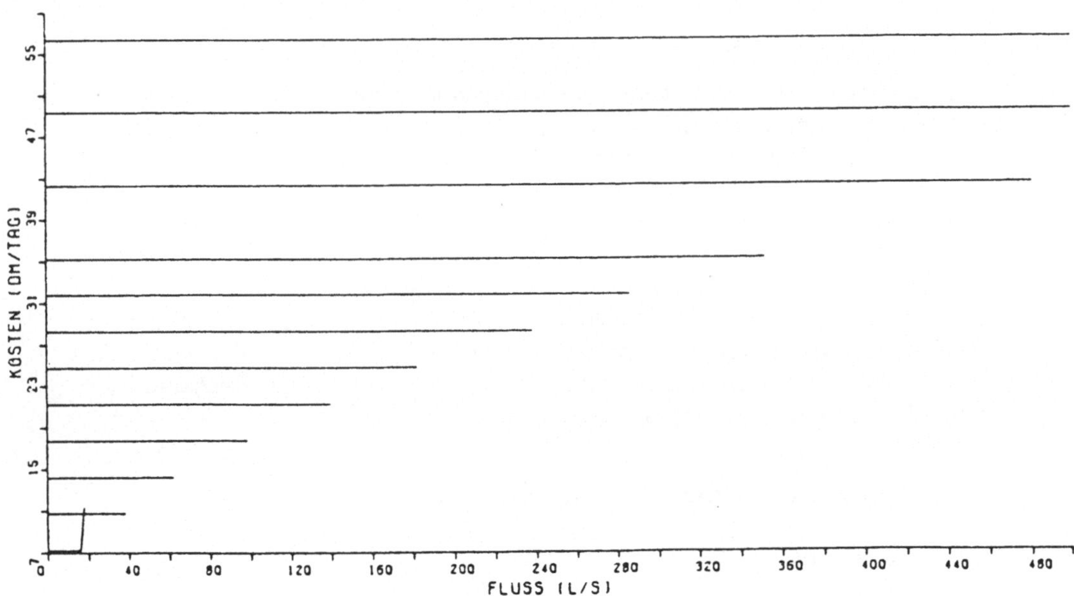

(d) $h^g = 50{,}0$ m: Pumpkosten entfallen völlig

Abb. 2.28 c, d. Beispiel „Saar"

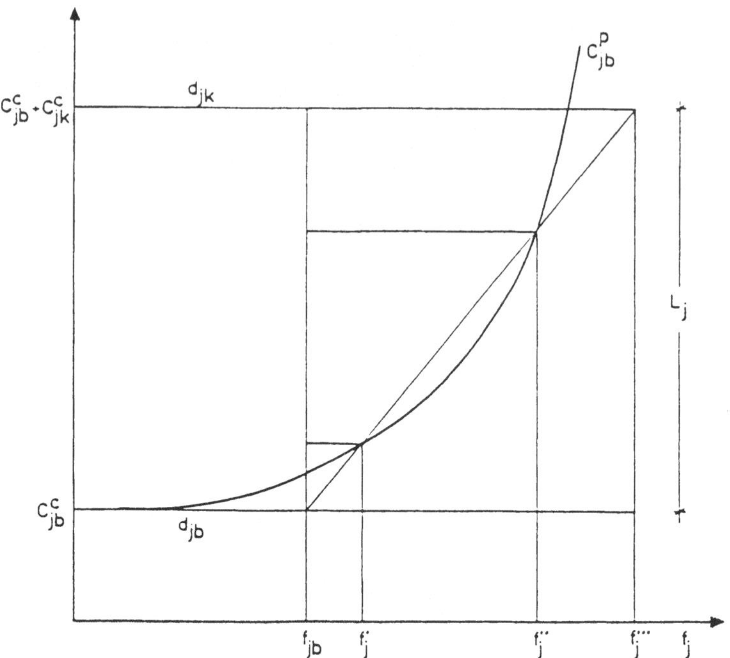

Abb. 2.29. Berücksichtigung bestehender Leitungen

Im zweiten Fall, wenn kein positives geodätisches Gefälle besteht, sind Konstellationen zu untersuchen, in denen ergänzende Teilstücke mit größerem Durchmesser und zusätzliche Pumpförderung angeordnet würden.

In noch höherem Maße als in der Städtischen Wasserversorgung kann die Anzahl der zu untersuchenden Bäume in der Regionalen Wasserversorgung außerhalb rechentechnischer Möglichkeiten liegen. Zum Beispiel wären im Graphen der „Saar" $\sim 10^{38}$ Bäume zu berechnen (s. Abschn. 2.2.4; $\sim 0{,}1$ s pro Baum würde eine Gesamtrechenzeit von $\sim 10^{29}$ Jahren bedeuten). Wegen der Nichtkonvexität und Größe der Aufgabe kommen deshalb ausschließlich stochastische Lösungsstrategien in Betracht, auch wenn zukünftige Rechenanlagen weitere bedeutende Leistungssteigerungen erwarten lassen.

2.2.3 Evolutionsstrategische Optimierung

2.2.3.1 Einleitung

Das Fachgebiet der „Bionik" untersucht Möglichkeiten, Ausbildung und Verhalten technischer Systeme durch Übertragung biologischer Vorbilder „optimal" zu gestalten [7, 8]. Auf der Erde wurden Strukturen den Lebewesen unter Anpassung an wechselnde Umweltbedingungen „evolutionär" höherer Effizienz zugeführt. Es entstand eine den wechselnden Lebensbedingungen optimal angepaßte Fauna und Flora. Diese in biologischen Strukturen verankerte Experimentiererfahrung der Natur kann auch für Entwicklungen technischer Systeme genutzt werden. Biologische Systeme und Prozesse können kopiert und Verfahren übertragen werden, die zu den fertigen Strukturen führen.

Die morphologischen und physiologischen Eigenschaften eines Lebewesens sind vollständig und ausschließlich in seinen Chromosomen codiert. Ein Gen eines Säugetieres enthält zum Beispiel ~ 1000 Positionen für vier Nukleotidbasen (Adenin, Thymin, Guanin, Cytosin), so daß zur Ausbildung eines Gens $\sim 4^{1000} = 10^{600}$ Möglichkeiten bestehen; der Chromosomenansatz eines Menschen enthält $\sim 3 \times (10^6)$ Gene, so daß sich insgesamt theoretisch etwa

$$10^{(600) \times (3\,000\,000)} = 10^{1\,800\,000\,000}$$

Kombinationen ergeben, um den Chromosomenansatz eines Menschen aufzubauen. Die Größenordnung dieser Zahl wird als hinreichender Beweis für die Effizienz biologischer Evolutionsmechanismen angesehen, die über eine vergleichbar geringe Zahl von Generationsschritten im Laufe der Erdgeschichte Lebewesen von der Komplexität der Säugetiere entstehen ließen. „Artenreichtum“, „verschwenderische Natur“ erscheinen nicht als richtige Interpretation der Präzision und Sparsamkeit der Natur, in der sich Lebewesen unter wechselnden Umweltbedingungen bis zum Menschen und seines eingreifenden Wirkens weiterentwickeln konnten.

Im Vergleich zum Normfall technischer Entwicklungen ist eine Besonderheit der Evolution die Parallelentwicklung einer großen Zahl von Individuen der gleichen Art und Gattung als „Population“. Die Individuen erfahren Prägung im Leben, unterliegen Zufallseinflüssen, beeinflussen ihrerseits die Merkmale der nächsten Generation. Eine Population von Individuen könnte mathematisch in einem Variablenraum als gestreute Punktmenge abgebildet werden. Die in der Natur wirksamen Evolutionsmechanismen sind die Regeln, nach denen Punkte neu gesetzt oder eliminiert werden.

Es werden fünf Hauptmechanismen der Evolution unterschieden:

- Genmutation
- Chromosomenmutation
- Rekombination
- Selektion
- Isolation

Bei der Genmutation, ausgelöst durch natürliche kurzwellige Strahlung oder zufällig verursachte chemische Reaktionen, werden an einer Stelle der Doppelspirale eines Chromosoms eine Nukleotidbase gegen eine andere ausgetauscht. Die resultierende Veränderung im Individuum einer Art ist klein – im Vergleich zur Chromosomenmutation. Man unterscheidet zwischen der Verdoppelung eines Chromosomenabschnittes (Duplikation), dem Anketten eines Chromosomenstückes an ein anderes (Translokation), dem gedrehten Einfügen eines „herausgebrochenen“ Chromosomenstückes an der gleichen Stelle (Inversion).

Die Rekombination, Paarung, dient der Durchmischung des Erbgutes. Sie sichert eine schnelle Durchsetzung bereits bestehender positiver Charakteristika des Erbgutes und erhöht die Wahrscheinlichkeit ihres wiederholten Auftretens. Es finden zwei Teilschritte statt. Im ersten Schritt wird das Erbgut von zwei Individuen zusammengeführt. Der zweite Schritt ist die Reduktionsteilung, in der die „mütterlichen" und „väterlichen" Chromosomen nach Zufallskriterien zu einem Chromosomensatz zusammengefügt und um die verbleibenden Chromosomenteile reduziert werden (interchromosomale Rekombination). Gleichzeitig werden homologe Teile zwischen den Chromosomenketten der Eltern ausgetauscht (crossing-over), und zwischen den gepaarten Chromosomen treten Brüche auf, die über Kreuz zusammenwachsen können (intrachromosomale Rekombination).

Die umweltbedingten Selektionsmechanismen führen zur Elimination von Punkten im Variablenraum, indem Lebewesen mit geringer Tauglichkeit aus der Population entfernt und nach Möglichkeit auch ihre Fortpflanzung verhindert wird. Die Isolation bezeichnet das Ergebnis der Aufspaltung bestehender Populationen in verschiedenen Arten, die jeweils einem verschiedenen Anpassungsoptimum zustreben. Die Aufspaltung wird von einem bestimmten Niveau individueller Unterscheidung durch zusätzliche Fortpflanzungsbarrieren begünstigt, indem eine Durchmischung des Erbgutes oder die Paarung der neuen Art mit der „Herkunftsart" erschwert werden.

Gesteuert von den genannten Evolutionsmechanismen entwickeln sich die Arten in Richtung steigender Tauglichkeit. Gen- und Chromosomenmutation sowie Rekombination führen in der Regel zu differentiell kleinen Veränderungen der Erbanlagen. Da die beteiligten Zufallsprozesse unabhängig sind, ist die Wahrscheinlichkeit gleichzeitiger und sich überlagernder Veränderungen gering. In diesen Fällen treten jedoch gravierende Sprünge auf, die signifikante Veränderungen der biologischen Systeme mit hervorragenden positiven oder negativen Resultaten zur Folge haben können. Die genannten Evolutionsprinzipien verhindern jedoch insgesamt die Propagation negativer Resultate und damit die Rückläufigkeit der Evolution. In den seltenen Fällen positiver Ergebnisse sich überlagernder Veränderungen resultieren Evolutionssprünge.

2.2.3.2 Auswahl von Bäumen

Die beschriebenen biologischen Evolutionsprinzipien und -mechanismen können in vereinfachter Form auf die Auswahl optimaler graphentheoretischer Bäume aus einer sehr großen Zahl möglicher Bäume übertragen werden. Als Übertragungsmodell bietet sich die Analogie zwischen der codierten Form eines Graphen, i.e. der Inzidenzmatrix A, und einem Chromosom an; die im Graphen enthaltenen Schleifen werden als Gene betrachtet, der als Sehne bezeichnete Strang einer Schleife entspricht der Position einer Nukleotidbase. Die Ermittlung eines Baumes, dessen Struktur möglichst niedrige Kosten verursacht, kann analog zum biologischen Prinzip der optimalen „Tauglichkeit" in folgender Form dargestellt werden:

$$\text{Min. } C_E = \text{Min. } \varphi\,(g_E) \tag{2.117}$$

Es bedeuten C_E die Kosten eines Baumes E, die eine Funktion seiner graphentheoretischen Struktur g_E ist. Diese wird durch den Vektor

$$g_E = (s_1, \cdots, s_r, \cdots, s_R)$$

beschrieben, indem s_r in jedem Ring r, $r = 1(1)R$, den Strang j bezeichnet, der Sehne ist.

Sowohl diese technische als auch die analoge biologische Zielfunktion sind abhängig von diskreten Variablen, die in der biologischen Evolution Genen und in der Rohrnetzoptimierung den Strängen der einzelnen Schleifen entsprechen. Durch Veränderungen eines oder mehrerer Werte s_r entsteht eine neue technische Struktur mit verändertem „Tauglichkeitswert", hier: Kosten. Wie in der Natur entstehen nichtlebensfähige Systeme, die zu eliminieren sind; hydraulisch unzulässige Graphen werden nicht gespeichert. Voraussetzung für das konvergierende Verhalten der Evolutionsstrategie ist ein hinreichend glatter Verlauf der Tauglichkeitsfunktionen, indem die Tauglichkeit eines Punktes auch Aussagen über die Tauglichkeit einer möglichst großen Umgebung erlaubt. Jedoch können nach erfolgreichen großen Sprüngen in der Tauglichkeit weitere Verbesserungen durch kleine Veränderungen ausgewählter Systemparameter nicht ausgeschlossen werden. Die Auswahl der entsprechend steuernden Systemparameter bedingt eine Kenntnis über Auswirkungen der Variation einzelner Parameter. Zum Beispiel wird in der Natur das Tauglichkeitsfeld der biologischen Evolution dadurch geglättet, daß geringe Änderungen des Codes für den Aufbau von Aminosäuren durch Austausch von Nukleotidbasen im Gen ähnliche Aminosäuren entstehen lassen, die die Tauglichkeit des neuen Lebewesens gering verändern.

Das Prinzip der Mutation von Bäumen eines Wasserversorgungsnetzes zur Erzeugung höherer „Tauglichkeit" oder geringer Kosten besteht in der Zufallswahl unterschiedlicher Sehnen in einzelnen Schleifen. Wenn eine Wichtung oder Ordnung der Schleifen in bezug auf die Einspeise- und Bedarfsmengen in den Schleifen oder ihre Lage im Gesamtgraphen eingeführt wird, resultiert eine hinreichende Glättung der Kostenkurve. Änderungen in einer Randschleife mit geringen Einspeise- und Verbrauchsmengen führen zu einer geringen Änderung der Kosten, Änderungen in einer zentralen Schleife mit großen Einspeise- und Verbrauchsmengen verursachen Kostensprünge.

Die Anwendung der Evolutionsstrategie zur Entwicklung kostenoptimaler Baumkonfigurationen wurde auf die Kopie der folgenden Evolutionsmechanismen beschränkt:

- Genmutation,
- Rekombination, einschließlich „crossing-over",
- Selektion.

Wie erwähnt, ist ein Baum und sein zugeordneter Kostenwert eindeutig durch das R Tupel $(s_1, \cdots, s_r, \cdots, s_R)$ bestimmt. Die Schleifen seien in dem Tupel so angeordnet, daß der Einfluß der Veränderung eines Strangindex s_r mit steigendem Rang r nach den oben genannten Kriterien größer wird. Damit

hängt die Größe der Änderung des Zielfunktionswertes von der Anzahl und
dem Index der zu verändernden Schleifen ab.

In Übertragung der natürlichen Evolutionsprinzipien soll die Wahrscheinlichkeit kleiner Änderungen sehr viel größer als die großer Änderungen sein.
Mit den Definitionen der stochastischen Variablen s (Anzahl der Schleifen),
r (Index der Schleifen), die in einem Generationsschritt zu verändern sind,
folgt die der Genmutation analoge Variation der Baumstruktur nach folgenden
Dichtefunktionen:

wobei

$$w(s) \; = \; \frac{1}{\sigma_s \sqrt{2\pi}} \; e^{-\frac{1}{2}(s/\sigma_s)^2} \tag{2.118}$$

$$1 \; \leq \; s \; \leq \; R\,, \qquad s \; = \; int.\,s + 1$$

und

$$w(r) \; = \; \frac{1}{\sigma_r \sqrt{2\pi}} \; e^{-\frac{1}{2}(r/\sigma_r)^2} \tag{2.119}$$

$$1 \; \leq \; r \; \leq \; R\,, \qquad r \; = \; int.\,r + 1$$

Die Parameter σ_s und σ_r stellen die Streuungen der gewählten Normalverteilungen dar und werden nach dem unten erklärten Prinzip festgelegt. In
der Schleife wird anschließend die Sehne mit einer Gleichverteilung aus der
Gesamtzahl der im Ring enthaltenen Stränge bestimmt.

Zur Rekombination werden aus der vorhandenen Population von Bäumen
zwei (gleichverteilt) herausgesucht und einer der beiden (ebenfalls gleichverteilt) zum Basisbaum erklärt. In der Schleife $1, \cdots, r, \cdots, R$ wird anschließend
mit der Wahrscheinlichkeit $(1 - w)$ der Wert der Schleifenvariablen s_r im
„mütterlichen" Basisbaum beibehalten, mit der Wahrscheinlichkeit $w \ll 1$ der
„väterliche" Baum zum Basisbaum. Es entsteht als „Kind" ein neuer Baum, der
in die Population übernommen wird. Im anschließenden Kostenvergleich wird
im Prozeß der Selektion der teuerste Baum der Population aus dem Speicher
gelöscht.

Die Parameter σ_s, σ_r und w bestimmen das Verhältnis zwischen großen und
kleinen Veränderungen der Baumstruktur. Je größer σ_s, σ_r und w gewählt werden, desto größer wird auch die Zahl großer Evolutionssprünge. Grundsätzlich
wäre die Evolutionsstrategie mit beliebigen Konstanten σ_s, σ_r und w durchführbar. Jedoch soll erreicht werden, daß in großer Entfernung vom Optimum
große Schritte zur möglichen weiteren Annäherung gewählt werden, während
in der Nähe des Optimums möglichst kleine Schritte noch dichter an das Optimum heranführen. Die „Schritte" stellen die im Graphen durchzuführenden
Veränderungen dar, die durch Anpassung der Parameter σ_s, σ_r und w an den
Verlauf der Zielfunktion ebenfalls „optimal" zu gestalten sind.

Rechenberg [7] leitete eine sogenannte „1/5-Erfolgsregel" aus dem Konvergenzverhalten der sogenannten Kugel- und Korridormodelle ab, die sich extrem
voneinander unterscheiden. Die Regel lautet, daß σ_s, σ_r und w zu verkleinern
sind, wenn im Durchschnitt weniger als $n/5$ erfolgreiche Mutationen erzeugt
wurden, und zu vergrößern sind, wenn mehr als $n/5$ erfolgreich waren.

Eine flexiblere Methode zur optimalen Schrittweitensteuerung ist die „lernende Population". In der biologischen Evolution bestimmt die Mutabilität eines Organismus, die unter genetischer Kontrolle steht, die Schrittweite der Evolution. Genotypen, deren Mutabilität optimal dem Verlauf der Tauglichkeitsfunktion angepaßt ist, entwickeln sich schnell in Richtung ansteigender Tauglichkeit, während Genotypen, deren Mutabilität dem Verlauf der Tauglichkeitsfunktion schlecht angepaßt ist, zurückbleiben und aussterben. Eine Übertragung dieses Prinzips auf die Optimierung der Auswahlstrategie von Bäumen wurde in folgender Form vorgenommen.

Jeder erzeugte Baum ist durch das R Tupel

$$(s_1, \cdots, s_r, \cdots, s_R)$$

und das Tripel (σ_s, σ_r, w) charakterisiert, das zur Erzeugung benutzt wurde. Eine Anpassung der Auswahlparameter kann über eine Mutation erfolgen, indem drei Veränderungsmöglichkeiten der Parameter erlaubt werden:

$$\sigma_s, \sigma_r, w \;\to\; (\sigma_s, \sigma_r, w) \quad \text{mit der Wahrscheinlichkeit } y$$

$$\sigma_s, \sigma_r, w \;\to\; (\alpha\sigma_s, \alpha\sigma_r, \alpha w) \quad \text{mit der Wahrscheinlichkeit } \frac{1-y}{2} \qquad (2.120)$$

$$\sigma_s, \sigma_r, w \;\to\; (\frac{1}{\alpha}\sigma_s, \frac{1}{\alpha}\sigma_r, \frac{1}{\alpha}w) \quad \text{mit der Wahrscheinlichkeit } \frac{1-y}{2}$$

Dabei ist α eine Konstante > 1. (In den nachfolgenden Beispielrechnungen wurde angenommen: $\alpha = 1{,}2$, $y = 0{,}5$; Anfangswerte waren $\sigma_s^a = \sigma_r^a = 0{,}5\,R$.)

Der Anfangswert w^a der Wahrscheinlichkeit w eines „crossing-over" wurde so gewählt, daß diese 0,7 betrug:

$$1 - (1 - w^a)^R = 0{,}7.$$

Zusammenfassend wurden die folgenden Schritte durchgeführt, um eine evolutionsstrategische Verbesserung von Verästelungsnetzen zu erreichen:
- Zufallswahl einer Anfangspopulation von N Bäumen aus der Gesamtpopulation, Anfangsparameter σ_s^a, σ_r^a, w^a
- Zufallswahl von zwei Elternbäumen aus der Population N
- Mutation der Bäume
  - Mutation von σ_s, σ_r, w nach (2.120)
  - Bestimmung der Anzahl der zu mutierenden Schleifen (2.118)
  - Bestimmung der zu mutierenden Schleifen (2.119)
  - Bestimmung der neuen Sehne in der gewählten Schleife
- Rekombination der Elternbäume (wie oben beschrieben)
- Elimination von Fehlkonfigurationen (i.e. unzulässige Lösung: kein Baum)
- Einfügen des neuen Baumes in die bestehende Population und Kostenvergleich
- Elimination des teuersten Baumes (wenn Konvergenz erreicht: Ende)
- Wiederholung ab: Zufallswahl von zwei Elternbäumen aus der Population N

Diese Strategie wurde am Rechner experimentell entwickelt und erwies sich als effizient. Andere Strategien, die die genannten Evolutionsmechanismen in anderer Form berücksichtigen, wären selbstverständlich möglich.

2.2.3.3 Erweiterung des Grundmodells

Sind die Einspeisemengen e_i, $i \in I_e$, variabel und mit oberen Schranken q_i versehen, so folgt das allgemeine Modell der Regionalen Wasserversorgung (2.93)–(2.94) unter Einbeziehung der Wassergewinnungskosten $C_i(e_i)$ zu:

$$\text{Min.} \quad \sum_j \sum_k C_{jk}(l_{jk}) \;+\; \sum_{i \in I_e} C_i(e_i) \tag{2.121}$$

$$
\begin{aligned}
\text{N.B.} \quad [l_{jk}]\kappa &= l \\
Af &= e \\
e &\leq q \\
A^T g &= h^g \\
h^p + h^g &\geq h \\
h &= \gamma l f^2 \\
v &\leq v^{max} \\
e, l, h^p &\geq 0
\end{aligned}
\tag{2.122}
$$

Die Kostenfunktionen $C_i(e_i)$, die summarisch die Kosten für Rohwassergewinnung, Aufbereitung und Speicherung umfassen, werden in der Literatur allgemein als konkave Funktionen der Form

$$C_i(e_i) \;=\; \alpha_i\, e_i^{\beta_i}, \; 0 \leq \beta_i \leq 1$$

angenommen. Es ist evident, daß die Lösung der nichtkonvexen Aufgabe (2.121)–(2.122) nicht mit geschlossenen Algorithmen möglich ist. Als stochastisches Suchverfahren wurde die oben geschilderte evolutionsstrategische Entwicklung optimaler Bäume benutzt.

In Erweiterung des Grundsatzes (2.117) gilt dann für das allgemeine Modell der Regionalen Wasserversorgung:

$$\text{Min.} \; C_E \;=\; \text{Min.} \; \varphi(g_E, e_E),$$

i.e., die Kosten eines Baumes C_E sind nicht nur eine Funktion der graphentheoretischen Struktur g_E, sondern auch der Verteilung der Einspeisung auf die Einspeiseknoten e_E. Zweckmäßig werden dazu die Einspeiseknoten geordnet, indem die Produkte $|e_n| C_n(e_n)$ berechnet und verglichen werden, so daß der Einfluß der Veränderung einer Einspeisemenge auf die Gesamtkosten mit steigendem Rang n größer wird. Damit ist ein Baum und sein zugeordneter Kostenwert eindeutig durch das $(R + I_e)$ Tupel $(s_1, \cdots, s_R, e_1, \cdots, e_{I_e})$ bestimmt.

Seien analog Abschnitt 2.2.3.2 die stochastischen Variablen m (Anzahl der Einspeiseknoten), n (Index der Einspeiseknoten) definiert, die in einem Generationsschritt verwendet werden, so erfolgt die Zuordnung der zu variierenden Einspeiseverteilung nach folgenden Dichtefunktionen:

$$w(m) \;=\; \frac{1}{\sigma_m\,\sqrt{2\pi}}\; e^{-\frac{1}{2}(m/\sigma_m)^2} \qquad (2.123)$$

$$m \;=\; int.\,m + 1, \quad 1 \leq m \leq I_e$$

$$w(n) \;=\; \frac{1}{\sigma_n\,\sqrt{2\pi}}\; e^{-\frac{1}{2}(n/\sigma_n)^2} \qquad (2.124)$$

$$n \;=\; int.\,n + 1, \quad 1 \leq n \leq I_e$$

Die Variation der Einspeisemenge im Knoten n kann nach der Dichtefunktion

$$w(e_n) \;=\; \frac{2}{q_n\,\sqrt{2\pi}}\; e^{-\frac{1}{2}(2e_n/q_n)^2} + e_n, \qquad (2.125)$$

als eine Normalverteilung mit der Streuung $q_n/2$ und dem Mittelwert e_n angenommen werden. Für $e_n > q_n$ wird $e_n = q_n$ und für $e_n < 0$ wird $e_n = 0$ gesetzt.

Um die Einhaltung der Nebenbedingung $(Af) = e$ sicherzustellen, wird eine eventuelle Überschuß- oder Fehlmenge proportional auf die Einspeiseknoten nach folgendem Verfahren verteilt:

- Überschußmenge: Die gesamte Überschußmenge wird direkt proportional zu den bestehenden Einspeisemengen aufgeteilt und von diesen abgezogen.
- Fehlmenge: Die Fehlmenge wird proportional zu den Einspeisemengen verteilt, die noch nicht die Kapazitätsgrenze erreicht haben; werden dabei die Kapazitätsgrenzen überschritten, so ist der „Restfehlbetrag" iterativ in folgenden Rechenschritten weiter zu verteilen.

Der Evolutionsalgorithmus beinhaltet damit folgende Schritte:
- Zufallswahl einer Anfangspopulation von N Bäumen aus der Gesamtpopulation, Anfangsparameter σ_s^a, σ_r^a, σ_m^a, σ_n^a, w^a.
- Zufallswahl von zwei Elternbäumen aus der Population N
- Mutation der Bäume
    - $\cdots$ Mutation von σ_s, σ_r σ_m, σ_n, w nach (2.120)
    - $\cdots$ Bestimmung der Anzahl der zu mutierenden Schleifen (2.118)
    - $\cdots$ Bestimmung der zu mutierenden Schleifen (2.119)
    - $\cdots$ Bestimmung der neuen Sehnen in den gewählten Schleifen
    - $\cdots$ Bestimmung der Knotenzahl für gewünschte Einspeisemutationen (2.113)
    - $\cdots$ Bestimmung der Knotenindizes für Einspeisemutationen (2.124)
    - $\cdots$ Bestimmung der neuen Einspeisemengen (2.125)
- Rekombination der Elternbäume
- Elimination von Fehlkonfigurationen

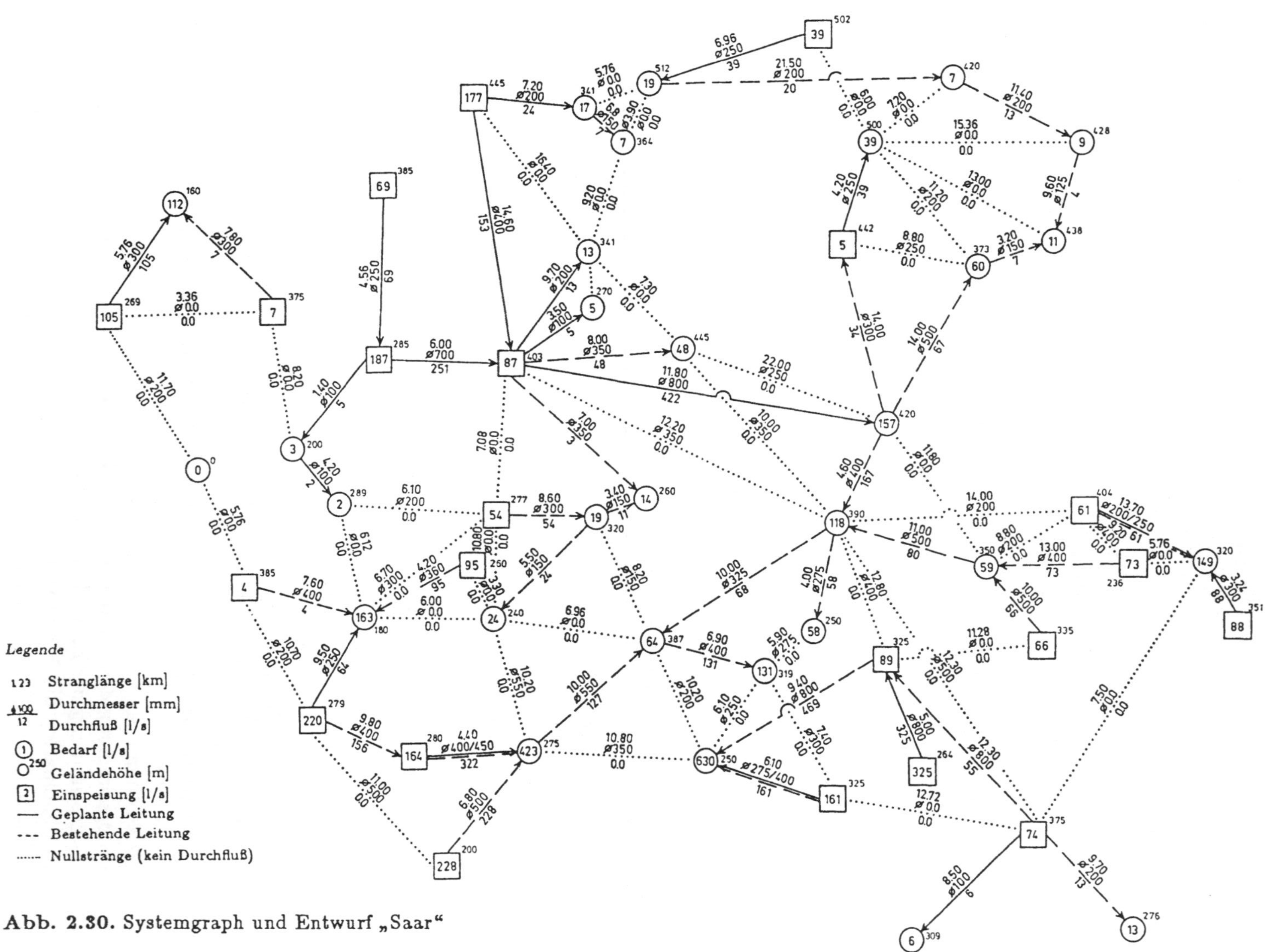

Abb. 2.30. Systemgraph und Entwurf „Saar"

- Adjustierung der Einspeisemengen (wie oben beschrieben)
- Einfügen des neuen Baumes in die bestehende Population und Kostenvergleich
- Elimination des teuersten Baumes (wenn Konvergenz erreicht: Ende)
- Wiederholung ab: Zufallswahl von zwei Elternbäumen aus der Population N.

2.2.4 Planungsbeispiel Saar

Abbildung 2.30 zeigt den möglichen Entwurf einer zukünftigen Verbundwasserversorgung des Landes Saar über eine Fläche von ca. 1 600 km^2. Der Graph enthält 52 Knoten, 42 Schleifen und 93 Stränge, die Gesamtzahl der Bäume beträgt $\sim 10^{38}$. Die Stränge stellen vorhandene Fernleitungen oder Trassenoptionen dar, die Knoten Wassergewinnungsanlagen mit festen Produktionsmengen sowie Bedarfsmengen.

Den Kosten der Fernleitungen einschließlich Verlegung wurden die folgenden Angaben zugrunde gelegt [6]:

NW [mm]	DM/m	NW [mm]	DM/m
100	37,55	400	140,91
150	55,78	450	165,13
200	74,01	500	182,94
250	92,23	600	219,81
300	110,46	700	256,26
350	128,68	800	292,70

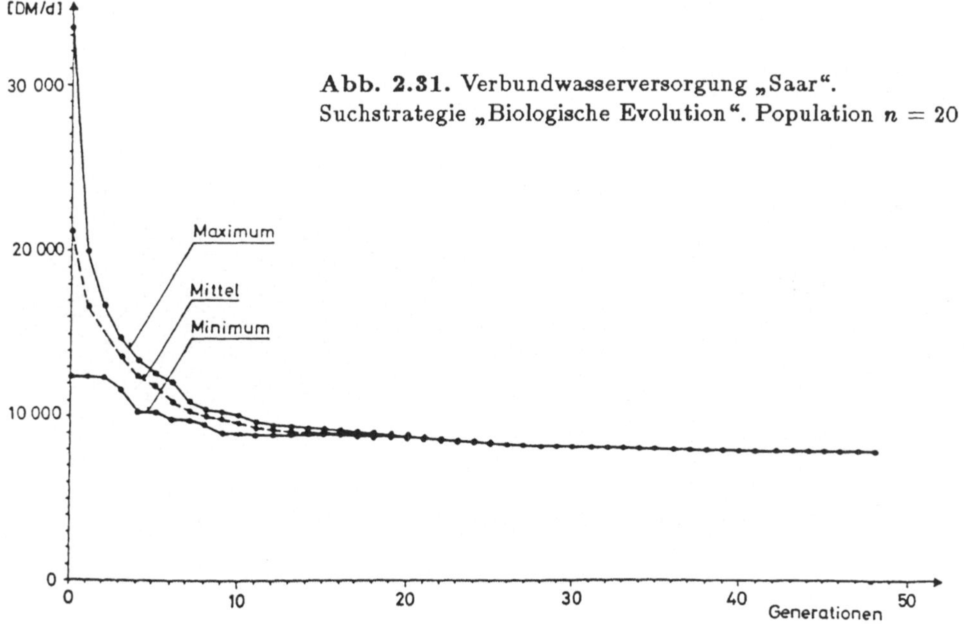

Abb. 2.31. Verbundwasserversorgung „Saar".
Suchstrategie „Biologische Evolution". Population $n = 20$

Die Rechnungen wurden bezogen auf mittlere Tageskosten sowie eine Planungszeit von 33 Jahren, mit einem Zinssatz von 7 %, einem Gegenwartswertfaktor p.a. von 0,07841 durchgeführt. Der Energiepreis einschließlich Investitionskosten der Pumpanlagen betrug 0,1 DM/kWh, der Wirkungsgrad $\eta = 0,7$. (Weitere Daten s. [6].)

Es wurde eine Populationsgröße von $N = 20$ Bäumen gewählt. In der ersten Generation waren die Kosten des teuersten Baumes 33 595 DM/d, die Kosten des günstigsten Baumes 12 200 DM/d. Nach ca. 12 Minuten Rechenzeit (UNIVAC 1108) waren in 48 Generationen insgesamt 981 Bäume ausgewertet und die Kostendifferenz innerhalb der Population auf 0,2 % reduziert worden; der bis dahin erreichte „optimale" Entwurf besaß den Zielfunktionswert 7 946 DM/d (s. Abb. 2.31). Die evolutionsstrategische Herausbildung von Ästen zeigt beispielhaft Abbildung 2.32.

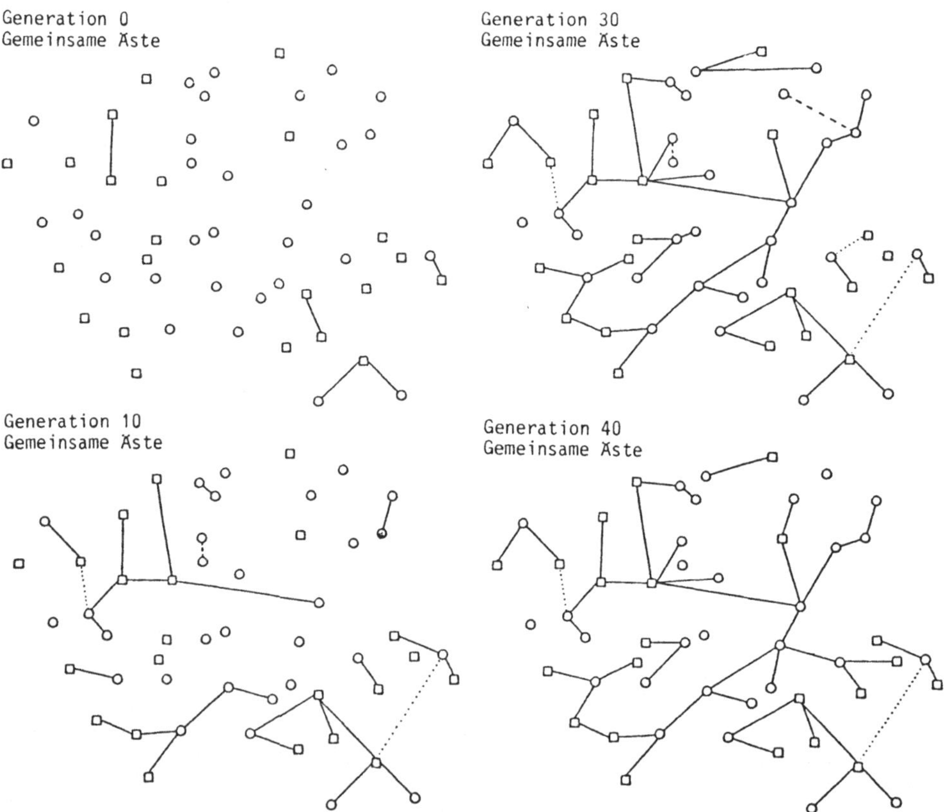

Abb. 2.32. Evolutionsstrategische Herausbildung von Ästen

3 Wassergütewirtschaft

3.1 Allokation von Flußgebietssanierungen

3.1.1 Einleitung

Seit historischen Zeiten dienen Fließgewässer der „Abwasserbeseitigung". Die Erkenntnis, daß eine „Beseitigung" nicht möglich und eine Integration der Abfallsubstanzen in den Kreislauf der Natur erforderlich ist, wird erst seit kurzem betont. Keine der möglichen Nutzungen eines Fließgewässers – Trinkwasserversorgung, Brauchwasserversorgung, Schiffahrt, Energiegewinnung, Bewässerung, Erholung, Grundwasseranreicherung, Fischerei, Biotoperhaltung – wird durch Abwassereinleitungen positiv ergänzt. In der Bundesrepublik werden große Anstrengungen unternommen, um die ökologischen Schäden des wirtschaftlichen Wachstums einzudämmen. Von 1971 bis 1982 wurden 14 Mrd. DM für Kläranlagen, 25 Mrd. DM für Kanalisationen investiert [71]. Von 1960 bis 1980 stiegen die jährlichen Investitionen der öffentlichen Abwassersammlung und -reinigung von 1,055 Mrd. DM auf 4,994 Mrd. DM [38]. Die Beträge der resultierenden Nutzen sind nicht bekannt. Auch ist nicht gesichert, ob gleiche Nutzen nicht mit geringeren Kosten erreicht werden könnten. Zwei Argumente weisen trotzdem auf diese Möglichkeit hin.

Erstens erscheint unwahrscheinlich, daß die historische Tradition, „Abfälle" durch Flüsse „beseitigen" zu lassen, im technischen Zeitalter gleichermaßen ein ökologisches, ökonomisches, technisches Optimum darstellt. Abwasser besitzt die Eigenschaften eines Rohstoffes. Enthaltene Substanzen werden in biologischen und physikalischen Kreisläufen akkumuliert und rezirkuliert. Trotz leistungsfähiger Abwasserreinigung führen Restsubstanzen zu ökologischen Störungen mit zum Teil unbekannten Nebeneffekten, die bis in die Nahrungskette des Menschen reichen. Der technischen und administrativen Festschreibung des bestehenden Konzeptes der Abwassersammlung und -reinigung stehen Angaben gegenüber, daß dadurch verursachte Schäden die Kosten einer möglichen Verhinderung dieser Schäden weit übertreffen [57]. Technische und administrative Konsequenzen werden trotz zunehmender Diskussion [26] nicht gezogen. Die Gesamtumweltschäden im Bundesgebiet wurden für 1986 vom Umweltbundesamt mit ca. 100 Mrd. DM angegeben.

Zweitens ist in der Bundesrepublik nicht gewährleistet, daß im Gewässerschutz Planungsmethoden eingesetzt werden, die die optimale Allokation der finanziellen und technischen Mittel garantieren. Wassergütewirtschaftliche Systemoptimierungen und -simulationen ermöglichen Vergleiche zwischen komplexen alternativen Sanierungsstrategien, unterstützen die Definition von Bewertungs- und Zielkriterien, dienen der Überprüfung bestehender und geplanter technischer und administrativer Vorgaben, erlauben die fortschreitende Einbeziehung aktueller Information, so daß Rückkoppelungen zwischen Datenerhebung und Planung sowie Anpassung an verbesserte Zielkriterien erreicht werden können [69].

Volkswirtschaftlich und ökologisch umfassende Bilanzierungen alternativer Strategien der „Abwasserbeseitigung" sind nicht bekannt; sie bilden auch nicht das Ziel dieses Kapitels, das einen Beitrag zur aktuellen Aufgabenstellung der praktischen Gewässergüteplanung im Rahmen der vom Gesetzgeber durch das Wasserhaushaltsgesetz [74] geforderten Bewirtschaftung und Sanierung bilden soll. Im Mittelpunkt steht die Entwicklung eines systemanalytischen Instrumentariums, das in Ergänzung der aktuellen wassergütewirtschaftlichen Praxis die Vielzahl volkswirtschaftlicher, ökologischer, technischer Alternativen in den Entscheidungsprozeß einbeziehen und die gewählte Planungsstrategie transparent begründen soll, ohne eine Institutionalisierung der Abwasserableitung durch Vorfluter auch für die Zunkunft festschreiben zu wollen.

In der Bundesrepublik bestand grundsätzlich ein Trend zur Flußregulierung durch den Ausbau von Staustufen. In diesen wird der Schadstofftransport vermindert und die Sekundärverschmutzung gefördert. Notwendige Sanierungen müssen entsprechend hochentwickelte und kostenintensive Kläranlagen vorsehen, ohne daß für die gegenwärtigen und steigenden Belastungen der Zukunft Wirksamkeit (saubere Vorfluter) oder volkswirtschaftliche Effizienz (Kostenoptimalität) garantiert werden können. Die Optionen zulässiger Sanierungsmaßnahmen sollten die Gesamtpalette abwassertechnischer Maßnahmen umfassen – verfahrenstechnische Kombinationen von Klärprozessen, Flußkläranlagen, Flußbelüftungen, Renaturierungen, Einleitungs- und Vorflutervarianten, Niedrigwasseranreicherungen, Regionalisierungen, Regenrückhaltungen, Versickerungen, Einleitungsverbote usw. Ebenso wie die notwendige Analyse der Auswirkungen von Kontrollmechanismen – Abwasserabgabe, Mindestanforderungen, Festlegung von Gewässergüteklassen – erfordert die Vielfalt der abwassertechnischen Planungsmaßnahmen und des zugehörigen Datenmaterials ein leistungsfähiges systemanalytisches Instrumentarium [41].

In der klassischen Konzeption eines wassergütewirtschaftlichen Entscheidungsmodells sind die kostenoptimalen Reinigungsleistungen einleitender Kläranlagen an einem Fluß unter Einhaltung festgelegter Gewässergüteklassen zu ermitteln. Der Fluß wird durch eine Sequenz homogener Abschnitte abstrahiert. Entscheidungsvariablen sind die Reinigungsleistungen der Kläranlagen, Zustandsvariablen sind Güteparameter oder die Konzentrationen von Wasserinhaltsstoffen. Die Systemfunktionen enthalten Investitions- und Betriebskosten der Kläranlagen sowie Funktionsbeschreibungen der Konzentrationsänderungen im Fluß. Die systemtechnische Verknüpfung zwischen Zielfunktion und Nebenbedingungen wird durch die kostenabhängige Definition der Reinigungsleistungen der Kläranlagen hergestellt; die Verbindung zwischen einzelnen Güteparametern erfolgt durch empirische Systemfunktionen, die das Konzentrationsverhalten im Fluß abbilden und als Güte- und Simulationsmodell bezeichnet werden. Das Mathematische Programm, das als Kostenminimierung konzipiert ist und die Gütesimulation als Baustein enthält, bildet ein „Entscheidungsmodell". Dem Konzept kann unterstellt werden, eine möglichst effiziente Nutzung des Flusses als Kläranlage anzustreben; positiv könnte interpretiert werden, daß das Prinzip die volkswirtschaftlich optimale Allokation von Mitteln sucht, um gewünschte Verbesserungen der Wasserqualität zu erreichen.

Es bestehen außerdem Unsicherheiten, die die politischen und gesellschaftlichen Zielsetzungen, die Definition des Effizienzmaßes, Prognosen der Technologie- und Wirtschaftlichkeitsentwicklung betreffen, im Gegensatz zu den exakten Randbedingungen, die dem Rahmen eines Entscheidungsmodells entsprechen. Erkennbar ist der öffentliche und politische Meinungstrend zur Verbesserung der Umweltqualität und des Gewässerschutzes, der Ansprüchen zugeschrieben wird, die nicht mehr ausschließlich wirtschaftlichem Wachstumsstreben, sondern auch Bedenken über unbekannte Langzeit- und Nebenwirkungen von Umweltverschmutzungen einbeziehen [63, 30].

Wenn die Einhaltung einer willkürlichen Gewässergüteklasse angestrebt wird, so sind die resultierenden Grenzkosten weder marktwirtschaftlich noch sozial abgesichert; die tatsächlichen Grenzkosten des Umweltgutes sind unbekannt. Wird ein Immissionsmaß definiert, folgt die Notwendigkeit der Einführung entsprechender Kontrollmechanismen von Emissionen. Zum Beispiel können nach den „allgemein anerkannten Regeln der Technik" [2] über Verwaltungvorschriften [23] Mindestanforderungen an die Ablaufqualität festgeschrieben werden. Als Folge resultieren zum Beispiel einheitlich mechanischbiologische Kläranlagen, obwohl in einem Einzugsgebiet mit gleichen Kosten höherer Nutzen oder die gleichen Nutzen mit geringeren Kosten erreicht werden könnten, wenn differenzierte Maßnahmen angordnet würden.

Auch beim Einsatz des Instrumentes „Abwasserabgabe" [16, 28] liegen unvergleichbare Effizienzmaße vor; die Präferenzfunktion des individuellen Einleiters, der zwischen Abwasserabgabenzahlung und Kläranlageninvestition zu entscheiden hat, ist von der Wohlfahrtsfunktion des Staates verschieden, der mit der erhaltenen Abgabe die Umwelt reparieren soll. Während der erste die marktwirtschaftlichen Investitions- und Betriebskosten mit der bezugslosen Abwasserabgabe vergleicht, um seine optimale Strategie zu ermitteln, wird vom zweiten verlangt, daß er Umweltschäden ebenfalls zu marktwirtschaftlichen Preisen für einen gesellschaftlich bewerteten Nutzen beseitigt.

Es ist evident, daß durch quantitative Betonung spezifischer Zielkriterien, analog zu qualitativen politischen Entscheidungen, auch rechnerisch beliebige Resultate erzeugt werden können. Zum Beispiel könnte die politische Entscheidung, Abwassereinleitungen in Fließgewässer aufzuheben, rechnerisch abgestützt werden, indem Trinkwasserqualität im Fluß gefordert, hohe Abwasserabgaben, stringente gesellschaftliche oder ökologische Schadensfunktionen zugrunde gelegt würden. Die genannte Entscheidung würde wahrscheinlich auch ohne Hilfskonstruktionen als ein Optimum resultieren, wenn es gelänge, den gesamtvolkswirtschaftlichen, durch Einleitungen verursachen Nutzen und Schaden unter Berücksichtigung ökologischer, ökonomischer, gesundheitlicher Aspekte sowie der tatsächlichen Palette aktueller und zukünftiger verfahrens- und planungstechnischer Varianten, rohstoff- und energiekonservierender Behandlungen des „Abwassers" usw. zu bilanzieren.

In der Literatur finden unter der Annahme von Wohlfahrtsfunktionen, gesellschaftlicher Zielfunktionen, Umweltschadensfunktionen usw. Diskussionen statt, um zum Beispiel das Verhalten eines wassergütewirtschaftlichen Systems zu postulieren, wenn marginale Veränderungen der Randbedingungen eingeführt würden [49]. In der Praxis sind diese Funktionen unbekannt. Auch werden unter dem Begriff der Nutzwertanalyse, Kostenwirksamkeitsanalyse usw. Rezepte mit interaktiven und subjektiven Komponenten angeboten [59].

Seit einigen Jahren werden außerdem Methoden der mathematischen Vektoroptimierung verwandt [51], um die Gesamtskala möglicher subjektiver Bewertungen, unter gleichzeitiger Einbeziehung konkreter Systemfunktionen der Selbstreinigungprozesse, monetär definierter Kosten und Nutzen u.a. Randbedingungen, übersichtlich darzustellen. Diese Methoden entsprechen einer wassergütewirtschaftlichen Flußgebietssanierung im Sinne von Mehrfachzielsetzungen und ermöglichen sowohl systematische Variationen der subjektiven Gewichtungen als auch die exakte Ermittlung der Auswirkungen auf das System.

Zahlreiche durchgeführte Studien zeigen, daß algorithmische Lösungen wassergütewirtschaftlicher Systemoptimierungen nicht durch lineare, gemischtganzzahlige oder nichtlineare Algorithmen zu erreichen sind, wenn nicht unrealistische Vereinfachungen getroffen werden. Es folgt jedoch eine unmittelbare Anwendung des Prinzips der Dynamischen Programmierung [4] aufgrund der möglichen Abstraktion des Flusses in eine Folge zeitlich und örtlich durchflossener „homogener" Flußabschnitte. Spezifisch zur Aufgabenstruktur wassergütewirtschaftlicher Entscheidungsmodelle wurde eine „diskrete" Variante der Dynamischen Programmierung entwickelt [9, 45, 73].

3.1.2 Simulation

Wassergütewirtschaftliche Simulationsmodelle dienen der Quantifizierung der Selbstreinigung eines Gewässers. Sie sollen die Reproduktion gemessener und die Prognose zukünftiger Konzentrationen ermöglichen. Die bisher in der Bundesrepublik bekannten Modelle sind überwiegend stationär und deterministisch [6, 60, 75]; dynamische und stochastische Erweiterungen der Konzepte sind jedoch möglich [3, 47]. Ähnlich wie in Bemessungsaufgaben anderer Ingenieurdisziplinen wird im stationären deterministischen Modell der Wassergütesimulation eine kritische, statische Konstellation der Zustandsgrößen angenommen, obwohl hydrologische Einflüsse, biologische und physikalische Reaktionen, Einleitungen zeitabhängig schwanken können. Aufgrund zahlreicher Imponderabilien, biologischer und physikalischer Einzelprozesse, natürlicher

und technischer Einflußfaktoren, sind kurz- und langfristige Konzentrations-
entwicklungen zum Teil nicht erklärbar und würden somit einem stochastischen Prozeß entsprechen. Auch wenn differenzierte empirische Systemfunktionen der Selbstreinigung postuliert werden oder bekannt sind, liegen häufig die
zur Eichung der enthaltenen Systemkonstanten notwendigen Daten nicht in der
erforderlichen Genauigkeit vor, so daß Abschätzungen der Systemkonstanten
vorzunehmen sind, die den Aussagewert des Modells wieder mindern.

Die Annahme eines kritischen Lastfalles hängt mit der Schwierigkeit einer
exakten mathematischen Darstellung des Gesamtprozesses zusammen, andererseits entspringt sie dem Bemühen des Ingenieurs, mit ausreichender Sicherheit zu planen. Es kann ausreichend erscheinen, das Gewässerverhalten zur
Zeit niedriger Abflüsse, hoher Wassertemperaturen und Einleitungen in einem
kritischen Zustand der ökologischen Instabilität zu betrachten. Aufgrund der
beschränkten Datendichte der Praxis ist jedoch die Definition eines extrem kritischen Zustandes häufig nicht möglich, so daß die Aussagen über notwendige
Sanierungsmaßnahmen nicht mit ausreichender Sicherheit zu treffen sind und
durch ein Maß der Wahrscheinlichkeit der auftretenden Zustände ergänzt werden sollten. Eine Verwendung der stationären Simulation erscheint adäquat,
um durchschnittliche Gütewerte für mittel- und langfristige Planungen zu berechnen; abgeleitete Planungsentscheidungen sollten anschließend durch dynamische und stochastische Simulationen überprüft werden.

In den stationären und deterministischen Simulationsmodellen „reist" der
Betrachter mit der „fließenden Welle"; Fließzeit und Standort sind linear austauschbar, am Standort finden zeitinvariante Prozesse statt. Trotz dieser vereinfachten Abbildung zeitlich und örtlich veränderlicher und sich überlagernder
Prozesse bestehen im Vergleich zu pauschalen Bilanzierungen durch Abwasser-
lastpläne o.ä. folgende Vorteile der Modelle:

— Das relative Gewicht einzelner wassergütewirtschaftlicher Maßnahmen ist
  erkennbar, auch wenn die Eichung des Modells nicht zur exakten Übereinstimmung mit der Wirklichkeit führt.
— Der Einfluß einzelner hydraulischer, hydrologischer, biologischer, physikalischer Parameter ist erkennbar, so daß Rückkopplungen zwischen Daten und
  Planung ermöglicht werden.
— Die planungstechnische Erfüllung der Primärforderung einer Wassergütesanierung, Erreichung eines ökologisch stabilen Zustandes, kann mit hinreichender Wahrscheinlichkeit abgesichert werden.

Der letzte Punkt besitzt besonderes Gewicht. Die Herstellung eines resili-
enten, aeroben Gewässerzustandes gilt als primäres ökonomisches und ökologisches Kriterium. Für die ökologische Stabilität eines Gewässers wird häufig die
quantitative Absicherung der Sauerstoffkonzentration über 4 mg/l hervorge-
hoben (zum Vergleich wird der Anhebung der Sauerstoffkonzentration im
Sättigungsbereich geringere Bedeutung zugemessen). Wenn die Existenz toxischer Substanzen ausgeschlossen wird, ermöglichen Simulationsmodelle die
Absicherung der aeroben Primärforderung. Langfristig ist zu erwarten, daß

Gütemodelle auch Aussagen über die Wahrscheinlichkeit, Dauer, Häufigkeit des Eintretens oder Übertretens von Konzentrationszuständen enthalten könnten. Es gehört zur anerkannten Planungspraxis, daß die geringe Wahrscheinlichkeit eines tausendjährigen Hochwassers mit höheren Kosten als ein hundertjähriges abzusichern ist. Analog sollte erkennbar sein, daß eine statistisch höhere Sicherung der Wasserqualität aufwendigere Maßnahmen erfordern würde.

Ansätze der Erweiterung von Gütemodellen durch dynamische, instationäre, stochastische Komponenten wurden, zum Beispiel, über zeitlich abhängige Systemfunktionen vorgenommen [51, 66], wiederholte Anwendungen eines stationären Modells in aufeinanderfolgenden Zeitschritten unter Berücksichtigung dynamischer Inputfunktionen und instationären Abflusses [52], durch stochastische Ergänzungen empirischer Systemfunktionen [25] Einbeziehung stochastischer Elemente von hydrologischen Teilprozessen [1], Entwicklung stochastischer Trendmodelle für Kurzzeitprognosen [46]. In den Gütemodellen, die über langjährige Simulationen stochastisches hydrologisches Verhalten berücksichtigen, zeigten sich signifikante Unterschiede zum deterministischen Konzept und höhere Überschreitungshäufigkeiten von Konzentrationsgrenzwerten [1].

In der Bundesrepublik wurden drei Modelltypen der Gütesimulation bekannt, deren Elemente inzwischen in komplexeren Weiterentwicklungen fortbestehen. Sie wurden für Gewässerzustände entwickelt, die die Annahme stationären und deterministischen Verhaltens gerechtfertigt erscheinen lassen. Modelltyp I [75] enthält differenzierte empirische Beschreibungen der sauerstoffbeeinflussenden Prozesse und erfordert eine entsprechende Anzahl von Systemfunktionen und -konstanten, deren exakte Bestimmung aus dem vorhandenen Datenmaterial über die Gültigkeit des Modells entscheidet. Das Modell war ursprünglich für langsam fließende, verkrautete Gewässer konzipiert. Modelltyp II [6] vermeidet die Ermittlung zahlreicher flußspezifischer Abbauparameter durch die Einführung allgemeingültiger, biokinetischer Funktionen. Der Abbau organischer Substanzen wird über eine Nahrungskette metabolisch verknüpfter biozönotischer Gruppen beschrieben und in einzelnen Flußabschnitten, einem biologischen Reaktor ähnlich, iterativ das sich nach einiger Zeit einstellende Gleichgewicht zwischen eingeleiteter Substanz und produzierter Biomasse berechnet. Es ergeben sich indirekt die Konzentrationen von Güteparametern. Modelltyp III [60] verzichtet weitgehend auf differenzierte Aufschlüsselungen von Teilprozessen. Es werden Qualitätsparameter und Abbaureaktionen nach dem Stand der Meßtechnik und Datenermittlung definiert. Komplexe biologische und physikalische Prozesse werden summarisch zusammengefaßt und mit wenigen Reaktionskonstanten beschrieben, so daß eine meßdatenorientierte Wiedergabe der tatsächlichen Konzentrationsprofile erreicht wird. Das Konzept ermöglicht in einfacher Form die Einbeziehung dynamischer, hydrologischer, instationärer, stochastischer Elemente, bietet unmittelbare Erweiterungsmöglichkeiten zum Optimierungs- und Entscheidungsmodell. Insgesamt ist die Konzeption eines Simulationsmodells zweckmäßig nach Aspekten des vorhandenen Datenmaterials, der gewünschten Verwendung, der charakteristischen Gewässereigenschaften vorzunehmen [32].

In der verbreiteten allgemeinen Form besteht das Gütemodell aus einer Differentialgleichung, die die zeitliche Änderung einer Konzentration $c(y)$ in einem Flußabschnitt der Länge dy, des Volumens $dV(y)$, des Querschnittes $dF(y)$, des Abflusses $dQ(y)$ abbildet:

$$\text{Term:} \quad \text{I} \qquad\qquad \text{II} \qquad\qquad \text{III} \qquad \text{IV} \quad \text{V}$$

$$\frac{d(cV)}{dt} = \frac{\partial}{\partial y}\left(FD_{\mathrm{L}}\frac{\partial c}{\partial y}\right)dy - \frac{\partial(Qc)}{\partial y}dy - ckV \pm \Theta \qquad (3.1)$$

- Term I beschreibt die Änderung der Substanzmenge infolge einer Konzentrations- und Volumenänderung im betrachteten Zeitschritt dt,
- Term II gilt als Korrektur der Annahme völliger Durchmischung und gleichmäßiger Konzentrationsverteilung im Querschnitt unter Verwendung des longitudinalen Dispersionskoeffizienten D_L,
- der Konvektionsterm III gibt die Änderung der Substanzmenge durch Konzentrations- oder Volumenänderung entlang des differentiellen Fließweges dy an,
- Term IV, eine Reaktion erster Ordnung, steht repräsentativ für konzentrationsabhängige Konzentrationsänderungen,
- Term V bezeichnet externe Quellen und Senken oder konzentrationsunabhängige Einflüsse.

Repräsentativ für eine Reaktionsrate k erster Ordnung (Term IV) steht die Abbaurate des biochemischen Sauerstoffbedarfs k_1; als summarischer Parameter der gesamten Sauerstoffzehrung bedeutet der Wert in einer typischen Größenordnung $k_1 = 0,2/\mathrm{d}$ [37], daß die „Selbstreinigungskraft" in ~ 3 Tagen die organisch abbaubare Belastung um $\sim 50\,\%$ reduziert. Analog gilt k_2 als summarische „Wiederbelüftungsrate"; in Abhängigkeit einfacher Gewässermerkmale wird der „Selbstreinigungswert" $f = k_2/k_1$ angegeben [24]. Ein Basismodell nach Streeter-Phelps [62] mit den Parametern k_1 und k_2 gilt als eine erste Näherung der Simulation der Wassergüte, insbesondere, wenn die Einzelheiten des Modellaufbaus und Interpretation der Ergebnisse durch persönliches Detailwissen ergänzt werden kann. Können aufgrund verbesserter Daten, insbesondere der Meßwerte von Einleitungen und Konzentrationen im Gewässer, Aufschlüsselungen der Abbauvorgänge in Kohlenstoff- und Stickstoffkomponenten vorgenommen sowie Sedimentation, Aufwirbelung und Zehrung des Bodenschlammes, biogene Belüftung in einzelnen Flußabschnitten abgeschätzt werden, so sind bereits die Grenzen der empirischen Beschreibung der Selbstreinigung über phänomenologische Prozesse erreicht [67]. Ansätze, nicht nur das Transportpotential eines Fließgewässers, sondern auch seine Selbstreinigungskapazität abzuschätzen, datieren 100 Jahre zurück. 1870 wies Frankland [15] in Inkubationsversuchen die Sauerstoffzehrung biologisch abbaubarer Substanzen nach, 1875 veröffentlichten Boudet und Gerardin die Belüftungskurve der Seine [7, 27]. Die Interpretation eines Flusses als

Kläranlage stand vor der Verwirklichung derselben im technischen Maßstab; 1925 erweiterten Streeter und Phelps durch umfangreiche Meßkampagnen am Potamac, Missouri, Mississippi die gewonnenen Erkenntnisse auf mehrere Güteparameter und konzipierten ein Basismodell der Wassergütesimulation [62], dessen Grundstruktur noch heute gilt. Trotz Systemtechnik, automatischer Meßstationen und Großrechner kann die Meinung vertreten werden, daß die außerordentliche Zahl möglicher Einflüsse auf die Selbstreinigung im Gewässer nicht im Detail erfaßt werden kann und zahlreiche Annahmen erfordert, so daß insgesamt die summarische, auf wenige Parameter beschränkte Streeter-Phelps-Formulierung, mit einigen Ergänzungen, den differenzierten Güteberechnungen vergleichbare Ergebnisse liefert [69].

3.1.3 Optimierung

3.1.3.1 Allgemein

Die Ressource „Wasser" wird in den Industrieländern vielfältig genutzt. Die Bereitstellung von Trink- und Brauchwasser für private Haushalte, Industrie und Gewerbe, landwirtschaftliche Bewässerung, die Nutzung der Gewässer zur Schiffahrt, Fischerei, Erholung, als Abwärme- und Abwassertransportsystem führt einerseits zu einer wachsenden Beanspruchung und andererseits zu erhöhten Anforderungen an Menge und Güte. Die Nutzungen konkurrieren häufig; zum Beispiel ist die steigende Belastung der Fließgewässer durch kommunale und industrielle Kläranlageneinleitungen unvereinbar mit den Wünschen der Erholungssuchenden oder der Trinkwasserversorgung. Die Aufbereitungskosten flußwassergespeister Wasserwerke sind von der Flußwasserqualität und damit vom Reinigungsgrad der einleitenden Klärwerke abhängig; die aus Gründen der Schiffahrt, der Energiegewinnung, des Hochwasserschutzes durchgeführten Flußkanalisierungen haben entscheidenden Einfluß auf die Selbstreinigung, ebenso Kühlwasserentnahmen und -einleitungen. Maßnahmen können inkompatibel sein (Biotoperhaltung – Flußkanalisierung), miteinander konkurrieren (Energiegewinnung – Hochwasserschutz), neutral zueinander sein (Fischerei – Grundwasseranreicherung).

Es besteht keine Nutzung, die durch die Einleitung von Abwasser positiv ergänzt würde. Volkswirtschaftliche Folgen der Abwassereinleitungen und öffentliche Reaktionen führten in den letzten Jahren zur Intensivierung planungstechnischer Maßnahmen im Bereich des Gewässerschutzes, der Entwicklung abwassertechnischer Vorschriften, der Einführung von Abwasserabgaben und Subventionsstrategien für den Bau von Kläranlagen. Von der Bundesregierung werden die Länder durch das Wasserhaushaltsgesetz aufgefordert, Bewirtschaftungspläne aufzustellen und die zukünftige Nutzung der Gewässer festzulegen. Die Forderung nach ökologisch befriedigenden und wirtschaftlich effizienten Lösungen für diese Aufgabenstellung macht den Einsatz systemanalytischer Methoden notwendig. Die Untersuchungen der Auswirkungen von Kontrollmechanismen – Abwasserabgaben, maximal zulässige Einleitungskonzentrationen,

Einhaltung von Gewässergüteklassen – die Vielfalt der möglichen Nutzungen und Maßnahmen, der Umfang des zu berücksichtigenden Datenmaterials erfordern ein leistungsfähiges systemtechnisches Instrumentarium. Weder das bestehende Prinzip der Abwasserbeseitigung noch die Festlegung von Abwasserabgaben oder Einleitungsvorschriften geben bisher Hinweis auf die Verwirklichung einer Planungsstrategie, die nach volkswirtschaftlichen, betriebswirtschaftlichen, ökologischen Kriterien „optimal" genannt werden könnte.

Die folgenden Optimierungskonzepte sollen dokumentieren, wie der Entscheidungsprozeß der wassergütewirtschaftlichen Sanierung eines Flußgebietes durch konkrete Rechenergebnisse unterstützt werden kann. Der Begriff der „Entscheidungshilfe" gilt in diesem Zusammenhang für die vergleichende Betrachtung von Rechenergebnissen unter der Voraussetzung, daß der „Entscheidungsträger" Wirklichkeit und Abstraktion unterscheidet. Interpretationen der Rechenergebnisse, Variantenvergleiche, Sensitivitätstests usw. setzen voraus, daß die Modellannahmen und -vereinfachungen im Detail bekannt sind.

Die Kompliziertheit des Modells entspringt dem Bemühen um eine möglichst exakte Wiedergabe der Wirklichkeit. Vereinfachungen sind möglich, wenn diese, nach Ansicht der Beteiligten, mit den Zielsetzungen vereinbar sind; zum Beispiel bedeutet aufgrund der geschichtlichen Entwicklung heute der Abwasserlastplan [37] einen Grad der Vereinfachung, der nicht vertretbar ist, wenn das Ziel einer wassergütewirtschaftlichen Flußgebietssanierung besteht. Wenn das Maß der Vereinfachung zur Auslassung wesentlicher Kriterien führt, kann die Nullinformation besser sein. Andererseits enthalten auch komplexe Modelle zahlreiche Annahmen, die ohne sorgfältige Beachtung zu Fehlinterpretationen führen können.

Die klassische Form einer wassergütewirtschaftlichen Systemoptimierung besteht aus der Dimensionierung einleitender Kläranlagen unter Berücksichtigung zulässiger Konzentrationsgrenzwerte, der Selbstreinigung, von Kosten und Nutzen. Die Entscheidungsvariablen sind in diesem einfachen Modell die Kapazitäten der Klärstufen, Reinigungsgrade der Kläranlagen; die Zustandsvariablen sind die Konzentrationen von Güteparametern im Gewässer. Die Kosten werden in Abhängigkeit der Reinigungsgrade definiert, die Nutzen als Funktion der Gewässerqualität.

Die „Wassergütesimulation" und die „Kosten-Nutzen-Analyse" bilden Bausteine von Entscheidungsmodellen, die der Allokation optimaler Sanierungsmaßnahmen dienen. Die Definition von Zielkriterien der Gewässergüteplanung ist eine gesellschaftliche und politische Aufgabe. Trotz der komplexen Randbedingungen kann das Ergebnis die Festlegung einfacher Gewässergüteklassen oder zulässiger Konzentrationsbereiche sein. Aufgrund der regionalen und überregionalen Ursachen und Wirkungen wassergütewirtschaftlicher Maßnahmen ist eine Abschätzung der insgesamt auftretenden Kosten und Nutzen nicht möglich. Die Einbeziehung von Externalitäten, Sekundäreffekten, Optionsnutzen, intangibler Kriterien, politischer Prioritäten usw. kann den Maßstab der Bewertungsfunktion beliebig verändern.

Der Kompromiß einer Beschränkung der Zielfunktion auf die konkret vorhandene Teilmenge der Kosten umgeht die Berücksichtigung des direkten Einflusses der Nutzen auf die Planungsentscheidung. In diesem Fall kann angeführt werden, daß durch die Einhaltung von Gewässergüteklassen in den Nebenbedingungen des Modells Nutzen impliziert werden und als ein monetäres Maß der Nutzen die den Güteklassen entsprechenden marginalen Kosten anzusehen sind.

Andere Konzepte bestehen aus der Ermittlung der „Zahlungsbereitschaft" der Nutzer für den Genuß des Angelns, Bootfahrens, Schwimmens, der Erholung oder in der tatsächlichen vom Nutzer aufgebrachten monetären Investition zur praktischen Durchführung der Nutzung, z. B. dem Kauf des Angel- und Campinggerätes. Weiterhin können die „Ersatzkosten" eines gleichwertigen Alternativnutzens oder potentielle „Optionsnutzen" zur Quantifizierung herangezogen werden, ebenso „Nutzenfunktionen der Umweltqualität" [39] auf der Basis von „Schadeinheiten" definiert werden [40]. Insgesamt könnten mit unterschiedlichen Konzepten der monetären Bewertung intangibler Nutzen beliebige Planungsentscheidungen rechnerisch ermittelt und begründet werden.

Es steht grundsätzlich der ausschließliche Einsatz ökonomischer Entscheidungskriterien im Bereich umweltbezogener Planungsmaßnahmen zur Diskussion. Dazu kann in traditioneller Form angeführt werden, daß die notwendige Beschränkung der Kosten-Nutzen-Analyse auf monetär erfaßbare Werte „systematische Verfälschungen" zugunsten der als „wirtschaftlich" nachweisbaren Gewässergüte ergibt [57]; es ist bekannt, daß die wirtschaftlich begründeten Störungen der Ökosphäre durch Eingriffe der Industriegesellschaft zu lebensgefährlichen Instabilitäten führen können [64]. Der vordergründige ökonomische Gewinn wird durch die Kosten der Umweltschäden in Frage gestellt. Die „wirtschaftliche Abfallbeseitigung" begründet einen Circulus vitiosus der Umweltbeeinflussung durch den Menschen. Im Weltmaßstab wird belegt [30], daß Umweltschutz aktuell nicht mehr dem besseren Leben, sondern dem Überleben gilt.

Als Kompromiß zwischen analytisch quantifizierter Begründung und subjektiven, gesellschaftlichen, politischen Festlegungen von Gewässergütezielen werden „Nutzwertanalysen", „Nutzenwirksamkeitsanalysen" o.ä. durchgeführt, deren Ziel die notwendige Ergänzung monetärer Bewertungen ist. Auch diese Methoden überbrücken nicht die Unvereinbarkeit ökonomischer und ökologischer Maßeinheiten und sichern keine Übertragbarkeit der kontemporären subjektiven Werteinschätzung auf die Zukunft. Durch die Vektoroptimierung steht ein mathematisches Instrumentarium zur Berücksichtigung von Zielkonflikten in Mehrfachzielsetzungen zur Verfügung [51]. Der Begriff „Zielkonflikt" bezieht sich nicht auf die monetär ausgleichbaren Interessenkonflikte einer Mehrzwecknutzung, sondern beinhaltet Ziele mit unterschiedlichen Dimensionen über dem gleichen Lösungsraum. Die gleichzeitige Planung ökonomisch konkurrierender Nutzungen des Flusses durch Kläranlagen und Wasserwerke wäre keine „Mehrfachzielsetzung", wenn die resultierenden Kosten und Nutzen insgesamt monetär bewertet werden könnten. Die gleichzeitige „optimale" Zielerreichung

monetärer Investitionen (Wirtschaftlichkeit), der Sauerstoff- (Ökologie, Fisch-
leben) oder Nitratkonzentrationen (Eutrophierung), des Abflusses (Schiffahrt)
würde dem Prinzip einer Vektoroptimierung entsprechen.

Da die mehrdimensionalen Zielfunktionsterme als skalierte Abbildungen beliebiger Maßeinheiten interpretiert werden können, bildet die ausschließlichliche
monetäre Bewertung von Zielsetzungen einen Spezialfall der Vektoroptimierung; der mathematische Ansatz der Vektoroptimierung ermöglicht die direkte
Verwirklichung von Mehrfachzielsetzungen und vermeidet willkürliche monetäre Werteinschätzungen ohne gewünschte relative und subjektive Bewertungen der Ziele auszuschließen. Es erscheint konsequent, dieses übersichtliche mathematische Konzept im Falle einer unbefriedigenden monetären Nutzenbewertung in das Instrumentarium wasserwirtschaftlicher Planungsmodelle mitein-
zubeziehen.

Häufig erfahren technisch-wirtschaftlich optimal konzipierte Lösungen von
Gewässersanierungen im politischen und administrativen Entscheidungsprozeß
ihrer Realisierungen Verschiebungen und die Ausführung weicht vom Planungs-
vorschlag ab. Gründe dazu können in bereits vorhandenen gesetzlichen und
verwaltungstechnischen Voraussetzungen liegen, im Einfluß der beteiligten und
betroffenen Interessengruppen des Bundes, des Landes, der Gemeinden, Industrien und Bürgerinitiativen, im finanziellen Bereich. Neben dem Vorteil von
Sensitivitätsanalysen, die Aussagen über die notwendige Genauigkeit der Daten aufgrund ihres Einflusses auf die Planungsentscheidung gestatten, bildet
daher die Bestimmung einer Rangfolge optimaler Planungsalternativen und
-strategien einen grundsätzlichen Vorteil wassergütewirtschaftlicher Entscheidungsmodelle.

3.1.3.2 Modellkonzept

Zur systemanalytischen Abstraktion eines Flusses wird die Aufteilung des
Flusses in eine Sequenz homogener Abschnitte vorgenommen; innerhalb eines Abschnittes gelten „konstante" hydraulische, hydrologische, biologische,
physikalische Eigenschaften. Diese Abstraktion ist mit den Zielsetzungen einer wassergütewirtschftlichen Flußsanierung vereinbar, sie entspricht der Genauigkeit des vorhandenen Datenmaterials, sie vereinfacht die algorithmische Bearbeitung. In Abhängigkeit der Datendichte und Flußeigenschaften
kann die Länge der einzelnen Flußabschnitte differenziert gewählt werden.
Ein Abschnittsbeginn dient ebenfalls der Festlegung von Unstetigkeiten wie
Nebenflußeinmündungen, Entnahmen, Einleitungen, Wehren, Flußbelüftungen
oder von Kontroll- und Meßstellen.

Mögliche Planungsmaßnahmen, die im Entscheidungsmodell optimal bestimmt werden sollen, umfassen die Dimensionierung einleitender Kläranlagen,
von Flußbelüftungen, Niedrigwasseranreicherungen, Flußkläranlagen, Abwas-
ser-überleitungen, Wasserversorgungen sowie andere Maßnahmen, deren Stand-
ortoptionen durch den Beginn eines Flußabschnittes festgelegt werden. Inve-
stitions- und Betriebskosten der zu planenden Anlagen werden als Funktion

der Durchflußmenge oder Schmutzstoffkonzentration vorgegeben, Abwassermenge und -konzentrationen der Klärwerkszuflüsse, abschnittsbezogene Abbau- und Transferfunktionen der Selbstreinigungsprozesse sind ebenfalls bekannt. Abhängig von der Flußwasserqualität, jedoch ohne Einfluß auf diese, werden Kosten und Nutzen der Trinkwasserversorgung, Bewässerung, Erholung definiert; Industriewasserentnahmen für Kühl- und Brauchwasserzwecke sind von der Flußwasserqualität abhängig und beeinflussen diese flußabwärts durch Rückleitung des genutzten Wassers. Neben expliziten Angaben der Nutzen in der Zielfunktion des Modells können Nutzen über Gewässergüteklassen in den Nebenbedingungen definiert werden.

Die Forderungen, einen Fluß auf eine vorgegebene Gewässergüteklasse zu sanieren oder mit einem vorgegebenen Budget eine Sanierung durchzuführen, sind äquivalent. Wird eine bestimmte Güteklasse gefordert, so kann die optimale Verteilung der notwendigen Investitionen mit einem gewässergütewirtschaftlichen Entscheidungsmodell ermittelt werden. Umgekehrt: Würden die der optimalen Verwendung der Mittel entsprechenden Planungsmaßnahmen in einem Simulationsmodell angenommen, resultierten die geforderten Güteklassen [56]. Dieser Zusammenhang kann genutzt werden, um die zu erwartenden Kosten und Nutzen einer Verbesserung der Wasserqualität abzuschätzen, insbesondere auch, wenn monetäre Kosten- und Nutzenbeträge eine Teilsumme des gesellschaftlichen Effizienzmaßes darstellen [61].

Das systemanalytische Konzept sieht vor, daß der Fluß in $j = 1, \ldots, J$ Abschnitte eingeteilt ist (Abb. 3.1). Diesen fließen Abwasserströme z_j zu. In den Abschnitten können auch Maßnahmen angeordnet werden, die aus Entscheidungen s_{ij}, $i = 1, \ldots, I_j$ bestehen; zum Beispiel $i = 1, 2, 3, 4, \ldots$: mechanische, mechanisch-biologische, weitergehende Reinigung, Flußwasserbelüftung ... Die Systemantwort auf die Maßnahmen enthalten die Zustandsvariablen c_{kj}, $k = 1, \ldots, K_j$, die Konzentrationen von Qualitätsparametern, zum Beispiel $k = 1, 2, 3, 4, \ldots$: GS, CSB, BSB_5, NH_4 ... Der Simulationsbaustein, das „Gütemodell", bildet die externen Zuflüsse z_j und internen Entscheidungen s_{ij} über Transferfunktionen $f_j(z, s) = c_j$, zum Beispiel nach (3.1), in den Zustandsraum der Konzentrationen ab. Werden die örtlichen Systembeeinflussungen, z_j und s_j, zu Beginn eines Flußabschnittes angenommen, so berechnen die Transferfunktionen f_j unter Berücksichtigung der Selbstreinigungsprozesse die Konzentrationsänderungen zwischen Abschnittsbeginn und -ende.

Mit den Maßnahmen s sind Kosten $C(z, s, c)$ verbunden, die sowohl vom Abwasserzufluß z als auch von der Art und Dimension der Maßnahme s und von der Wasserqualität c abhängen können. Zum Beispiel sind Bau- und Betriebskosten $C(z, s)$ eines Klärwerkes eine Funktion des Abwasserzulaufs z sowie des Reinigungsgrades s; die Kosten einer Flußwasserbelüftung $C(s, c)$ sind als Investition vom gewählten Verfahrenstyp, betrieblich von der Wasserqualität abhängig; Menge und Kosten $C(c)$ einer Niedrigwasseranreicherung werden, wenn ein bestehender Mehrzweckspeicher vorausgesetzt wird, ausschließlich nach der vorhandenen Wasserqualität c zu bemessen sein, usw. Im folgenden sollen Kosten monetäre Einheiten besitzen.

Die von der Wasserqualität c oder oder einer Maßnahme s abhängigen Nutzen $N(s,c)$ können ebenfalls monetär bemessen sein. Zum Beispiel sind die Nutzen $N(s,c)$ der Maßnahme s einer Trinkwasserentnahme und -aufbereitung gleichzeitig von der Rohwasserqualität c abhängig; die Nutzen $N(c)$ des Gewässers durch die Aktivität „Freizeit und Erholung" können, unter besonderen Voraussetzungen, mit Konzepten der Zahlungsbereitschaft, als Alternativnutzen usw. in der Regel ebenfalls in Relation zur Gewässergüte monetär abgeschätzt werden; intangible, ökologische Nutzen $N(c)$, ebenfalls als Funktion der Wasserqualität c definiert, sind nur zum Teil monetär bewertbar – es besteht der qualitative Trend, daß ökologische Nutzen $N(c)$ mit der Verringerung der Verschmutzung c wachsen.

Die Grundform eines wassergütewirtschaftlichen Entscheidungsmodells lautet, wenn ein Maßnahmesatz $s \in S$ vorgegeben sowie die Einhaltung von Konzentrationsgrenzwerten $\bar{c}$ zur Sanierung gefordert werden:

$$\min_{s \in S} \; g \; = \; \big\{ C(z,s,c) - N(s,c) \big\} \qquad (3.2)$$

$$\text{N.B.} \quad f(z,s) \; = \; c \qquad\qquad\qquad (3.3)$$
$$c \; \leq \; \bar{c}$$

Dieses Grundmodell kann in einfacher Form durch die Berücksichtigung von Abwasserabgaben, Budgetrestriktionen, Einleitungsauflagen usw. ergänzt werden. Wird ein stationärer Simulationsbaustein $c = f(z,s)$ unter Vereinfachung von (3.1) angenommen, so daß Fließzeit und -länge linear austauschbar sind, und vorausgesetzt, daß das kritische Sauerstoffdefizit außerhalb der Flußabschnitte liegt, daß das Defizit die Sättigungsgrenze nicht erreicht hat, daß vollständige Durchmischungen der Einleitungen und Einmündungen stattfinden, u.a.m., so ergeben sich abschnittsbezogene, lineare Nebenbedingungen (3.3). Die Struktur der Zielfunktion ist nichtkonvex; es können konkave Kostenfunktionen eines Wasserwerkes in Abhängigkeit der Durchflußmenge gegeben sein, ganzzahlige Kostenfunktionen der Kläranlagen in Abhängigkeit des Reinigungsgrades, stufenförmige Nutzenfunktionen der Erholung oder Brauchwasserversorgung in Abhängigkeit von Gewässergüteklassen oder definierter Konzentrationsbereiche, Nutzenfunktionen mit monetären und nichtmonetären Maßeinheiten. Unabhängig von algorithmischen Aspekten besitzt das Programm (3.2)–(3.3) in der angegebenen allgemeinen Form keine eindeutige Lösung, wenn Nutzen nichtmonetäre Dimensionen aufweisen. In diesem Falle bleibt die Optimierung auf die Ermittlung undominierter oder „Pareto-optimaler" Lösungen $S_p = \{s'\}$ beschränkt [45, 46]:

$$S_P = \big\{\, s' \in S \mid \text{es existiert kein } s \in S,\; s \neq s' \text{ mit :}$$
$$C(z,s,c) \leq C(z,s',c) \text{ und } N(s,c) > N(s',c) \,\big\} \qquad (3.4)$$

Eine undominierte Entscheidung s' sei dadurch gekennzeichnet, daß keine andere Maßnahme s der insgesamt möglichen Optionen S existiert, die mit gleichen oder geringeren Kosten höhere Nutzen verursachen würde. Die Formulierung von wassergütewirtschaftlichen Entscheidungsmodellen beinhaltet daher neben der bekannten Schwierigkeit der Ermittlung monetärer Kosten- und Nutzenfunktionen auch die Problematik, intangible Nutzen zu berücksichtigen und außerdem ein Effizienzmaß $g(C, N)$ zu finden, das den Vergleich undominierter Lösungen untereinander und die Feststellung einer Rangfolge zwischen ihnen gestattet; zum Beispiel ist zu entscheiden, ob eine Lösung mit geringen Kosten und Sauerstoffkonzentrationen im Fluß ein höheres Effizienzmaß besitzt als eine teuere Lösung, die hohe Sauerstoffkonzentrationen verursacht, oder ob von zwei Sanierungstrategien mit gleichen Kosten diejenige mit hohen Sauerstoff- und BSB-Konzentrationen derjenigen mit geringeren Sauerstoff- und BSB-Konzentrationen vorzuziehen wäre, usw. Jede Wahl konkreter Effizienzmaße durch den Planer beinhaltet spezifische Wertzuordnungen der aus den Sanierungsmaßnahmen resultierenden Gewässerqualität, die volkswirtschftlich, ökologisch, ethisch, politisch motiviert sein und subjektive Komponenten enthalten können. Als „subjektiv" gelten in diesem Zusammenhang Kriterien, die innnerhalb der Kardinalskala eines „objektiven" Wertesystems, wie es zum Beispiel monetäre Maßeinheiten darstellen, individuelle Wertzuordnungen erfahren. Es scheint nicht möglich, ein allgemeingültiges Zielkriterium anzugeben. Der Planer kann alternative Zielkriterien formulieren, die ihnen zugrunde liegenden Wertvorstellungen transparent darstellen und die sich ergebenden „optimalen" Planungsergebnisse interpretieren. Aufgrund dieser Information kann anschließend mit politischem, administrativem, gesellschaftlichem Konsens, der einer praktischen Definition des Effizienzmaßes entspricht, die Planungsentscheidung durch Auswahl einer Strategie aus der Menge $\{s'\}$ undominierter Lösungen festgelegt werden. Unter Umständen muß ein Kompromiß akzeptiert werden, wenn die Definition eines überzeugenden Effizienzmaßes, das die Auswirkungen gewässergütebeeinflussender Maßnahmen in gemeinsamen Bewertungseinheiten beschreibt, nicht gelingt. Auch wenn mit allgemeiner Zustimmung der Kompromiß einer ausschließlich monetären Bewertung abgeschlossen wird, ist häufig üblich, daß die zweit- und drittbeste Lösung ebenfalls betrachtet werden; denn diese weisen von der optimalen Lösung abweichende Einzelheiten auf, die zwar nicht aufgrund expliziter Kriterien in der Optimierungsaufgabe entstanden, jedoch in der Interpretation der Lösung „subjektiv" mit diesen assoziiert werden können.

Das überwiegend in wassergütewirtschaftlichen Entscheidungsmodellen verwandte Effizienzmaß

$$g\big(C(z, s', c), N(s', c), \dots \big)$$

bilden monetäre Kosten; als Maß für die Effizienz eines Vektors s werden häufig die Kosten seiner Realisierung angenommen. Damit lautet die Aufgabe (3.2)–(3.3):

$$\min_{s \in S} g \;=\; C(z, s, c) \qquad (3.5)$$

$$\text{N.B.} \quad c \;=\; f(z, s) \qquad (3.6)$$

$$c \;\leq\; \bar{c}$$

Gewünschte Nutzen werden stellvertretend durch die geeignete Wahl der Obergrenzen $\bar{c}_k$ von Konzentrationen einzelner Qualitätsparameter k angedeutet, die auch als Gewässergüteklassen interpretiert werden können. Bestehen bereits detaillierte Vorstellungen über die geplante Nutzung des Gewässers, i.e. zur Trinkwassergewinnung, Fischerei, Erholung, Abwassereinleitung, können Qualitätsgrenzwerte aus den Güteanforderungen der geplanten Nutzungsarten abgeleitet werden. Tabelle 3.1 stellt zum Beispiel die von der Länderarbeitsgemeinschaft Wasser (LAWA) der Bundesrepublik empfohlenen Gewässergüteklassen dar.

Mathematisch ist evident, daß einer parametrischen Änderung der begrenzenden Nebenbedingungen, zum Beispiel um eine Güteklasse, eine marginale Änderung des Zielfunktionswertes entspricht; wenn die einzuhaltende Gewässergüte erhöht wird, resultiert aus dem Modell der Kostenminimierung auch eine Erhöhung der optimalen Kosten. Umgekehrt gilt, daß durch erhöhte Kostenaufwendungen eine spezifische Güteklassenverbesserung erreicht werden kann. Nicht vergleichbar mit diesem Prinzip sind die durch Einführung von Nutzen erreichten Qualitätsverbesserungen; mathematisch findet eine Verformung der Zielfunktion statt, wenn in dieser explizit güteabhängige Nutzen berücksichtigt werden. Marginale Kostenänderungen aufgrund einer marginalen Güteklassenänderung in den Nebenbedingungen der Formulierung (3.5) und (3.6) sollten daher nur mit Einschränkung als „Ersatznutzen" interpretiert werden.

Grundsätzlich ist jedoch vom Planer das Ziel zu verfolgen, den optimalen „Nutzen" einer bestimmten Gewässergüte die zur Ereichung dieses Zustandes notwendigen optimalen Aufwendungen gegenüberzustellen. Gelingt es, monetäre Nutzenfunktionen zu ermitteln, so wird zweckmäßig die Minimierung der Nettokosten oder der Differenz zwischen Kosten und Nutzen vorgenommen:

$$\min_{s \in S} g \;=\; \left\{ C(z,s,c) - N(s,c) \right\} \tag{3.7}$$

$$c \;=\; f(z,s) \tag{3.8}$$

$$c \;\leq\; \bar{c} \tag{3.9}$$

Als Konsequenz der angeführten Grundsätze würde die Nebenbedingung (3.9) überflüssig, wenn die Zielfunktion den Gesamtnutzen einschließlich intangibler Werte umfassen könnte. Da sich jedoch monetäre Bewertungen von Umweltnutzen rigorosen Quantifizierungen entziehen, sind in den bekannten wassergütewirtschaftlichen Kosten-Nutzen-Modellierungen die positiven Auswirkungen gewässergüteverbessernder Maßnahmen auf die Umwelt unterbewertet vertreten. Die Bemühungen um eine exakte Berechnung optimaler Lösungen stehen im Gegensatz zum ungenauen Datenmaterial, insbesondere im Bereich der Nutzenabschätzungen. Auch mit wachsendem naturwissenschaftlichen Erkenntnisstand ist nicht zu erwarten, daß die tatsächlichen Folgen umweltverändernder Maßnahmen in das marktwirtschaftliche Wertesystem übertragen werden könnten.

Tabelle 3.1. Gewässergüteklassen (LAWA) [44]

Güte-klasse	Grad der organischen Belastung	Saprobität (Saprobiestufe)	Saprobien-index	Chemische Parameter		
				BSB$_5$ mg/l	NH$_4$-N mg/l	O$_2$-Minima mg/l
I	Unbelastet bis sehr gering belastet	Oligosaprobie	1,0 − <1,5	1	höchstens Spuren	>8
I–II	Gering belastet	Oligosaprobie mit betamesosaprobem Einschlag	1,5 − <1,8	1 − 2	um 0,1	>8
II	Mäßig belastet	Ausgeglichene Betamesoaprobie	1,8 − <2,3	2 − 6	<0,3	>6
II–III	Kritisch belastet	Alpha-betamesosa-probe Grenzzone	2,3 − <2,7	5 − 10	<1	>4
III	Stark verschmutzt	Ausgeprägte Alpha-mesoaprobie	2,7 − <3,2	7 − 13	0,5 bis mehrere mg/l	>2
III–IV	Sehr stark verschmutzt	Polysaprobie mit alphamesosaprobem Einschlag	3,2 − <3,5	10 − 20	mehrere mg/l	<2
IV	Übermäßig verschmutzt	Polysaprobie	3,5 − <4,0	>15	mehrere mg/l	<2

Gewässergüte der Fließgewässer

Güteklasse I: unbelastet bis sehr gering belastet

Gewässerabschnitte mit reinem, stets annähernd sauer-stoffgesättigtem und nährstoffarmem Wasser; geringer Bakteriengehalt; mäßig dicht besiedelt, vorwiegend von Algen, Moosen, Strudelwürmern und Insektenlarven; sofern sommerkühl, Laichgewässer für Salmoniden.

Güteklasse I–II: gering belastet

Gewässerabschnitte mit geringer anorganischer oder organischer Nährstoffzufuhr ohne nennenswerte Sauerstoffzehrung; dicht und meist in großer Artenvielfalt besiedelt; sofern sommerkühl, Salmonidengewässer.

Güteklasse II: mäßig belastet

Gewässerabschnitte mit mäßiger Verunreinigung und guter Sauerstoffversorgung; sehr große Artenvielfalt und Individuendichte von Algen, Schnecken, Kleinkrebsen, Insektenlarven; Wasserpflanzenbestände decken größere Flächen; ertragreiche Fischgewässer.

Güteklasse II–III: kritisch belastet

Gewässerabschnitte, deren Belastung mit organischen, sauerstoffzehrenden Stoffen einen kritischen Zustand bewirkt; Fischsterben infolge Sauerstoffmangels möglich; Rückgang der Artenzahl bei Makroorganismen; gewisse Arten neigen zu Massenentwicklung; Algen bilden häufig größere flächenbedeckende Bestände. Meist noch ertragreiche Gewässer.

Güteklasse III: stark verschmutzt

Gewässerabschnitte mit starker organischer, sauerstoffzehrender Verschmutzung und meist niedrigem Sauerstoffgehalt; örtlich Faulschlammablagerungen; flächendeckende Kolonien von fadenförmigen Abwasserbakterien und festsitzenden Wimpertieren übertreffen das Vorkommen von Algen und höheren Pflanzen; nur wenige, gegen Sauerstoffmangel unempfindliche tierische Makroorganismen wie Schwämme, Egel, Wasserasseln, kommen bisweilen massenhaft vor; geringe Fischereierträge; mit periodischem Fischsterben ist zu rechnen.

Güteklasse III–IV: sehr stark verschmutzt

Gewässerabschnitt mit weitgehend eingeschränkten Lebensbedingungen durch sehr starke Verschmutzung mit organischen, sauerstoffzehrenden Stoffen, oft durch toxische Einflüsse verstärkt; zeitweilig totaler Sauerstoffschwund; Trübung durch Abwasserschwebstoffe; ausgedehnte Faulschlammablagerungen, durch rote Zuckmückenlarven oder Schlammröhren-Würmer dicht besiedelt; Rückgang fadenförmiger Abwasserbakterien; Fische nicht auf Dauer und dann nur örtlich begrenzt anzutreffen.

Güteklasse IV: übermäßig verschmutzt

Gewässerabschnitte mit übermäßiger Verschmutzung durch organische sauerstoffzehrende Abwässer; Fäulnisprozesse herrschen vor; Sauerstoff über lange Zeiten in sehr niedrigen Konzentrationen vorhanden oder gänzlich fehlend; Besiedlung vorwiegend durch Bakterien, Geißeltierchen und freilebende Wimpertierchen; Fische fehlen; bei starker toxischer Belastung biologische Verödung.

Alternativ sollten deshalb Ansätze benutzt werden, die auf die unbefriedigende monetäre Bewertung wassergütewirtschaftlicher Maßnahmen verzichten, indem zum Beispiel dimensionsverschiedene Umweltnutzenfunktionen definiert, die sowohl untereinander als auch mit monetär bewertbaren Kosten und Nutzen im Konflikt stehen dürfen, und Optimierungen mit mehreren Zielfunktionen über dem gleichen Lösungsraum durchgeführt werden. Dieses Prinzip der „Vektoroptimierung" ermöglicht die Berücksichtigung von „Zielkonflikten" unterschiedlicher Dimensionen, deren gegenseitige Abhängigkeit über gemeinsame Systemfunktionen gegeben ist und auch durch relative Bewertungen ergänzt werden kann. Analog zum Pareto-Prinzip werden dominierte Lösungen eliminiert. Jede gewünschte monetäre Bewertung intangibler Nutzen wäre als ein Sonderfall der Vektoroptimierung interpretierbar. Bestehen, in Erweiterung des vorangehenden, M Ziele $Z_m(s)$, so kann entsprechend dem allgemeinen Ansatz der Kompromißprogrammierung folgendes Effizienzmaß g formuliert werden [51]:

$$\text{Min. } g\big(Z_m(s),\ldots,Z_M(s)\big) \;=\; \left(\sum_m [\gamma_m |Z_m(s) - Z_m^*|]^p\right)^{\frac{1}{p}} \qquad (3.10)$$

Als Effizienzmaß g gilt die Abweichung der Einzelziele vom skalaren, individuellen Optimum Z_m^* unter Berücksichtigung der Relativierungsfaktoren γ_m und der Gewichtung p, $1 \leq p < \infty$. Zur Relativierung der Zielfunktion kann eine Normierung der Form

$$\gamma_m = \frac{\omega_m}{Z_m^{\max} - Z_m^{\min}}\,, \qquad m = 1,\ldots,M \qquad (3.11)$$

vorgenommen werden, um die Abweichungen der individuellen Zielfunktionen von ihrem Optimum zum übersichtlichen Vergleich auf ein geschlossenes Intervall zu transformieren; wird die interne Bewertung ω_m, die die Möglichkeit einer subjektiven Wichtung darstellt, nicht aktiviert, $\omega_m = 1$, so entsprechen die Intervalle einer $[0,1]$ Normierung:

$$\text{Min. } g\big(Z_1(s),\ldots,Z_M(s)\big) = \left(\sum_m \left[\omega_m \frac{Z_m(s) - Z_m^*(s)}{Z_m^{\max} - Z_m^{\min}}\right]^p\right)^{\frac{1}{p}} \qquad (3.12)$$

Allgemein können durch die $[0,1]$ Normierung Zielerreichungsgrade g'_m definiert werden:

$$g'_m = \frac{|Z_m(s) - Z_m^*(s)|}{Z_m^{\max} - Z_m^{\min}} \qquad (3.13)$$

Mit p werden die Abweichungen der Einzelziele $Z_m(s)$ von ihrem jeweiligen Skalaroptimum Z_m^* gewichtet. Je größer p, desto stärker bestimmen die großen Abweichungen das Ergebnis. Für $p = 1$ erhalten sämtliche Einzelziele $Z_m(s)$ das gleiche Gewicht. In diesem Fall, der als „Goal Programming" bezeichnet wird, ergibt sich mit (3.10) und (3.13) die Zielfunktion

$$\min_{s \in S} \sum_m \frac{Z_m(s) - Z_m^*}{Z_m^{\max}(s) - Z_m^{\min}(s)} \, , \tag{3.14}$$

so daß die Summe der relativen Abweichungen der Einzelziele von ihrem skalaren Optimum minimiert wird. Für $p \to \infty$ bestimmt die größte Abweichung der einzelnen Zielfunktionen von ihrem skalaren Optimum den Wert der Gesamtzielfunktion. Es resultiert die als „Tschebycheff Approximation" bezeichnete Formulierung:

$$\min_{s \in S}{}^{'} \; \max_m \; \frac{Z_m(s) - Z_m^*}{Z_m^{\max}(s) - Z_m^{\min}(s)} \tag{3.15}$$

Zwischenformen, $0 < p < \infty$, neigen entweder den Ergebnissen des Goal Programming oder der Tscheycheff Approximation zu. Wird die Minimierung der Einzelziele gewünscht, so gilt $Z_m^*(s) = Z_m^{\max}$, für Maximierungen wird $Z_m^*(s) = Z_m^{\min}$ gesetzt; in beiden Fällen kann damit grundsätzlich die Maximierung des Effizienzmaßes oder der Zielerreichungsgrade gefordert werden. Als Konvention wird jedoch sowohl im „Goal Programming" als auch in der Tschebycheff Approximation die Abweichung vom optimalen Einzelziel $(1 - Z_m)$ betrachtet. Es existieren bekannte Sonderformen der Vektoroptimierung in der Wasserwirtschaft [12, 13, 48, 53]. In diesen werden zahlreiche subjektive Werteinschätzungen, Annahmen individueller Präferenzfunktionen, „Trade-off"-Beziehungen u.a. Vorgaben verwendet, die selten konkret bekannt sind oder ermittelt werden können. Im Vergleich zu diesen Methoden besitzt der allgemeine Kompromißansatz von Zeleny (3.10) den Vorteil einer durchsichtigen Darstellung der Bewertungsmechanismen, ihrer Auswirkungen und Nachvollziehbarkeit durch den objektiven Betrachter, Planer, Entscheidungsträger [3, 22, 35].

3.1.3.3 Diskrete Dynamische Programmierung

Zur algorithmischen Lösung der vereinfachten Grundform eines wassergütewirtschaftlichen Entscheidungsmodelles (3.5) und (3.6), der optimalen Dimensionierung einleitender Kläranlagen unter Berücksichtigung minimaler Kosten, von Selbstreinigungsprozessen und Gewässergüteklassen, wurden zahlreiche Ansätze bekannt und diskutiert [5, 17, 31, 45, 56, 73,]. Eine vollständige Enumeration entfällt; für ein Testbeispiel mit 10 Flußabschnitten und 5 Planungsoptionen in einem Abschnitt wären $5^{10} \sim 10^7$ Sanierungstrategien zu vergleichen und Gütesimulationen durchzuführen (wenn für einen Simulationslauf $\sim 0,1\,$s angenommen würden, wären es insgesamt 10 Tage Rechenzeit – $(10^7 10^{-1} 10^{-5})$. Ein realistisches Planungsbeispiel könnte 100 Flußabschnitte mit 10 Planungsoptionen umfassen, so daß 10^{100} Strategien zu simulieren wären. Obwohl diese Größenordnung bekannt ist, wird zum Teil vertreten, daß Optima gefunden werden können, wenn einzelne Entscheidungen festgelegt und anschließende Gütesimulationen zur Überprüfung der resultierenden Wasserqualität durchgeführt würden. Unter dem Aspekt der volkswirtschaftlichen und ökologischen

Bedeutung der Wassergütesanierung erscheinen diese Vorschläge nicht ganz angemessen.

Die algorithmische Lösung der Grundform eines wassergütewirtschaftlichen Entscheidungsmodelles ist nicht trivial. Zwar folgen lineare Gleichungssysteme aufgrund der abschnittsbezogenen Konzentrationsberechnungen des integrierten Simulationsmodelles, jedoch zeigen charakteristische Kostenfunktionen von Kläranlagen konvexes Verhalten in bezug auf den Wirkungsgrad oder die Reinigungsleistung, bezogen auf den Durchfluß besteht Konkavität oder Kostendegression. In linearen Programmen (LP) werden die nichtlinearen Kostenstrukturen durch Geraden ersetzt; diese Substitution bedeutet nicht nur eine absolute Abweichung vom wahren Funktionsverlauf, sondern auch entscheidende Verschiebungen der Optima, indem Kriterien der Kostendegression oder konvexer Minima im zulässigen Bereich durch planare Ecklösungen des LP ersetzt werden. Die Vorteile liegen in der numerischen Effizienz und Stabilität der Linearen Programmierung, in der allgemeinen Verfügbarkeit der Rechenprogramme, in der übersichtlichen mathematischen Darstellung, die jedoch die zu treffenden einschränkenden linearisierenden Annahmen und Vereinfachungen nicht ausgleichen können. In der Bundesrepublik wurden Formulierungen gewässergütewirtschaftlicher Entscheidungsmodelle unter Verwendung der linearen Optimierung bereits früh bekannt [14, 17, 31]. Die Aufgabenstellung zielt in der einfachsten Form auf die Sanierung eines Flusses durch Bestimmung der optimalen Reinigungsstufen $s_1,\ldots,s_j,\ldots,s_J$ der Abwassereinleiter an vorgegebenen Standorten unter Berücksichtigung der Selbstreinigung des Flusses und zulässiger Konzentrationsgrenzen eines Verschmutzungs- und eines Güteparameters, zum Beispiel des „biochemischen Sauerstoffbedarfs" (BSB_5) und des „gelösten Sauerstoffs" (GS) nach Streeter-Phelps [62].

Werden lineare Kostenfunktionen $C(s)$ der Kläranlagen in Abhängigkeit der Reinigungsgrade s angenommen sowie ein Zustands- und Entscheidungsvektor

$$x = (z, s, C)$$

und zugehöriger Kostenvektor

$$C = (0, c, 0)$$

definiert, so entsteht aus (3.5) und (3.6) die Standardform eines Linearen Programmes:

$$\text{Min. } g = Cx \tag{3.16}$$

$$\text{N.B. } Ax = b. \tag{3.17}$$

Die Elemente der Systemmatrix A und des Kontrollvektors b folgen aus der abschnittsbezogenen Berechnung der stationären Terme des Simulationsbausteines (3.8) nach (3.1) sowie der Forderung nach Einhaltung von Konzentrationsgrenzwerten (3.9).

Im Bemühen um algorithmische Weiterentwicklungen und Relativierung der einschränkenden Annahmen, entstanden „gemischtganzzahlige" Formulierungen. Diese bieten die Ergänzung, daß sowohl lineare Zielfunktionen als auch binäre $(0,1)$ Entscheidungen gestattet und in Kombination dieser beiden Möglichkeiten konkave Fixkosten möglich sind. Klärstufen, Trinkwasserwerke u. a. Planungsmaßnahmen besitzen technologisch bedingte Wirkungsgradbereiche und damit „ganzzahligen" Kostencharakter; ebenso werden Nutzen auf diskrete Konzentrationsbereiche oder Gewässergüteklassen bezogen. Der Nachteil des „Mixed Integer Programming" (MIP) liegt in der rechentechnisch bedingten Begrenzung der binären Variablenzahl. Die Berechnung ganzzahliger Größen erfordert besondere numerische Präzision und aufwendige interne Programmiterationen; 50 bis 100 binäre Variablen in Standardprogrammen beschränken einen Einsatz auf kleine Flußgebietsplanungen.

Im gemischtganzzahligen Konzept wird das Modell (3.16) und (3.17) durch die Forderung ergänzt, daß an den Standorten j die $(0,1)$ Optionen i vorgegebener Planungsmaßnahmen zu realisieren sind:

$$\text{Min. } g = C\,x \qquad\qquad (3.18)$$

$$\text{N.B. } A\,x = b$$

$$\sum_i x_{ij} = 1 \qquad \forall j \qquad\qquad (3.19)$$

$$x_{ij} = (0,1)$$

Entsprechende lineare Ergänzungen in der Zielfunktion ergeben Fixkostenformulierungen, ebenso können Stufenfunktionen gebildet werden. Es ist evident, daß die einschränkenden Annahmen der linearen Terme fortbestehen, daß das Modell aufgrund der geringen Anzahl rechentechnisch zulässiger binärer Variablen auf wenige Flußabschnitte beschränkt wird. Auf die Diskussion einer möglichen Anwendung nichtlinearer Algorithmen kann verzichtet werden. Unter der Voraussetzung der Verwendung eines Gütemodells vom Typ (3.1), der Annahme stationärer Prozesse, Vernachlässigung der Diffusion usw., beschränken sich die Nichtlinearitäten auf die Zielfunktion – die Linearität der Nebenbedingungen (3.17) bleibt erhalten. Unter Verwendung der Systemmatrix A und des Kontrollvektors b lautet das nichtlineare Modell analog (3.2) und (3.3):

$$\text{Min. } g = \{\, C(x) - N(x)\,\} \qquad\qquad (3.20)$$

$$\text{N.B. } A\,x = b \qquad\qquad (3.21)$$

In entsprechender Weise wären Ergänzungen der Zielfunktionen (3.16) oder (3.18) durch Nutzen vorzunehmen.

Die natürliche Sequenz zeitlich und örtlich durchflossener Flußabschnitte entspricht jedoch den Voraussetzungen der Dynamischen Programmierung. Jede Beeinflussung der Wasserqualität wirkt sich nur in einer Richtung aus. Damit liegt die Anwendung des Bellmanschen Optimalitätsprinzipes nahe [4]:

„An optimal policy has the property that whatever the initial state and initial decision are, the remaining decisions must constitute an optimal policy with regard to the state resulting from the first decision."

Nach diesem Prinzip könnte verfahren werden, indem durch schrittweise Vergrößerung um einen Flußabschnitt Subsysteme gebildet und nacheinander der Bestimmung optimaler Funktionswerte unterzogen werden. Zum Beispiel sei ein Flußsystem mit $j = 1, \ldots, J$ Abschnitten gegeben, in die Kläranlagen an vorgegebenen Standorten einleiten; die Wahl der Klärstufen ist so durchzuführen, daß Bau- und Betriebskosten $C(x)$ für das gesamte Flußsystem – unter Berücksichtigung der Selbstreinigung des Flusses und Einhaltung von Konzentrationsgrenzwerten – ein Minimum annehmen.

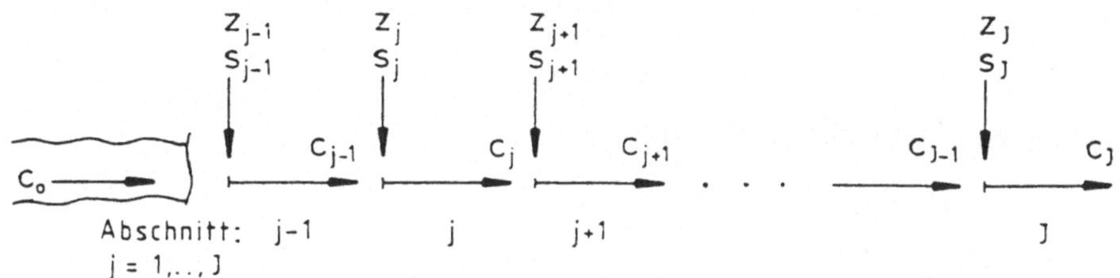

Abb. 3.1. Flußsystem des Dynamischen Programmes

Die Inputkonzentration des Abschnittes j ist die Endkonzentration c_{j-1} des vorangehenden Abschnitts $j-1$, zum Abschnitt j findet der Zufluß z_j, im Abschnitt j die Entscheidung s_j statt; es resultieren am Ende des Abschnittes j, unter Berücksichtigung der die Selbstreinigung beinhaltenden Systemmatrix A_j, die Konzentrationen c_j (s. Abb. 3.1). Wie erwähnt, besitzen die Konzentrationen in Abhängigkeit einzelner Güteparameter k eine zweite Dimension und sind korrekt als Matrix, c_{kj}, abzubilden, ebenso auch die Entscheidungen s_{ij}, bezogen auf die Einzeloptionen i. Zur Vereinfachung der Notation wird im folgenden die Bezeichnung c_j und s_j beibehalten, der Abwasserzufluß z_j sei als vorgegebener Input betrachtet und entfällt als Argument. Das auf den Abschnitt j bezogene Programm (3.2) und (3.3) lautet:

$$\min_{s_j \in S_j} g_j(s_j, c_{j-1}) = \left\{ C(s_j, c_j) - N(s_j, c_j) \right\} \tag{3.22}$$

$$\text{N.B.} \quad c_j = f(s_j, c_{j-1}) \tag{3.23}$$

$$c_j \leq \bar{c}_j \tag{3.24}$$

In der „Vorwärtsrechnung" des Dynamischen Programmes nach dem Bellmanschen Prinzip, beginnend mit dem letzten Abschnitt J, bezeichnet $s_j^*(c_{J-1})$ die optimale Entscheidung im letzten Abschnitt in Abhängigkeit der vorerst unbekannten Inputkonzentrationen c_{J-1} zu diesem Abschnitt:

$$\min_{s_J \in S_J} G_J = g_J^J(s_J, c_{J-1}) \tag{3.25}$$

$$\text{N.B.} \quad c_j = f(s_J, c_{J-1}) \tag{3.26}$$

$$c_J \leq \bar{c}_J \tag{3.27}$$

Das Ergebnis, die optimale Funktion $s_J^*(c_{J-1})$, liefert mit (3.26) gleichzeitig die optimale Zustandsvariable $c_J^*(c_{J-1})$ sowie die zugehörige optimale Zielfunktion $G_J^*(c_{J-1})$. Der anschließende Rechenschritt sieht die Ermittlung der optimalen Entscheidung $s_{J-1}^*(c_{J-2})$ im vorletzten Abschnitt als Funktion der Inputkonzentration c_{J-2} zum vorletzten Abschnitt vor, indem sowohl das aktuelle Ziel $g_{J-1}(s_{J-1}, c_{J-2})$ als auch das bereits berechnete Ergebnis $G_J^*(c_{J-1})$ berücksichtigt werden:

$$\min_{s_{J-1} \in S_{J-1}} G_{J-1}(c_{J-2}) = \left[g_{J-1}(s_{J-1}, c_{J-1}) + G_J^*(c_{J-1}) \right]$$

$$\text{N.B.} \quad c_{J-1} = f(s_J, c_{J-2})$$

$$c_{J-1} \leq \bar{c}_{J-1}$$

Es resultieren die optimalen Funktionen

$$s_{J-1}^*(c_{J-2}) \, , \; c_{J-1}^*(c_{J-2}) \, , \; g_{J-1}^*(c_{J-2}) \, , \; G_{J-1}^*(c_{J-2}).$$

Die allgemeine Rekursivgleichung oder Bellmansche Funktionsgleichung lautet für den Abschnitt j:

$$\min_{s_j \in S_j} G_j(c_{j-1}) = \left[g_j(s_j, c_{j-1}) + G_{j+1}(c_j) \right] \tag{3.28}$$

$$\text{N.B.} \quad c_j = f(s_j, c_{j-1}) \tag{3.29}$$

$$c_j \leq \bar{c}_j \tag{3.30}$$

Wird im I-ten Berechnungsschritt der erste Flußabschnitt, $j = 1$, erreicht, so kann, da c_0 bekannter Input ist, die numerische Berechnung der Werte $s_i^*(c_0)$, $c_1^*(c_0)$, $g_1^*(c_0)$, $G_1^*(c_0)$ sowie in der anschließenden „Rückwärtsrechnung" nacheinander die Bestimmung der Entscheidungen $(s_1^*, \ldots, s_j^*)$ und Systemzustände $(c_1^*, \ldots, c_J^*)$ erfolgen:

$$s_j^* \,|\, G_j^*(c_{j-1}^*) = \min_{s_j \in S_j} \left[g_j(s_j, c_{j-1}^*) + G^*(f(s_j, c_{j-1}^*)) \right],$$

anschließend:

$$c_j^* = f(s_j^*, c_{j-1}^*), \; \text{usw.}$$

Laut Vereinbarung muß die dynamische Berechnung der folgenden Formulierung äquivalent sein:

$$\min_{s_j \in S_j} \sum_{j=1}^{J} g_j(s_j, c_{j-1}) \tag{3.31}$$

$$\text{N.B.} \quad c_j = f(s_j, c_{j-1}) \tag{3.32}$$

$$c_j \leq \bar{c}_j \tag{3.33}$$

Das Modell (3.31) bis (3.33) beschreibt das Gesamtsystem in geschlossener und detaillierter Form; wenn, wie erwähnt, eine algorithmische Lösungsmöglichkeit bestehen würde, könnte die Optimierung des Gesamtsystems mit diesem

Programm vorgenommen werden. Die Äquivalenz der Formulierungen (3.28) bis (3.30) und (3.31) bis (3.33) ist unter zwei Bedingungen gegeben.

Erstens muß das Gesamtsystem separierbar sein. Separierbarkeit liegt vor, wenn Funktionen $G_j(g_j, g_{j+1}^J)$ existieren, die der die Abschnitte $j, \ldots, J$ umfassenden Gesamtzielfunktion g_j^J äquivalent sind:

$$g_j^J = (c_{j-1}, s_j, \ldots, c_{J-1}, s_J) \tag{3.34}$$
$$= G_j \left[(g_j(c_{j-1}, s_j), g_{j+1}^J(c_j, s_{j+1}, \ldots, c_{J-1}, s_J)) \right]$$

Die Bedingung (3.34) garantiert die Dekomposition des Systems in Einzelstufen j, denen unabhängige Entscheidungen s_j sowie abhängige Zustände c_j zugeordnet werden können. Das Flußsystem nach Abbildung 3.1, das als Folge zeitlich und örtlich durchflossener Flußabschnitte konzipiert ist, genügt dieser Bedingung, wenn, zum Beispiel, die Zielfunktion g_j eines Abschnittes j in Abhängigkeit der Zustands- und Entscheidungsgrößen dieses Abschnitts, c_j und s_j, sowie die Zielfunktion des Gesamtsystems als Summe dieser Einzelziele definiert sind. Sowohl die ausschließlich monetär bewertete Kosten-(minus Nutzen)funktion (3.7) als auch der Mehrfachzielsetzungsansatz (3.10) erfüllen diese Bedingung.

Zweitens muß die folgende Minimumvertauschbarkeit der Funktion G_j bestehen:

$$\text{Min. } G_j \left[g_j(c_{j-1}, s_j), g_{j+1}^J(c_j, s_{j+1}, \ldots, c_{J-1}, s_J) \right]$$
$$= \text{Min. } G_j \left[g_J(c_{j-1}, s_j), \min g_{j+1}^J(c_j, s_{j+1}, \ldots, c_{J-1}, s_J) \right] \tag{3.35}$$

Die Bedingung (3.35) wird im allgemeinen Fall erfüllt, wenn Isotonie der Zielfunktion vorliegt [50]. Besteht die Zielfunktion aus einer Summe separater Terme, wie im wassergütewirtschaftlichen Entscheidungsmodell, so genügt monotones Funktionsverhalten der Einzelterme, indem, unabhängig von der vorangehenden Wasserqualität c_{j-1}, eine Verbesserung der Wasserqualität c_j monoton wachsende Kosten und Nutzen verursacht; es ist nicht gestattet, daß Nutzen für bestimmte Inputbelastungen c_{j-1}, statt zu fallen, zu steigen beginnen (zum Beispiel: es würde Eutrophierung negativ und gleichzeitig landwirtschaftliche Bewässerung mit nährstoffreichem Flußwasser positiv bewertet). Modifikationen der Zielkriterien oder -funktionen in Abhängigkeit vorangehender Entscheidungen sind nicht erlaubt.

Da die Zielfunktionen in wassergütewirtschaftlichen Entscheidungsmodellen, wie erwähnt, nichtlinear sein können, muß ferner die Bestimmbarkeit des Minimums der Funktionen G_j vorausgesetzt werden können; dazu würde Konvexität dieser Funktionen genügen. Falls Nichtkonvexität vorliegt, ist der Nachweis eines erfolgreichen Einsatzes numerischer Verfahren zur Ermittlung der minimalen Funktion G_i^* zu führen. Wegen dieser Komplikationen kommen „Suchschlauchverfahren" unbedingt in Betracht; in diesen wird eine zulässige Planungsfolge vorausgesetzt und diese Trajektorie durch Inkrementschritte verbessert [70].

In wassergütewirtschaftlichen Entscheidungsmodellen sind realistische Zielfunktionen nichtkonvex. Außerdem stehen die Ungleichungen der Nebenbedingungen (3.24), (3.27), (3.33) usw. einer expliziten Ermittlung der optimalen Funktionen $G_J^*, G_{J-1}^*, \ldots, G_j^*, \ldots$ entgegen; die Lösung des Programmes (3.28) bis (3.30) erfordert einen konkreten Datensatz; punktweise Berechnungen von Werten s_j^* in Abhängigkeit verschiedener Inputkonzentrationen c_{j-1} sowie anschließende Ableitung einer Funktion $s_j^*(c_{j-1})$ durch Interpolation wären theoretisch denkbar, jedoch aufgrund der vielfältigen Struktur der Zielfunktionen g_j oder G_j in übersichtlicher und praktisch verwertbarer Form kaum vorstellbar. Die punktweise Berechnung von Systemzuständen bedeutet jedoch einen grundsätzlichen Lösungsweg für nichtkonvexe Aufgabenstellungen, insbesondere auch, wenn zahlreiche Entscheidungen „ganzzahligen" Charakter haben. Wie erwähnt, ist zum Beispiel die Entscheidungsvariable „Reinigungsgrad" einer Kläranlage innerhalb enger Grenzen „ganzzahlig"; ein zugehöriger Kostenbetrag resultiert aus der dem Reinigungsgrad zugeordneten Klärtechnologie.

Der folgende Algorithmus der Diskreten Dynamischen Programmierung nutzt jedoch die Logik des Bellmanschen Prinzips, indem nach dem Schema der oben beschriebenen „Rückwärtsrechnung", die im Abschnitt $j = 1$ beginnt, punktweise Berechnungen von Systemzuständen durchgeführt werden, ohne über Interpolationen optimale Funktionen explizit abzuleiten. Die Einzelberechnungen von Systemzuständen werden durch die Einführung eines diskreten Inkrementrasters unterstützt. Zwei unterschiedliche Anwendungen der Diskreten Dynamischen Programmierung wurden bisher im Rahmen wassergütewirtschftlicher Systemoptimierungen entwickelt und erprobt. Im River-Trent-Programm [65] galt die Voraussetzung, daß die innerhalb eines Flußabschnittes für die Sanierung zur Verfügung stehenden Investitionen vorgegeben sind. Der kumulative Betrag der Mittel konnte dann in jedem Abschnitt in gleichgroße diskrete Inkrementbereiche aufgeteilt werden. Im ersten Rechenschritt wurden mit bekannten Inputkonzentrationen die technisch möglichen Planungsmaßnahmen des ersten Abschnittes sowie die zugehörigen Kosten, Nutzen und Konzentrationen unter Berücksichtigung der Selbstreinigungsprozesse ermittelt. Es folgte die Elimination der dominierten Planungsalternativen, deren Zielfunktionswerte im gleichen Inkrementbereich lagen und „schlechtere" Wasserqualität ergaben, oder derjenigen, die mit gleicher Wasserqualität einen geringeren diskreten Zielwert aufwiesen. Die resultierenden Qualitätszustände sowie Zielfunktionswerte des ersten Abschnittes bildeten den Input zum zweiten usw. In diesem flußabwärts fortschreitenden Rechenverfahren bleibt die maximale Zahl der optimalen Planungsstrategien in jedem Flußabschnitt auf die gewählte Zahl der Inkrementbereiche beschränkt, die gleichzeitig eine Rangfolge der Ergebnisse im Sinne der Zielkriterien angeben.

Der Nachteil dieses Verfahrens besteht nicht nur darin, daß abschnittsbezogene Investitionsgrenzen vorzugeben sind. Der Vergleich der nach den Zielkriterien gleichwertigen Planungsstrategien nach den Kriterien einer „schlechteren" Wasserqualität erfordert zusätzlich in jedem Flußabschnitt die Speicherung undominierter Lösungen, wenn nicht über die Definition eines übergeordneten

Effizienzmaßes eine gemeinsame Skala der Bewertung der Qualitätsparameter festgelegt wird. Im River-Trent-Modell wurde dazu die Kardinalskala der Toxizität eingeführt, in der experimentell unterschiedliche Konzentrationsbereiche verschiedener Güteparameter in die einheitliche Skala einer Fischsterblichkeit übersetzt wurden. Wird auf ähnliche Hilfskonstruktionen verzichtet, so erfordert die mögliche hohe Zahl der undominierten Lösungen in Abhängigkeit der Anzahl der Güteparameter besondere Speichertechniken im Programm.

Die Einschränkungen können vermieden werden, wenn der Aufbau der Diskreten Dynamischen Programmierung nicht auf die Zielfunktion, sondern auf den Qualitätszustand ausgerichtet wird, so daß während der dynamischen Berechnung das Aussortieren dominierter Lösungen bereits auf den Qualitätszustand bezogen stattfindet. In der zweiten Variante der Diskreten Dynamischen Programmierung [45] wurden daher statt der Kosten die Konzentrationsbereiche der Qualitätsparameter in diskrete Inkrementbereiche aufgeteilt. Wird die Wasserqualität zum Beispiel durch zwei Qualitätsparameter definiert (BSB und GS), so kann der Qualitätszustand durch eine Matrix, für drei rameter durch einen Tensor usw. beschrieben werden. Wieder erfolgt, im ersten Abschnitt beginnend, für jede technisch mögliche Sanierungmaßnahme die Berechnung der Konzentrationen, Kosten und Nutzen sowie am Ende des Abschnittes die Elimination derjenigen Alternativen, die innerhalb des gleichen diskreten Qualitätszustandes einen ungünstigeren Zielwert besitzen. Abschnittsweise flußabwärts rechnend wird damit die maximale Gesamtzahl der Planungsstrategien auf die Zahl der diskreten Bereiche der Qualitätszustände reduziert, die jedoch in praktischen Rechnungen aufgrund der Elimination dominierter und unzulässiger Lösungen selten erreicht wird. Das Verfahren wurde für Planungsbeispiele am Neckar und an der Leine implementiert [9, 10, 33] (s. Abschn. 3.1.4). Der algorithmische Ablauf entspricht der folgenden Systematik, die Abbildung 3.2 zusammenfaßt.

Die möglichen Konzentrationen der Güteparameter k werden im Flußabschnitt j in eine „Qualitätsmatrix" $Q^j_{kr} = (Q_{k1}(r^k_1), \ldots, Q_{kR}(R^k))$ abgebildet, in der die ganzen Zahlen $r^k_1, \ldots, R^k$ die Konzentrationsinkremente bezeichnen. Im Abschnitt j seien die Maßnahmen s_{ij} möglich. Vom ersten Abschnitt mit vorgegebenen Input c_0 ausgehend, werden die bekannten Inputkonzentrationen $c_{k,j-1}$ zum Abschnitt j mit den möglichen Maßnahmen s_{ij} kombiniert und die resultierenden Konzentrationen c_{kj} und Zielfunktionswerte g^i_j berechnet. Führen verschiedene Maßnahmen i zu gleichen Qualitätsstufen Q^{ji}, so werden diejenigen Maßnahmen eliminiert, deren Zielfunktionssummenwert dominiert ist. Verletzt die Konzentration c^{ji}_k den zulässigen Konzentrationsbereich in Abschnitt j, so wird die verursachende Maßnahme i ebenfalls nicht gespeichert. Nachdem die Optionen s_{ij} mit den Inputkonzentrationen $c_{k,j-1}$ kombiniert sowie Überprüfungen auf Zulässigkeit und Dominanz der resultierenden Lösungen in Abschnitt j durchgeführt wurden, enthält der Zustandsraum $Q^j = (Q_{k1}, \ldots, Q_{kR})$ für jeden Zustand $Q_{k1}, \ldots, Q_{kR}$, höchstens eine Maßnahme, die zugehörige Endkonzentration sowie den Zielfunktionswert; zweckmäßig werden die Vorgänger dieser Maßnahme ebenfalls

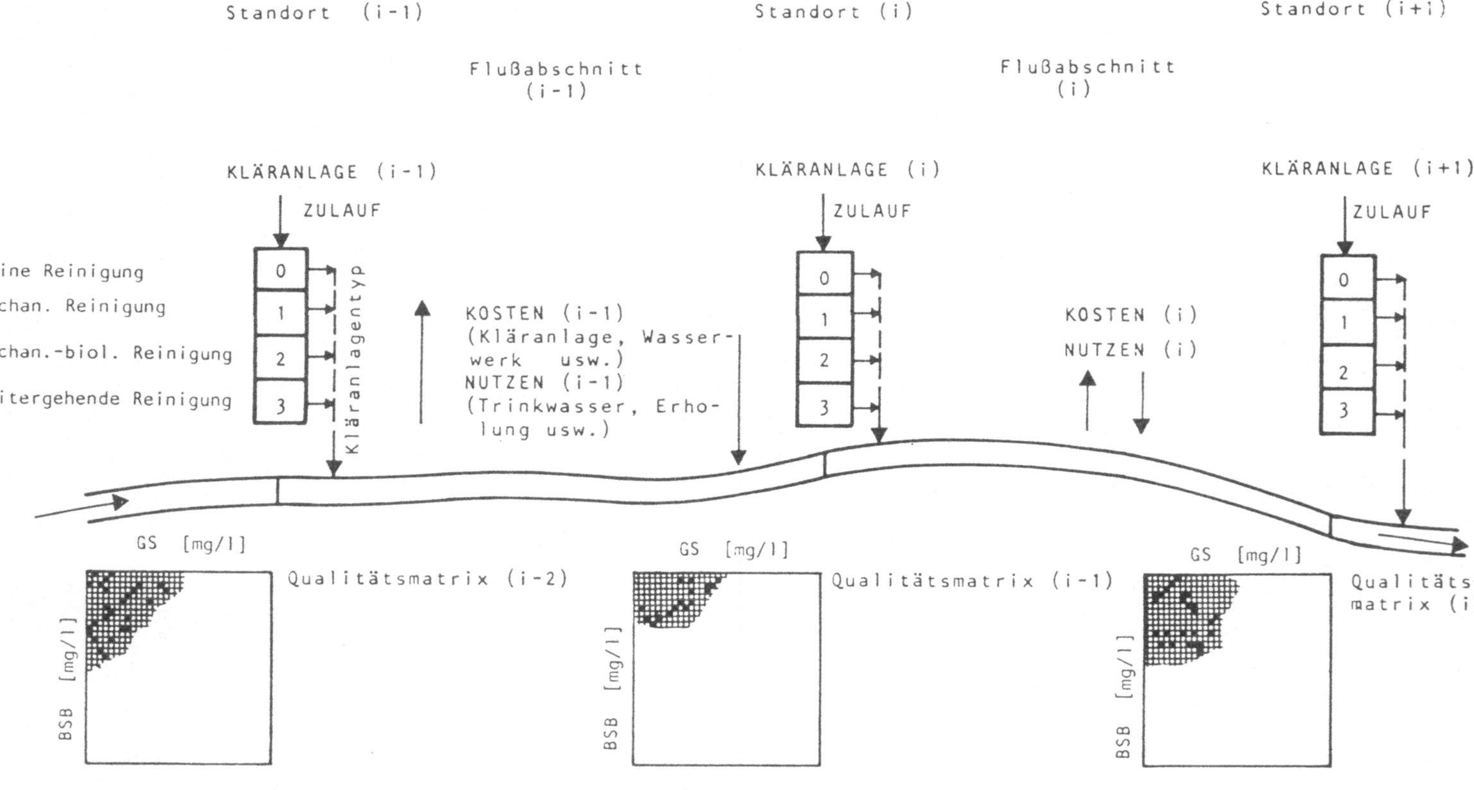

Abb. 3.2. Diskrete Dynamische Programmierung – Schema

gespeichert, so daß Q_{j-1} gelöscht werden kann. Es folgt der Übergang zur Stufe $j + 1$, indem dem Zustand Q_j die Inputkonzentrationen c_{kj} zum Abschnitt $j + 1$ entnommen und mit den Maßnahmen $s_{i,j+1}$ kombiniert werden; der Zustandsraum Q_{j+1} kann gefüllt, Q_j gelöscht werden. Aus der Zustandsmatrix Q_J des letzten Abschnittes können aufgrund der für jeden Zustand mitgespeicherten Zielfunktionswerte die beste, zweit-, drittbeste, usw. Lösung entnommen werden.

Im Grenzfall infinitesimal kleiner Schrittweiten der Konzentrationsinkremente würden die Mengen $r_1^k, \ldots, R_k$ die vollständige Kardinalskala der realen Zahlen – innerhalb der zulässigen Konzentrationsbereiche – umfassen. In diesem Falle, der die Ermittlung des globalen Optimums garantieren würde, entspricht das Diskrete Dynamische Rechenschema einer vollständigen Enumeration, die durch den abschnittsbezogenen Eliminationsprozeß dominierter Lösungen eine Verkürzung erfährt. Abweichungen vom globalen Optimum sind zu erwarten, wenn die Inkrementschritte der Konzentrationen vergrößert werden. Die Wahl der Inkrementschrittweite orientiert sich zwangsläufig an den Speicherkapazitäten der Rechenanlagen sowie an der Meßgenauigkeit der Datenerfassung; zum Beispiel wurden für die Parameter BSB_5 und CSB Inkrementschrittweiten von 1 mg/l, für den gelösten Sauerstoff von 0,1 mg/l gewählt [19].

3.1.3.4   Evolutionsstrategie

Um das Verfahren der Dynamischen Programmierung, wenn Konvexität vorliegt, rechentechnisch zu beschleunigen oder lokale Minima nichtkonvexer Aufgaben zu erreichen [58], werden auch sogenannte „Suchschlauchverfahren" (Incremental Dynamic Programming) mit zahlreichen Varianten vorgeschlagen [34, 36]. Die Übertragung des Prinzips auf die vorangehende Systemoptimierung der Wassergütewirtschaft lautet etwa wie folgt:

Es seien $\hat{c}_j, j = 0, 1, \ldots, J-1$ ein zulässiger Zustandsvektor und $\hat{s}_j, j = 1, \ldots, J$ die zugehörige Planungstrajektorie. Mit einem geeigneten Inkrementschritt α wird ein aus $\hat{c}_j + \alpha$ und $\hat{c}_j - \alpha$ gebildeter Funktionskorridor unter Anwendung der Bellmanschen Funktionalgleichung bestimmt; liegen innerhalb des Korridors verbesserte Funktionswerte vor, so bilden die zugehörigen Zustandswerte den Ausgangsvektor $\hat{c}_j$ zum nächsten Iterationsschritt usw.

Das Verfahren besitzt mehrere Nachteile, so daß ein erfolgreicher Einsatz auf sehr einfache Aufgabenstellungen zu beschränken wäre, die auch mit dem Standardkonzept der Dynamischen Programmierung bearbeitet werden könnten. Es existieren Beispiele, in denen „Incremental Dynamic Programming" für unkomplizierte, konvexe Aufgabenstellungen versagt [70]. Lösungsverfahren für komplexe, nichtkonvexe Aufgabenstellungen, die auf die schrittweise Verbesserung einer Anfangslösung zielen, liefern ohne stochastische Mechanismen in der Regel unbefriedigende Ergebnisse.

Nach den Prinzipien der Evolutionsstrategie, die im Abschnitt 2.2.3 näher erläutert wurden, wurde daher alternativ zur Diskreten Dynamischen Programmierung ein stochastisches Suchverfahren für die vorliegende Aufgabenstellung eines Entscheidungsmodelles konzipiert und implementiert [43]. Der Grundgedanke des Konzeptes besteht darin, eine Planungstrajektorie s_{ij} von zulässigen Maßnahmen i in den Abschnitten j als „Chromosom" zu interpretieren, das, erstens, „Zufallsmutationen" erfahren, zweitens, durch „Rekombination" mit einer anderen Planungstrajektorie der Anfangspopulation eine Planungsvariante der nächsten Generation erzeugen kann; diese Variante wird, drittens, entweder aufgrund ihrer Unzulässigkeit aussortiert oder ergänzt die bestehende Population von Planungstrajektorien, so daß anschließend durch „Selektion" die Elimination der Lösung mit dominiertem Zielfunktionswert aus dieser Population erfolgen kann usw. Der Aufbau stellt einen der möglichen evolutionsstrategischen Lösungswege dar, andere sind denkbar. Die Funktionsfähigkeit und Effizienz des Algorithmus ist von zusätzlichen Einzelheiten abhängig, die rechenexperimentell zu bestimmen sind.

Zum Beispiel ist anzustreben, Parameter, deren relative Veränderung die Zielfunktion stärker beeinflußt als andere, mit geringer Wahrscheinlichkeit zu „mutieren"; kleine Veränderungen sollten, wie in der Natur, mit größerer Wahrscheinlichkeit auftreten können. Entsprechend ist die Folge der Abschnitte j zweckmäßig nach steigender Zulauffracht zu ordnen und die Anzahl und Auswahl der Kandidaten j, deren Maßnahme s_{ij} zu „mutieren" sind, nach Zufallsverteilungen aufgrund dieser Rangfolge zu treffen. In der gleichen Weise kann die Zielfunktion hinsichtlich der Wirkung der Maßnahme i geglättet werden, indem die Auswahl einer Sanierungsmaßnahme i aus den zur Verfügung stehenden Optionen in Abschnitt j nach dem Kriterium getroffen wird, daß diejenige Option bevorzugt und im höheren Wahrscheinlichkeitsbereich einer Zufallsverteilung angesiedelt wird, die das bessere Verhältnis zwischen Reinigungsgrad und Kosten besitzt. Die Zuordnung eines, zum Beispiel, normalverteilten kontinuierlichen Zufallwertes x zur ganzen Zahl der zu mutierenden Abschnitte, zur erwähnten Rangfolge der Abschnitte j oder Maßnahmen i kann durch Trunkation, Auf- und Abrundung, programmiertechnische Übertragung von REAL- zu INTEGER-Werten o. ä. vollzogen werden.

Die „Mutation" einer Trajektorie s_{ij} umfaßt nach diesem Schema drei Schritte, nachdem eine gerichtete Rangfolge i und j hergestellt wurde. Erstens wird die Anzahl n_j der Abschnitte j, in denen eine neue Maßnahme zu wählen ist, aus einer angenommenen Normalverteilung zufallsbestimmt:

$$n_j \mid w(x) = \frac{e^{-\frac{1}{2}(x/\sigma_n)^2}}{\sigma_n\sqrt{2\pi}} \tag{3.36}$$

$$\mathrm{INTEGER}(n_j) = \mathrm{REAL}(x)$$

Zweitens wird die analoge Auswahl der zugehörigen Indizes j derjenigen Abschnitte getroffen, deren Maßnahmen s_{ij} zu verändern sind; ihre Anzahl beträgt n_j. Aufgrund der eingeführten Rangfolge entsprechend des Frachtzulaufs werden die Abschnitte mit hohen Frachtzuläufen mit geringerer Wahrscheinlichkeit gewählt. Die zugehörige Standardabweichung sei σ_j. Als ausreichende Anfangsschätzung gilt $\sigma_n = \sigma_j = J/2$, die nachfolgend, siehe unten, verbessert wird. Drittens werden, wie erwähnt, in den zur „Mutation" ausgewählten Abschnitten j die Indizes i der in die Trajektorie neu einzuführende Maßnahme bestimmt, indem ihre Auftrittswahrscheinlichkeiten proportional zum Verhältnis ihrer Kosten und Wirkungsgrade angenommen werden.

Sind die Mutationen jeder Planungstrajektorie einer gewählten Anfangspopulation abgeschlossen, folgt der Prozeß der „Rekombination". Zwei Individuen werden gleichverteilt der Population von Planungstrajektorien entnommen; die Vereinigung dieser väterlichen und mütterlichen Strukturen erfolgt, indem mit der Wahrscheinlichkeit $(1 - w)$, $w \ll 1$, in einem Abschnitt der mütterlichen Trajektorie die vorhandene Maßnahme s_{ij} beibehalten, mit der Wahrscheinlichkeit w die Maßnahme des väterlichen Optionsstranges übertragen wird. Es resultiert ein neues Individuum, das der bestehenden Population zugefügt wird, wenn es eine zulässige Lösung darstellt, anderenfalls wird die Rekombination wiederholt. Abschließend findet die „Selektion" durch Elimination derjenigen Lösungen statt, deren Zielfunktionswert von den anderen Individuen der Population dominiert wird. Eine neue „Generation" ist entstanden, wenn die Zahl der erzeugten zulässigen Lösungen der Anzahl der Individuen in der bestehenden Population gleicht.

Über eine zusätzliche Differenzierung kann eine Verbesserung der Anfangswerte der prozeßsteuernden Parameter σ_n, σ_j, w erreicht werden, indem, wieder in Anlehnung an Prinzipien der Evolution, die Mechanismen der Weiterentwicklung ebenfalls weiterentwickelt werden. Dazu genügt, daß die Parameter σ_n, , σ_j, $\overline{w}$ mit der Wahrscheinlichkeit y unverändert bleiben, mit der Wahrscheinlichkeit $(1-y)/2$ durch den Faktor α, mit der Wahrscheinlichkeit $(1-y)/2$ durch den Faktor $1/\alpha$ mutiert werden, denn $y + (1 - y)/2 + (1 - y)/2 = 1$. Effiziente Werte wurden experimentell am Rechner mit $\alpha = 1,2$; $y = 0,5$ gefunden.

3.1.4 Planungsbeispiele

3.1.4.1 Neckar

Eine der Zielsetzungen des Forschungs- und Entwicklungsprojektes „Prognostisches Modell Neckar" (PMN), das im Auftrag des Bundesministeriums für Forschung und Technologie in den Jahren 1973 bis 1977 unter Teilnahme der Landesanstalt für Umweltschutz Baden-Württemberg, des Institutes für Siedlungswasserbau und Wassergütewirtschaft der Universität Stuttgart, des Institutes für Siedlungswasserwirtschaft der Universität Karlsruhe, des Volkswirtschaftlichen Institutes der Universität Erlangen-Nürnberg und von Dornier System bearbeitet wurde [19], war die Untersuchung der Aussagefähigkeit analytischer Instrumentarien, die für wassergütewirtschaftliche Sanierungsmaßnahmen in der Literatur genannt werden [9]. Es war nicht das Ziel, ein Sanierungsprogramm für den Neckar zu entwickeln. Das Interesse der beteiligten Behörden und Forschungsinstitute an der Entwicklung systemanalytischer Planungsmethoden beeinflußte vorteilhaft die Zusammenarbeit und begünstigte Rückkopplungen zwischen Daten und Modellen. Der gesamte Flußlauf des Neckars befindet sich in einem Bundesland, so daß die wasserwirtschaftliche Verwaltung begünstigt wird.

Zur besseren Übersicht (s. Abb. 3.3) wurden die Planungsbeispiele auf den Bereich zwischen Stuttgart und Gemmrigheim ($\sim$ 42 km) mit 20 Flußabschnitten beschränkt. Das verwendete Gütemodell entsprach (unter Vernachlässigung der longitudinalen Diffusion) der zweiparametrigen Dobbins-Version [20], welche durch die Annahme erweitert wurde, daß sich im anaeroben Bereich BSB_5-Abbau und Wiederbelüftung ausgleichen. Die Konzentrationsinkremente der Qualitätsmatrix des DDP-Modells betrugen 0,1 mg/l für den gelösten Sauerstoff (GS), 1 mg/l für den biochemischen Sauerstoffbedarf (BSB_5). Im Projekt PMN wurden die Untersuchungen für den gesamten gefährdeten Bereich des Neckars zwischen Horb und Gundelsheim ($\sim$ 185 km, 86 Flußabschnitte) durchgeführt.

Unter den Haupteinleitern der untersuchten Teilstrecke waren die Städte Stuttgart und Ludwigsburg, von den Nebenflüssen trug insbesondere die Enz durch die Stadt Pforzheim zur stärkeren Belastung bei. Die eingeleiteten Abwassermengen und -konzentrationen waren Zukunftsprognosen; Abflußmengen und -geschwindigkeiten, Wassertemperatur basierten auf den Angaben der

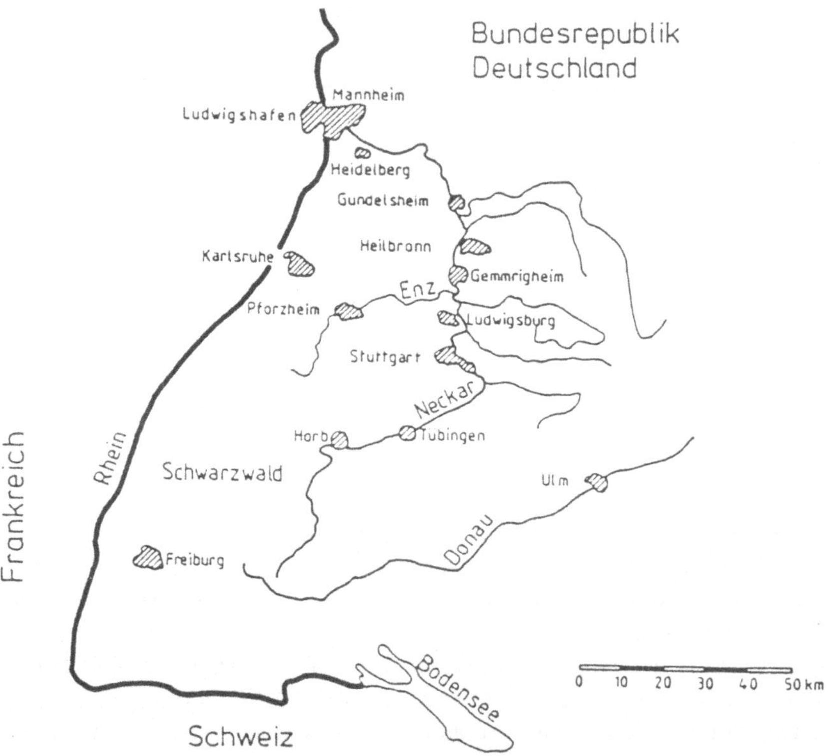

Abb. 3.3. Neckar

Landesanstalt für Umweltschutz Baden-Württemberg, ebenso die aufgrund beobachteter Halbwertszeiten ermittelten biologischen Abbauraten k_1 sowie die über abschnittsbezogene Selbstreinigungsbeiwerte f [24] definierten Wiederbelüftungsraten k_2. Die auf den BSB_5 bezogenen Reinigungsgrade der Kläranlagen im Einzugsgebiet wurden als Mittelwerte umfassender Erhebungen einheitlich zu 26 % für mechanische und 92 % für mechanisch-biologische Stufen angenommen, die BSB_5-Ablaufkonzentrationen der weitergehenden Reinigungsstufen mit 7,5 mg/l [18]. Diese Daten dienten der exemplarischen Darstellung der Modellanwendungen und sollten grundsätzliche Vergleiche ermöglichen; sie spiegeln nicht die exakten Verhältnisse, einen kritischen Lastfall, o.ä. am Neckar wider.

Bau- und Betriebskosten wurden nach Angaben des Regierungspräsidiums Nordwürttenberg sowie der Literatur festgelegt [9] und auf einen Planungszeitraum von 30 Jahren mit einem Zinssatz von 4 % auf Jahreswerte umgerechnet. Als Qualität des Oberwassers wurde in den Rechenbeispielen Güteklasse II gewählt.

Tabelle 3.2 gibt eine Zusammenfassung der Inputdaten. Vom Volkswirtschaftlichen Institut der Universität Erlangen-Nürnberg wurden außerdem monetäre, auf Konzentrationsbereiche des BSB_5 bezogene Nutzen der folgenden Bereiche ermittelt [39]:

- Freizeit und Erholung
- Angelsport und Fischerei
- Kraftwerke
- Trinkwasserwerke

Die monetären Bewertungen der Nutzen, z. B. für den Bereich „Freizeit und Erholung", wurden mittelbar über die Einzelaktivitäten Motorbootfahren, Segeln, Rudern, Paddeln, Wasserskifahren, Schwimmen, Baden nach der „Bruttoausgabenmethode" und dem Konzept der „Zahlungsbereitschaft" entwickelt, ähnlich für den Komplex „Angelsport und Fischerei". Die den Kraftwerken durch güteverbessernde Maßnahmen des Rohwassers entstehenden Nutzen wurden den Kostenersparnissen der Kühlwasseraufbereitung gleichgesetzt; die durch Verbesserung der Rohwasserqualität verminderten Kosten der Trinkwasseraufbereitung ergaben „Wasserwerksnutzen". Insbesondere letztere sind als untere Schranke zu interpretieren, da gesundheitliche, ästhetische, ökologische u. a. intangible Aspekte unberücksichtigt blieben.

Tabelle 3.3 zeigt eine Zusammenfassung der im Modell verwendeten monetären Nutzen [9]; nur die „Wasserwerksnutzen" erreichen die Größenordnung der Kosten. Trotzdem ergaben die Berechnungen optimaler Planungsstrategien mit den alternativen Zielfunktionen *Kosten* und *Nettokosten* (Kosten-minus-Nutzen-Modell (3.2) und (3.3)) gleiche Ergebnisse (s. Abb. 3.4); ohne vorerst die im untersuchten Gebiet vorhandenen Kläranlagen zu berücksichtigen oder die Einhaltung von Gewässergüteklassen zu fordern, lautet in beiden Fällen das triviale Ergebnis, keine Kläranlagen zu bauen. Das resultierende Sauerstoffprofil weist anaerobe Bereiche auf.

Tabelle 3.2. Inputdaten

Standort	Abschnitts-Nr.	Flußkilometer	Abschnittslänge [km]	Einleitung [m³/s]	Entnahme [m³/s]	Eingeleitete Sauerstoffkonzentration [mg/l]	Eingeleitete BSB-Konzentration [mg/l]	Fließzeit [d]	Fließgeschwindigkeit [m/s]	Temperatur [°C]	Sauerstoffsättigungskonzentration [mg/l]	Wiederbelüftungsrate [1/d]	Biologische Abbaurate [1/d]	Kosten [Mio. DM/Jahr] 1 (mechanisch)	Klärstufe 2 (mech.-biolog.)	3 (weitergehend)
Oberlauf	48	174.6	.1	8.4712	.0000	6.0	2.6	.01	.08	21.0	8.80	.72	.75	.0000	.0000	.0000
Stuttgart	49	174.5	.9	4.0000	.0000	.0	225.0	.13	.08	21.0	8.80	.72	.38	.2290+01	.1578+07	.2007+02
Trockental	50	173.6	.4	.0800	.0000	2.0	49.0	.06	.08	21.0	8.80	.59	.32	.4300+00	.9100+00	.1110+01
Holzbach	51	173.2	2.0	.2100	.0000	4.0	26.7	.29	.08	21.0	8.80	.54	.30	.6500+00	.1840+01	.2270+01
Aldingen	52	171.2	.9	.0400	.0000	.0	250.0	.26	.04	21.0	8.80	.40	.22	.3200+00	.5500+00	.6600+00
Rems	53	170.3	.5	.9300	.0000	4.0	11.0	.14	.04	21.0	8.80	.43	.24	.1220+01	.5440+01	.6820+01
Neckarems	54	169.8	3.1	.0400	.0000	4.0	250.0	1.20	.03	21.0	8.80	.46	.26	.3200+00	.5500+00	.6600+00
Zipfelbach	55	166.7	1.0	.1100	1.2810	4.0	12.6	.39	.03	21.0	8.80	.79	.41	.4900+00	.1150+01	.1400+01
Poppenweil	56	165.7	4.5	.0300	.0000	.0	250.0	.87	.06	21.0	8.80	.89	.47	.2800+00	.4400+00	.5400+00
Ludwigsburg	57	161.2	4.6	.2950	.0000	.0	200.0	.59	.09	21.0	8.80	.95	.51	.7500+00	.2350+01	.2920+01
Marbach	58	156.6	.3	.0520	.0000	.0	250.0	.05	.07	21.0	8.80	.84	.47	.3500+00	.6600+00	.8100+00
Murr	59	156.3	6.8	.9620	.0000	2.0	18.9	1.06	.07	22.0	8.70	.84	.47	.1240+01	.5580+01	.6690+01
Riedbach	60	149.9	.2	.1400	.0000	3.0	1.9	.03	.07	22.0	8.70	.95	.30	.5400+00	.1370+01	.1680+01
Kanal	61	149.7	2.3	.0580	.0000	4.0	71.8	.38	.07	22.0	8.70	.95	.30	.3700+00	.7200+00	.8700+00
Rühlbach	62	147.4	3.0	.0300	.0000	8.0	3.0	.39	.09	22.0	8.70	.95	.30	.2800+00	.4400+00	.5400+00
Mundelsheim	63	144.4	2.0	.0660	.0000	.0	250.0	.29	.08	22.0	8.70	.95	.30	.3900+00	.7900+00	.9600+00
Hessigheim	64	142.4	6.6	.0430	.0000	.0	250.0	.95	.08	22.0	8.70	.95	.30	.3300+00	.5800+00	.7000+00
Enz + KW	65	135.8	.4	4.7870	.2570	2.0	30.2	.05	.10	22.0	8.70	.65	.72	.2480+01	.1799+02	.2292+02
Baumbach	66	135.4	2.9	.0240	.0000	5.0	13.0	.37	.09	22.0	8.70	.61	.67	.2500+00	.3800+00	.4600+00
Gemmrigheim	67	132.5	.7	.2750	.0000	.0	250.0	.16	.05	22.0	8.70	.60	.66	.7300+00	.2240+01	.2770+01

Tabelle 3.3. Nutzenfunktionen [Mio. DM/a]

Standort	Oberer BSB-Schwellenwert [mg/l]								
	8.00	6.00	5.00	4.00	3.50	3.20	3.00	2.50	2.25
Oberlauf	48.0000	.0000	.0000	.0000	.0000	.0000	.0000	.0000	.0000
Stuttgart	49.9381−02	.1232−01	.1232−01	.1960−01	.1960−01	.1960−01	.1960−01	.1960−01	.1960−01
Trockental	50.0000	.0000	.0000	.0000	.0000	.0000	.0000	.0000	.0000
Holzbach	51.1966−01	.3452−01	.3452−01	.6055−01	.6055−01	.6055−01	.8536−01	.8952−01	.1285+00
Aldingen	52.3932−01	.4430−01	.4430−01	.5002−01	.5002−01	.5002−01	.6246−01	.6454−01	.7452−01
Rems	53.9831−02	.1232−01	.1232−01	.1960−01	.1960−01	.1960−01	.1960−01	.1960−01	.1960−01
Neckarems	54.2249−01	.3678−01	.3678−01	.5864−01	.5864−01	.5864−01	.5864−01	.5864−01	.5864−01
Zipfelbach	55.9831−02	.1232−01	.2360+01	.2368+01	.2368+01	.4715+01	.4715+01	.7063+01	.7063+01
Poppenweil	56.1966+00	.2215+00	.2215+00	.2501+00	.2501+00	.2501+00	.3122+00	.3226+00	.3713+00
Ludwigsburg	57.1574+00	.1772+00	.1772+00	.2001+00	.2584+00	.2584+00	.3080+00	.3163+00	.4136+00
Marbach	58.3932−01	.4430−01	.4430−01	.5002−01	.5002−01	.5002−00	.6246−01	.6454−01	.7425−01
Murr	59.2356+00	.2656+00	.2656+00	.2999+00	.2999+00	.2999+00	.3743+00	.3868+00	.4453+00
Riedbach	60.0000	.0000	.0000	.0000	.0000	.0000	.0000	.0000	.0000
Kanal	61.2949−01	.5182−01	.5182−01	.9085−01	.9085−01	.9085−01	.1281+00	.1343+00	.1928+00
Mühlbach	62.2949−01	.5182−01	.5182−01	.9085−01	.9085−01	.9085−01	.1281+00	.1343+00	.1928+00
Mundelsheim	63.1966−01	.3452−01	.3452−01	.6055−01	.6055−01	.6055−01	.8536−01	.8952−01	.1285+00
Hessigheim	64.5899−01	.1036+00	.1036+00	.1817+00	.1817+00	.1817+00	.2561+00	.2686+00	.3855+00
Enz + KW	65.3932−01	.4430−01	.5457+00	.5493+00	.5493+00	.1051+01	.1063+01	.1565+01	.1574+01
Baumbach	66.7865−01	.8860−01	.8860−01	.1000+00	.1583+00	.1583+00	.1831+00	.1873+00	.2651+00
Gemmrigheim	67.3932−01	.4430−01	.4430−01	.5002−01	.5002−01	.5002−01	.6246−01	.6454−01	.7425−01

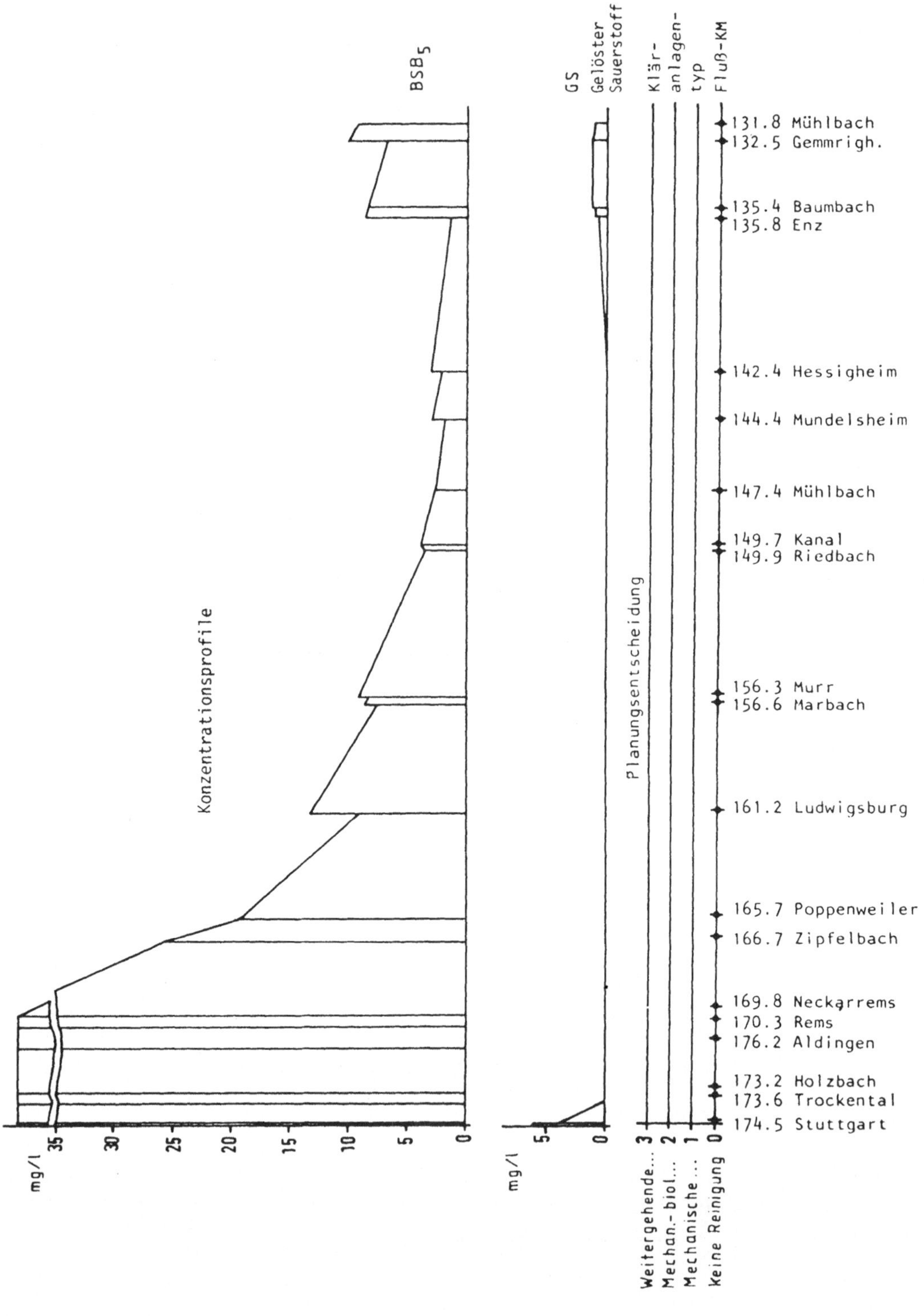

Abb. 3.4. Neckar-Zielkriterien: Minimierung Kosten-minus-Nutzen. (Ohne bestehende Kläranlagen und Güteklassenforderung)

Abbildung 3.5 zeigt beispielhaft die Qualitätsmatrix am Ende der Untersuchungsstrecke in Gemmrigheim, in der nur wenige Qualitätszustände besetzt sind. Die nach den genannten Zielkriterien optimale Anordnung von Planungsmaßnahmen ist für jeden markierten Inkrementbereich oder Qualitätszustand gespeichert und steht als alternative Planungsstrategie zur Verfügung.

Da die in Rechnung gestellten monetären Nutzen als untere Schranke zu interpretieren sind, die „intangible" Anteile weitgehend vernachlässigen, wurden experimentelle Wichtungen der Nutzenbeträge vorgenommen. Ein Sensitivitätstest mit doppelten Nutzen ergab keine Veränderung der Planungsentscheidungen. Die Bedeutung eines Modells für Sensitivitätstests ist evident. Wenn, zum Beispiel, die Verdopplung eines Inputparameters keinen Einfluß auf die Planungsentscheidung hat, erübrigt sich weiterer Aufwand der Datenerhebung, um diesen Parameter exakter zu bestimmen.

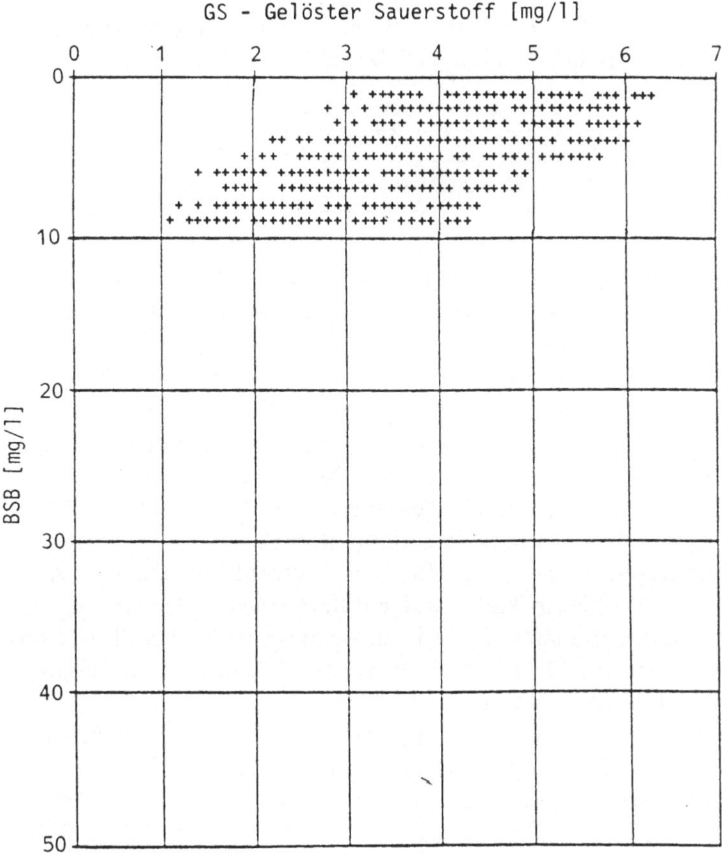

Abb. 3.5. Qualitätsmatrix bei Gemmrigheim. (Ohne bestehende Kläranlagen und Güteklassen)

Abbildung 3.6 zeigt abschließend das Ergebnis eines Sensitivitätstests mit hypothetischer Verdreifachung der Nutzen, die als eine Abschätzung der „oberen Schranke" gelten könnte. In diesem Fall ergab sich als Reaktion des Systems die Anordnung einer weitergehenden Klärstufe in Stuttgart, einer mechanisch-biologischen Anlage in Aldingen sowie mechanischer Klärstufen in Neckarrems und Mundelsheim. Das resultierende Sauerstoffprofil zeigt ausreichende (≥ 4 mg/l) und gleichmäßige Konzentrationsverteilungen. Ein sich wiederholendes, qualitatives Ergebnis optimaler Planungsstrategien ist zu erkennen; die beste Lösung besteht nicht aus einer einheitlichen Anordnung gleicher Klärstufen, sondern es werden Größenersparnisse genutzt, indem größere Einleiter intensiver reinigen und kleine Einleiter geschont bleiben. Aufgrund der volkswirtschaftlich bedeutenden Investitionen für wassergütewirtschaftliche Sanierungsmaßnahmen sollten Verbundentsorgungen, Abwasserüberleitungen, Flußkläranlagen und andere großmaßstäbige Planungsalternativen in die Untersuchungen mit einbezogen werden, um eventuelle wirtschaftliche und ökologische Vorteile der Größenersparnisse zu erkennen.

Weitere Modellrechnungen wurden unter Berücksichtigung der folgenden bestehenden (1977) mechanisch-biologischen Kläranlagen durchgeführt:

Flußabschnitt	49	50	52	54	57	61
Reinigungsgrad	0,90	0,59	0,80	0,85	0,95	0,90

Die zusätzlichen Kosten einer weitergehenden Reinigung an diesen Standorten wurden mit der um 20 % vergrößerten Kostendifferenz (zur Berücksichtigung der ursprünglich nicht eingeplanten Erweiterung) zwischen weitergehenden und mechanisch-biologischen Klärstufen nach Tabelle 3.2 festgesetzt. Die Optimierung ergab mit und ohne Berücksichtigung von Nutzen das gleiche Ergebnis wie zuvor, keine weiteren Kläranlagen zu bauen; die Kosten betrugen im untersuchten Planungsabschnitt 20,86 Mio. DM/a, die Nutzen 4,38 Mio. DM/a (s. Abb. 3.7). Ein vergleichbares Kostenergebnis (21,33 Mio. DM/a) ergab sich im vorangehenden Planungsfall, ohne Berücksichtigung bestehender Kläranlagen, mit hypothetisch verdreifachten Nutzenfunktionen (s. Abb. 3.6). Jedoch resultierten in diesem Fall aus der differenzierten Anordnung der Klärstufen ein weit besseres Sauerstoff- und schwächeres BSB_5-Profil und damit etwa die doppelten Nutzen (8,87 Mio. DM/a) als mit den Investitionen der bestehenden Anlagen (4,38 Mio. DM/a).

Anschließende Sensitivitätstests mit doppelten Nutzen unter Berücksichtigung der bestehenden Kläranlagen zeigten in der optimalen Lösung ausschließlich den Ausbau der vorhandenen mechanisch-biologischen Kläranlage in Stuttgart zur weitergehenden Reinigung (s. Abb. 3.8). In weiteren Rechnungen wurden Minimalforderungen nach Einhaltung von Gewässergüteklassen gestellt; im Bereich der Flußabschnitte des erweiterten Systems 48 bis 54 sollte mindestens Güteklasse IV und in den Abschnitten 55 bis 67 mindestens

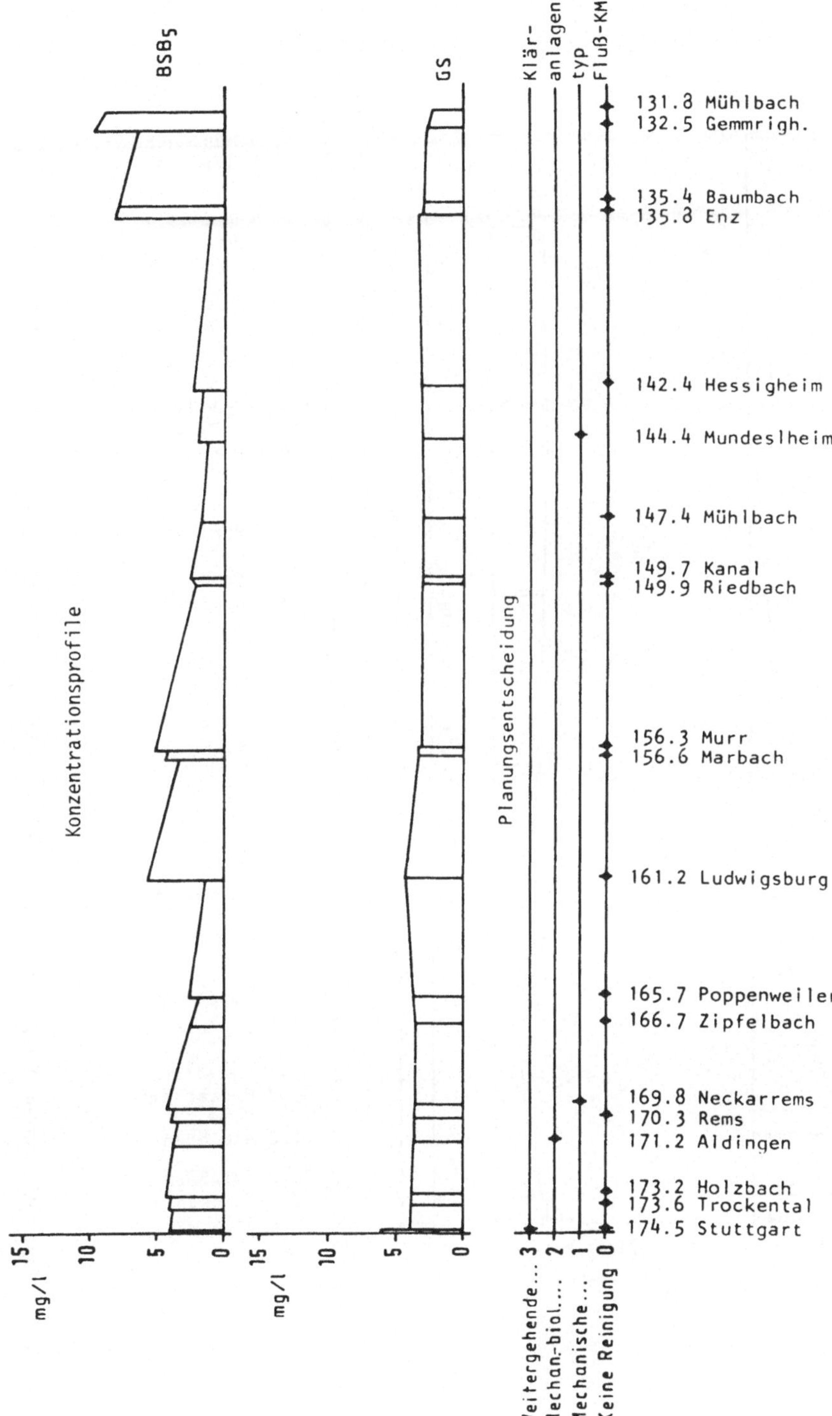

Abb. 3.6. Neckar-Zielkriterien: Minimierung Kosten-minus-3fachem-Nutzen. (Ohne bestehende Kläranlagen und Güteklassenforderung)

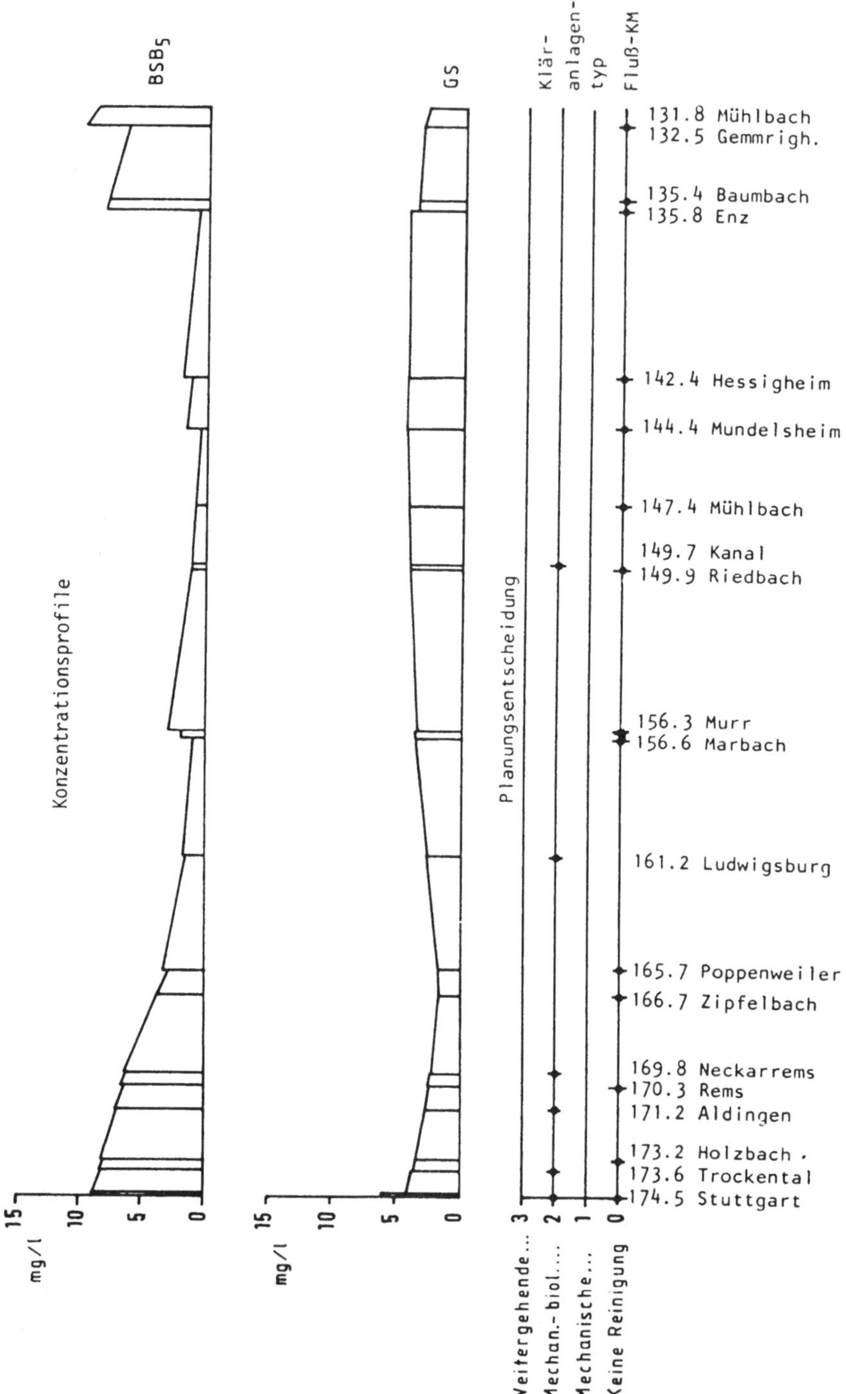

Abb. 3.7. Neckar-Zielkriterien: Minimierung Kosten-minus-Nutzen. (Mit bestehenden Kläranlagen)

Güteklasse V eingehalten werden. Die optimale Lösung zeigt auch in diesem Planungsfall den Ausbau in Stuttgart zur weitergehenden Reinigung sowie drei zusätzliche mechanisch-biologische Anlagen.

Wie erwähnt, wurden die Annuitäten der Kosten und Nutzen auf der Basis von 4 % und 30 Jahren berechnet. Variationen des Zinssatzes mit 2 und 6 % sollten die Sensitivität des Systems bezüglich der problematischen Festlegung eines langfristigen Zinssatzes als Maß der Zeitpräferenz öffentlicher Investitionen überprüfen. Es resultieren identische Lösungen für die Zinssätze 4 und 6 %, jedoch hatte der niedrige Satz von 2 % den gleichen Einfluß auf die Planungsentscheidungen, i.e. Ausbau in Stuttgart zur weitergehenden Reinigung, wie eine Verdoppelung der Nutzen bei 4 % unter Berücksichtigung der bestehenden Kläranlagen. Diese Reaktion der optimalen Planungsstrategie resultierte, weil die Nutzen bereits als jährliche Beträge ermittelt worden waren und diese Annuitäten durch Zinsänderungen im Verhältnis weniger Veränderungen erfahren konnten als die Kosten, deren Hauptanteile Gegenwartsinvestitionen sind und durch Senkung des Zinssatzes von 4 auf 2 % bedeutend niedrigere Annuitäten ergaben. Es resultierte eine Verschiebung des Kosten-Nutzen-Verhältnisses zugunsten der Nutzen.

Insgesamt erschien jedoch die monetäre Bewertung der Nutzen unvollständig und die Erfassung intangibler Anteile nicht gewährleistet. Es wurde daher alternativ ein Ansatz der Vektoroptimierung nach dem Tschebycheffschen Prinzip, Gleichung (3.15), gewählt, das den Zielkonflikt der gleichzeitigen Minimierung der Nettokosten und des Sauerstoffdefizites enthielt. Die Nettokosten, dargestellt als Bau- und Betriebskosten der Kläranlagen minus monetär bewertbarer Nutzen durch Freizeit und Erholung, Angelsport und Fischerei, Kühlwasserversorgung von Kraftwerken sowie Trinkwasserversorgung bildeten das Ziel Z_1; das Sauerstoffdefizit, als Maß negativer Umweltnutzen und ökologischer Instabilität, wurde über die Flußlänge integriert und bildete das Ziel Z_2. Eine Verringerung des Zieles Z_1 steht im Konflikt zur Minimierung des Zieles Z_2; die mathematische Verknüpfung der Kläranlagenkosten und des Sauerstoffdefizites geschieht über den Reinigungsgrad, die resultierende Einleitung und die Wassergütesimulation. Das Ergebnis dieses Ansatzes zeigt einen bisher nicht erreichten Grad des Kläranlagenbaus (s. Abb. 3.9.) Von 19 möglichen Standorten werden 12 besetzt, einschließlich der bestehenden Anlagen. Der Ausbau in Stuttgart zur weitergehenden Reinigung wird ebenfalls empfohlen.

In Ergänzung der bisher eingesetzten Diskreten Dynamischen Programmierung wurde auch der Algorithmus der Evolutionsstrategie (s. Abschn. 3.1.3.4) verwandt und die erweiterte Länge des Neckar zwischen Horb und Gundelsheim mit 86 Flußabschnitten und ~185 km Länge behandelt (s. Abb. 3.3). Im Vergleich zur DDP-Lösung der gleichen Aufgabe mit 5,5 Minuten Rechenzeit (UNIVAC 1108), wurde nach ~16 Minuten Rechenzeit mit dem Kriterium abgebrochen, daß die Zielfunktionswerte innerhalb der gewählten Population von 20 Trajektorien sich auf < 1 % genährt hatten; zu Beginn lagen die Zufallslösungen im Bereich zwischen 63,38 Mio. DM/a und 41,36 Mio. DM/a.

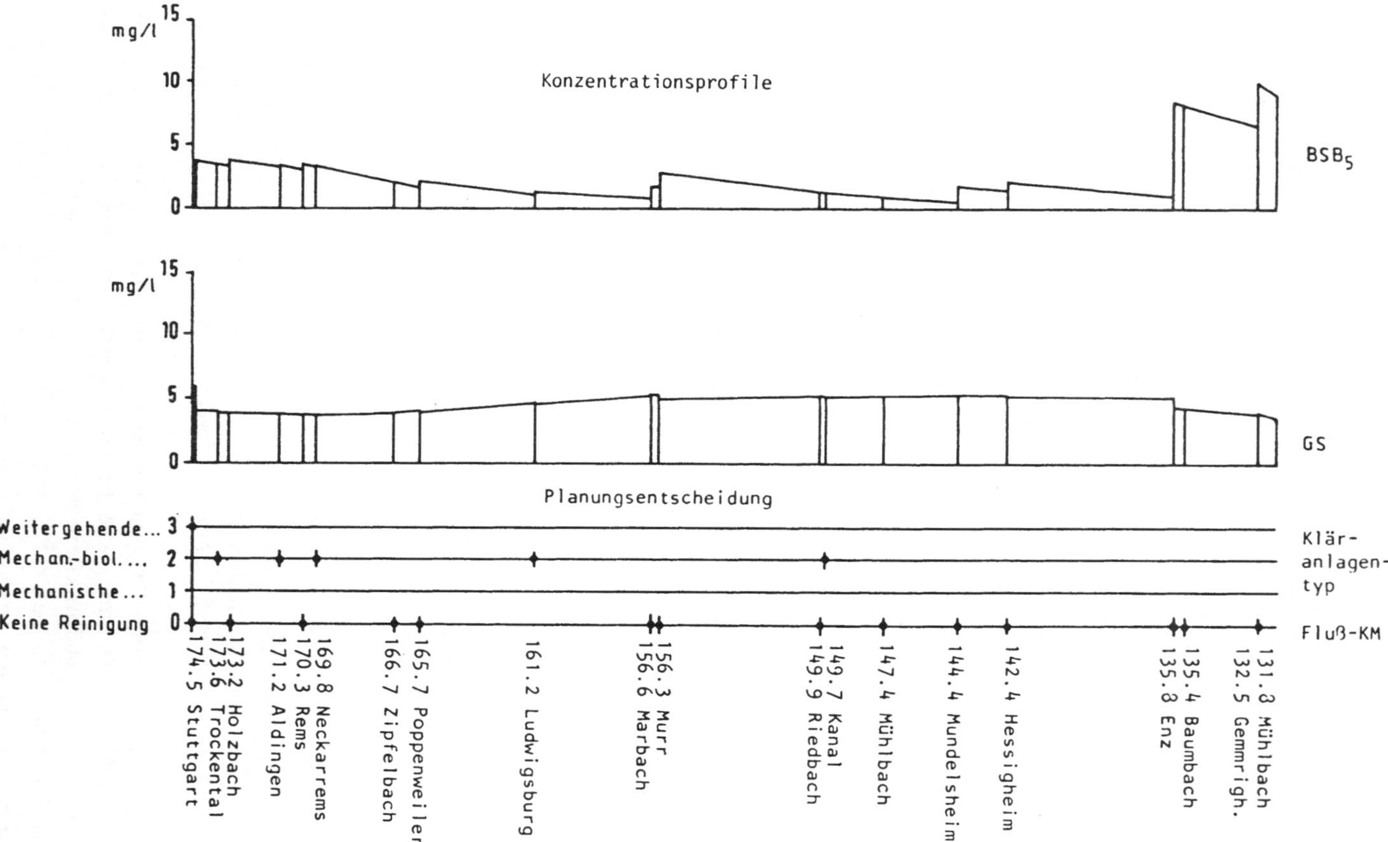

Abb. 3.8. Neckar-Zielkriterien: Minimierung Kosten-minus-2fachem-Nutzen. (Mit bestehenden Kläranlagen)

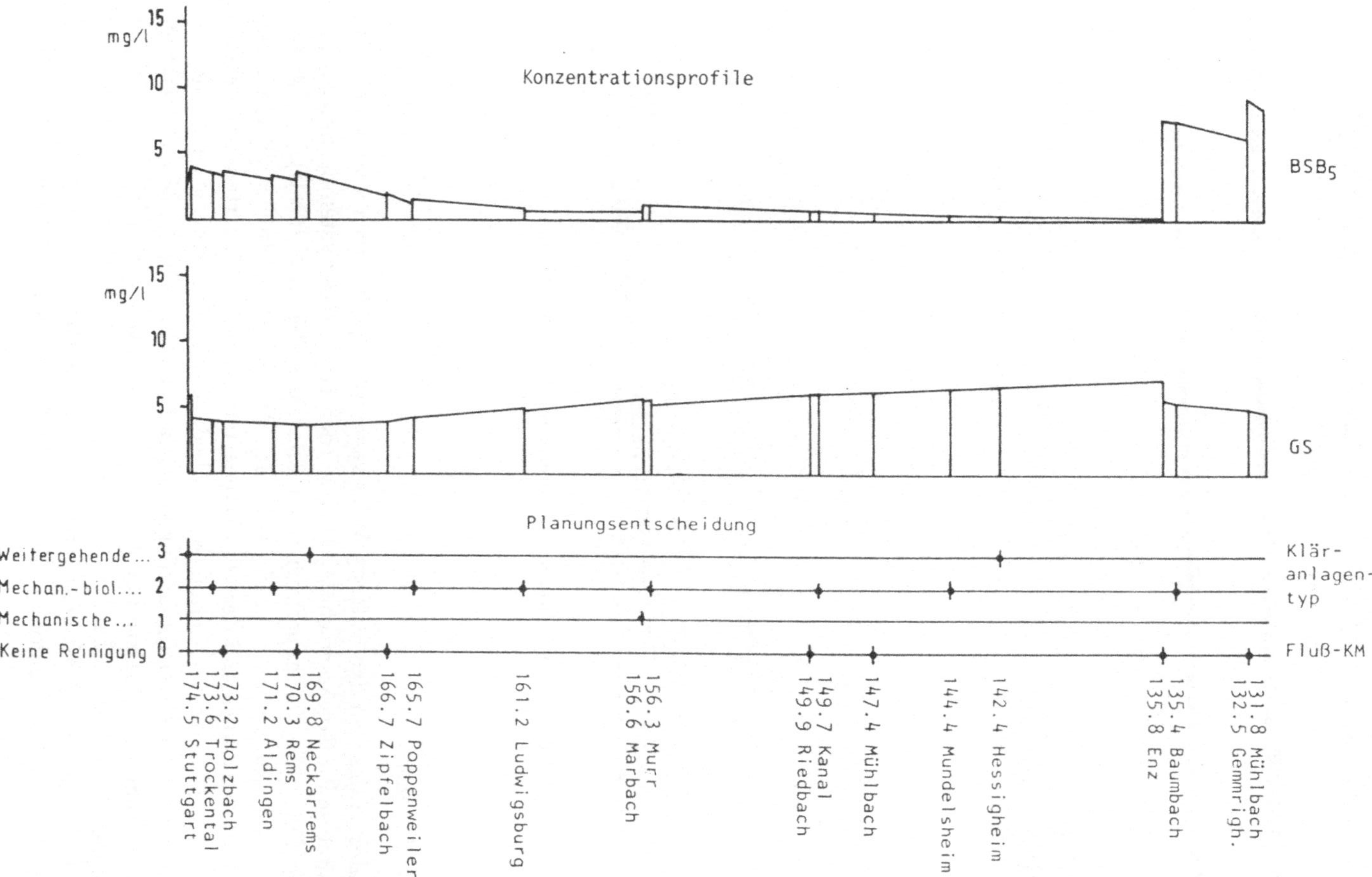

Abb. 3.9. Neckar-Vektoroptimierung. (Mit bestehenden Kläranlagen)

Das Konvergenzverhalten zeigt Abbildung 3.10. Nach 318 Generationen wich die optimale Lösung mit 10,54 Mio. DM/a nur um 1,35 % vom Optimum des DDP mit 10,40 Mio. DM/a ab; an drei Standorten wurden unterschiedliche Klärstufen gewählt. Abbildung 3.11 zeigt die evolutionsstrategische Entwicklung der Lösung.

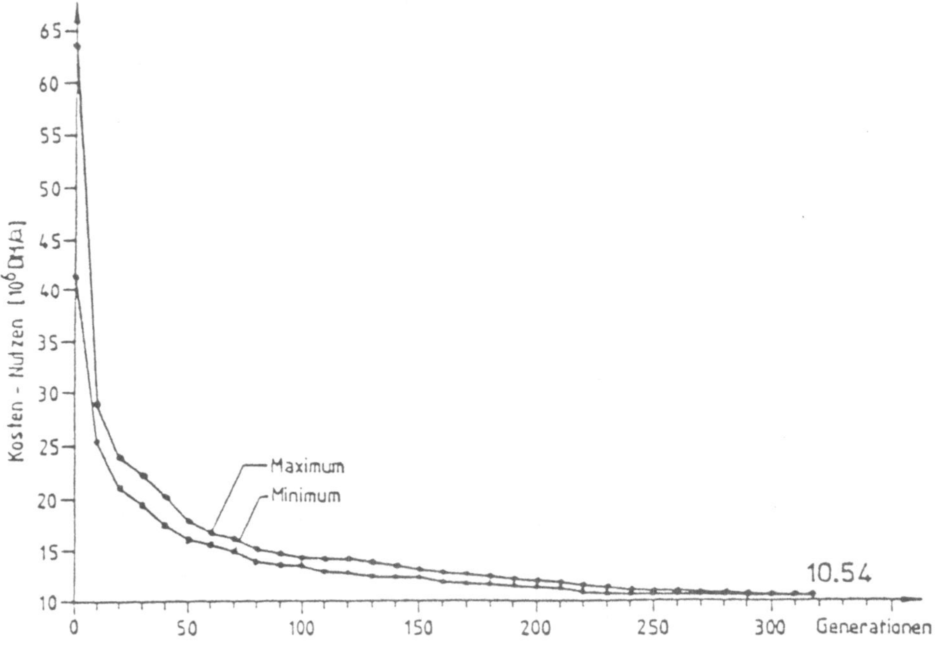

Abb. 3.10. Neckar; Kosten-Nutzen-Optimierung [43]. Konvergenzverhalten der Evolutionsstrategie

3.1.4.2 Innerste

Im Rahmen des von der Stiftung Volkswagenwerk geförderten Vorhabens „Systemanalyse im Gewässerschutz" [11] wurden erweiterte Systemoptimierungen durchgeführt, die den experimentellen Charakter des „Prognostischen Modelles Neckar" übertreffen und für konkrete Anwendungen innerhalb eines Bewirtschaftungsplanes und der vom Bundesumweltamt geförderten „Pilotstudie Leine" [72] geeignet sein sollten. Es wurde dazu das Einzugsgebiet der Innerste, ein Nebenfluß dritter Ordnung der Weser, ausgewählt. Die im Modell betrachtete Flußlänge der Innerste betrug 96,0 km; sie enthielt 33 Abschnitte mit 22 Kläranlagenstandorten. Zusätzlich waren drei Nebenflüsse zu berücksichtigen: Nette mit 40,5 km, 13 Abschnitten und 18 Standorten; Lamme mit 20,4 km, 5 Abschnitten und 3 Standorten; Bruchgraben mit 26,5 km, 10 Abschnitten und 6 Standorten (s. Abb. 3.12).

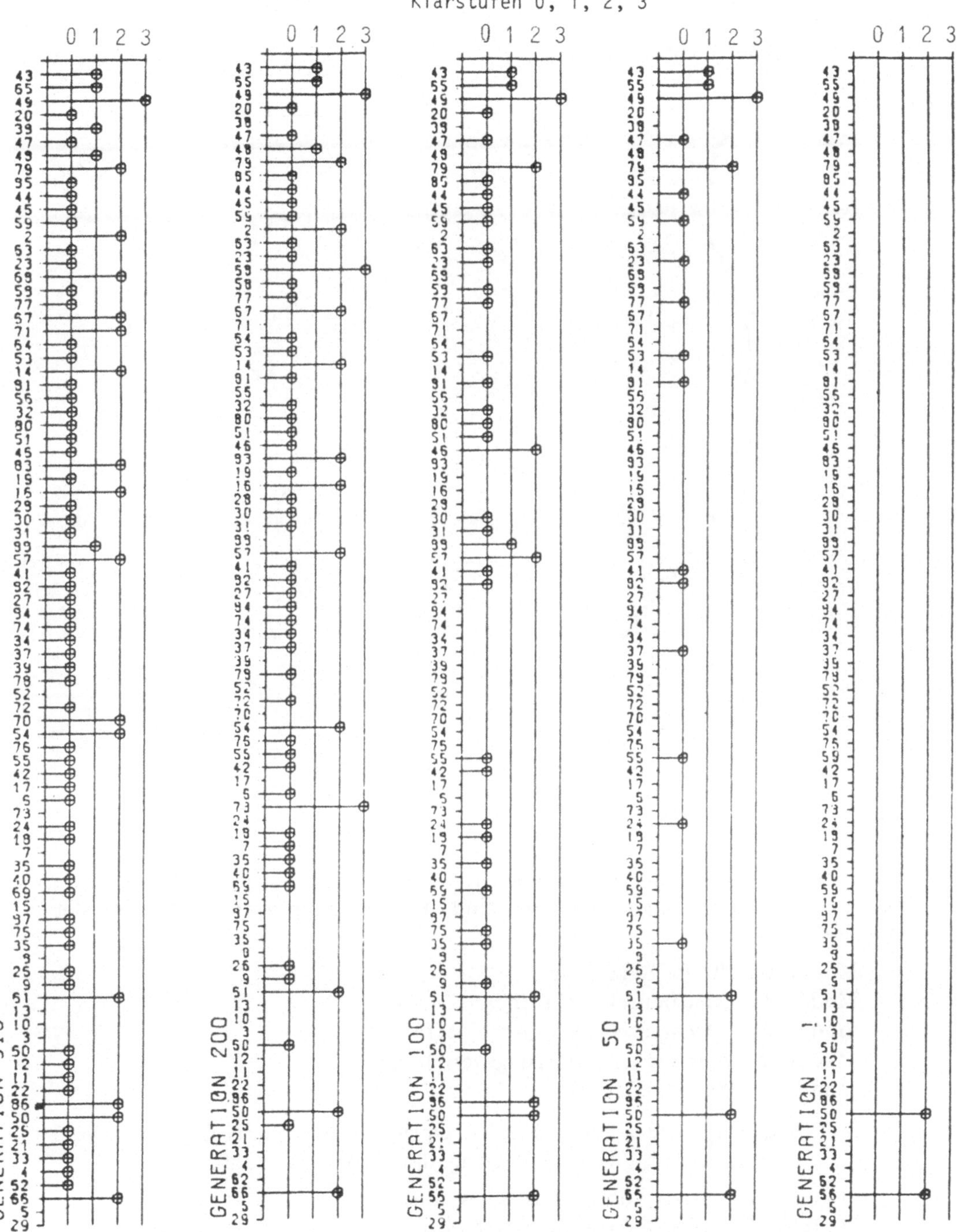

Abb. 3.11. Neckar; Kosten-Nutzen-Optimierung [43]. Aufbau der evolutionsstrategischen Lösung (Abschnitte nach BSB-Fracht absteigend geordnet)

Abb. 3.12. Innerste

Tabelle 3.4 zeigt die vorhandenen Einleiterbelastungen des Systems sowie die zugehörigen Reinigungsanlagen und ihre Wirkungsgrade mit folgender Bedeutung:

Modul 0   Keine Reinigung
Modul 1   Mechanische Klärung
Modul 2   Mechanisch-biologische Stufe
Modul 3   Chemische Reinigungsverfahren
Modul 4   Schönungsteich

In Ergänzung wurden die folgenden Optionen konzipiert, deren Auswahl oder zusätzliche Anordnung vom Entscheidungsmodell zu treffen war:

Modul   0   Kein Ausbau des Klärwerkes
Modul   10   Mechanisch-biologische Stufe
Modul   20   Zweite biologische Stufe als Tropfkörper
Modul   30   Vorfällung, -flockung

Tabelle 3.4. Einleiterdaten

	Abschnitt-Nr.	Fluß-kilometer	Abwasser-zuleitung EGW	Klär-anlagen-Modul	Reinigungs-grad %	Standort
Nette	1	40.50	1 400	0	.0	
	2	38.50				
	3	36.80	1 500	0	93.3	
		36.80	1 300	0	.0	
	4	34.85	84 400	2	91.0	Seesen
	5	26.80	1 000	0	.0	
	6	26.60				
	7	23.90	7 600	2	96.1	
	8	22.25				
	9	14.00	11 600	2	85.3	Bockenen
	10	12.40	1 400	0	.0	
		12.40	1 000	0	.0	
	11	10.30	1 100	1	45.4	
	12	4.85				
	13	.00	0	0	.0	
Lamme	1	20.40	6 000	2	90.0	
	2	8.90				
	3	7.10	17 300	2	94.8	AV Almeriehe
	4	3.40	15 700	2	95.5	Bad Salzdetfurth
	5	.00	0	0	.0	
Bruchgraben	1	26.45				
	2	22.05	11 400	2	96.5	Schellerten
	3	21.75	4 400	2	90.9	
	4	13.65	8 500	2	96.5	
	5	13.20				
	6	12.75				
	7	9.20	3 100	2	93.6	
	8	7.10	6 900	2	79.7	
		7.10	1 000	2	80.0	
	9	5.50	25 000	2	72.0	Bettmar
		5.50	1 400	2	85.7	
	10	.00	0	0	.0	
Innerste	1	96.00	3 000	2	93.3	Buntenbock
	2	90.35	22 300	4	71.8	Clausthal-Zellerfeld
	3	84.60				
	4	83.70	3 7G0	2	81.1	Wildemann
	5	77.20				
	6	74.80	3 300	2	90.9	Lautenthal
	7	66.10				
	8	65.90	14 100	2	80.9	Langelsheim
	9	62.60	33 200	2	94.9	Goslar
		62.60	2 000	2	70.0	
	10	60.30				
	11	58.10				Dörnten
	12	57.10	1 700	2	52.9	Othfresen
		57.10	2 900	4	93.1	
	13	55.10				
	14	50.25	10 600	2	92.4	Ringelheim
	15	49.05	2 500	4	20.0	
		49.05	1 000	0	.0	
		49.05	5 600	1	25.0	
	16	47.50	1 500	0	.0	
	17	46.10	1 200	0	.0	
	18	41.05				
	19	40.45	3 500	2	97.1	
	20	39.70				
	21	33.90	5 400	2	88.9	Holle
	22	31.65	3 400	0	.0	Nette
	23	25.90				Lamme
	24	25.30	1 200	2	91.7	Heinde
	25	23.40	4 100	2	95.1	Groß Düngen
		23.40	17 500	4	98.9	
	26	20.50	4 200	2	92.9	Diekholzen
	27	12.70				
	28	11.10	168 600	2	90.1	Hildesheim
	29	8.37	3 700	2	89.2	Hasede
		8.37	4 400	2	81.8	Giesen
	30	4.90	4 400	2	86.4	Ahrbergen
	31	3.70				Bruchgraben
	32	1.20	25 900	2	95.4	Sarstedt
	33	.00	2 800	0	.0	

Modul 40   Simultanfällung in Ergänzung einer biologischen Stufe
Modul 50   Nachfällung
Modul 60   Erste biologische Stufe mit Simultanfällung und
             zweite biologische Stufe als Tropfkörper
Modul 70   Flockungsfiltration
Modul 80   Zweite biologische Stufe als Tropfkörper und Schönungsteich
Modul 90   Vorfällung, zweite biologische Stufe als Tropfkörper und
             Schönungsteich

Den Moduln 30, 50, 70, die Sanierungsoptionen bestehender oder Ergänzungen zukünftiger mechanisch-biologischer Anlagen mit einem Wirkungsgrad η_1 darstellen, wurden die Reinigungsgrade $\eta_2 = 10, 30, 62\,\%$ [42] zugrunde gelegt, so daß sich insgesamt, auf den BSB_5 bezogen, der Gesamtwirkungsgrad η_{ges} ergibt:

$$\eta_{ges} = 1 - \eta_2\,(1 - \eta_1)$$

Der Wirkungsgrad einer geplanten biologischen Stufe wurde mit 90 %, der zugehörigen mechanischen Stufe mit 28 % angenommen, so daß sich der Gesamtwirkungsgrad einer zu planenden mechanisch-biologischen Anlage zu $\eta_{ges} = 92,8\,\%$ errechnete; entsprechend folgen für die Moduln 80 und 90 die Wirkungsgrade 83,6 und 85,2 %. Für bestehende mechanisch-biologische Anlagen wurden die tatsächlichen Wirkungsgrade verwendet. Die Optionen 40 und 60 dienen ausschließlich der Sanierung vorhandener biologischer Anlagen auf das Niveau 92,8 bzw. 97,1 %. Eine detaillierte Berechnung der Bau- und Betriebskosten wurde nach den anerkannten Entwurfsregeln vorgenommen [42], unter Berücksichtigung eines Planungszeitraumes von 30 Jahren und einer Zinsrate von 10 %.

Die Nutzenfunktionen (s. Tab. 3.5) wurden vom Volkswirtschaftlichen Institut der Universität Erlangen-Nürnberg im Rahmen der „Pilotstudie Leine" in erster Näherung ermittelt (Stand: Herbst 1982); sie gelten für die Bereiche Wohnen am Gewässer, Wassersport, Sportfischerei, Fischteichspeisung, Bewässerung, Betriebswasserentnahme im Einzugsgebiet der Innerste und wurden durch die Option einer Trinkwasserversorgung der Stadt Hildesheim ergänzt, die zur Zeit durch die Harzwasserwerke versorgt wird; dazu wurde am Standort km 11,1 der Innerste die Entnahmemenge von 0,342 m^3/s mit dem derzeitigen Bezugspreis von 1,50 DM/m^3 unter Berücksichtigung der Aufbereitungskosten in Abhängigkeit von Güteklassen wie folgt angenommen:

GK I   –,50 DM/m^3
GK I–II   –,75 DM/m^3
GK II   1,00 DM/m^3
GK > II   unzulässig

Die verwendeten Güteklassen lauteten in Übereinstimmung mit den LAWA Definitionen [44], jedoch unter Vermeidung der dort enthaltenen Überschneidungen, wie folgt:

Güteklassen	GS [mg/l]	BSB$_5$ [mg/l]	NH$_4$ [mg/l]
I	> 8	1	< 0,05
I–II	> 8	1 – 2	0,05 – 0,1
II	8 – 6	2 – 6	0,1 – 0,3
II–III	6 – 4	6 – 10	0,3 – 1,0
III	4 – 2	10 – 13	1,0 – 5,0
III–IV	< 2	13 – 20	5,0 – 10,0
IV	< 2	> 20	> 10,0

In den anschließenden Optimierungsrechnungen waren die Nutzen der Trinkwasserversorgung von dominierender Bedeutung. Neben den bereits diskutierten, allgemeinen Schwierigkeiten der Nutzenermittlung, die sowohl die Gültigkeit der verwendeten Konzepte als auch die praktische Umsetzung derselben betreffen können, ist anzuführen, daß der bestehende Zustand der Gewässergüte, auf den sich die Untersuchungen der Nutzenermittlung beziehen, insbesondere auch für Prognosen von ausschlaggebender Bedeutung sein kann. Es erscheint kaum möglich, exakt zu prognostizieren, welche technischen, wirtschaftlichen, sozialen Reaktionen auf signifikante Veränderungen der bestehenden Güteklassen erfolgen könnten. Insbesondere ist zu vermuten, daß eine Anhebung der Gewässerqualität einen höheren Nutzenzuwachs verursachen wird als im Zustand einer geringeren Wasserqualität abgeschätzt werden kann. Andererseits wären auch verminderte Kosten vorauszusetzen, wenn aufgrund regionaler Flußgebietsplanungen koordinierte, kostensparende technische Lösungen verwirklicht werden könnten.

Zu den rechtlichen Grundlagen des Gewässerschutzes in der Bundesrepublik gehören das Wasserhaushaltsgesetz (WHG), die Mindestanforderungen der Verwaltungsvorschriften für das Einleiten von Schmutzwasser aus Gemeinden in Gewässer (1. VwV) und das Abwasserabgabengesetz (AbwAG). Paragraph 7a des WHG setzt fest, daß Kläranlagen nur dann einleiten dürfen, wenn sie „allgemein anerkannten Regeln der Technik" entsprechen. Werden die vorgeschriebenen Ablaufwerte oder Mindestanforderungen nicht eingehalten, müssen die Länder Auflagen anordnen. Seit 1981 sind Direkteinleiter abgabepflichtig. Die Höhe der Abwasserabgabe wird aus der Abwassermenge und den Konzentrationen ausgewählter Güteparameter unter Bestimmung sogenannter „Schadeinheiten" (SE) berechnet. Als maßgebende Güteparameter galten bis 1986 Absetzbare Stoffe (AS), der Chemische Sauerstoffbedarf (CSB), Quecksilber (Hg), Cadmium (Cd) und Giftigkeit für Fische. Im Unterschied zu den Verwaltungsvorschriften, in denen der biochemische Sauerstoffbedarf, BSB$_5$, als Kriterium zur Überprüfung der Mindestanforderungen dient, bleibt dieser im AbwAG unberücksichtigt. Die jährlichen Schadstofffrachten der einzelnen Parameter werden durch gesetzlich festgelegte Formeln in Schadeinheiten umgerechnet.

Die nach dem AbwAG zu zahlende Abwasserabgabe ergibt sich aus dem Produkt der Anzahl der Schadeinheiten SE und dem gültigen Abgabensatz;

Tabelle 3.5. Nutzenfunktionen

Flußgebiet: Innerste 1; Flußkilometer 96,00 bis 49,00

Nutzung [DM/a]	Güteklasse						
	IV	III–IV	III	II–III	II	I–II	I
Trinkwasserentnahme							
Betriebswasserentnahme						77 500	155 000
Bewässerung	– 8 200						
Fischteichspeisung							
Sportfischerei	– 1 878	– 1 314	–750	378	3 706	5 962	14 170
Kanusport	–41 070	–20 535		11 975	23 950	23 950	23 950
Wohnen am Gewässer	–34 650				34 650	34 650	34 650
Summe	–85 798	–21 849	–750	12 353	62 306	142 062	227 770

Flußgebiet: Innerste 2; Flußkilometer 49,00 bis 31,65

Nutzung [DM/a]	Güteklasse						
	IV	III–IV	III	II–III	II	I–II	I
Trinkwasserentnahme							
Betriebswasserentnahme					1 000	1 000	6 000
Bewässerung							
Fischteichspeisung							
Sportfischerei	– 1 728	– 1 296	–864		2 514	4 242	10 290
Kanusport	–50 810	–25 405			29 635	29 635	29 635
Wohnen am Gewässer	–20 790				20 790	20 790	20 790
Summe	–73 328	–26 701	–864		53 939	55 667	66 715

Flußgebiet: Innerste 3; Flußkilometer 31,65 bis 0,00

Nutzung [DM/a]	Güteklasse						
	IV	III–IV	III	II–III	II	I–II	I
Trinkwasserentnahme					5 415*	8 111*	10 807*
Betriebswasserentnahme							
Bewässerung							
Fischteichspeisung							
Sportfischerei	– 4 129	– 2 889	–1 649	831	8 261	13 221	30 581
Kanusport	– 50 620	–25 810		15 055	30 110	30 110	30 110
Wohnen am Gewässer	–109 485				109 485	109 485	109 485
Summe	–165 234	–28 699	–1 649	15 886	147 856	152 816	170 176

* nur Hildesheim

Tabelle 3.5. Fortsetzung

Flußgebiet: Lamme

Nutzung [DM/a]	Güteklasse						
	IV	III–IV	III	II–III	II	I–II	I
Trinkwasserentnahme							
Betriebswasserentnahme					2 500	2 500	2 500
Bewässerung							
Fischteichspeisung	– 1 030	–1 030		632	1 272	1 272	1 272
Sportfischerei	– 1 340	–1 080	–560		1 705	3 044	5 644
Kanusport	– 6 038	–3 019		1 761	3 522	3 522	3 522
Wohnen am Gewässer	–48 506				33 955	33 955	33 955
Summe	–56 914	–5 129	–560	2 393	42 954	44 293	46 893

Flußgebiet: Bruchgraben

Nutzung [DM/a]	Güteklasse						
	IV	III–IV	III	II–III	II	I–II	I
Trinkwasserentnahme							
Betriebswasserentnahme							
Bewässerung							
Fischteichspeisung							
Sportfischerei		240	720	1 200	3 712	4 992	8 192
Kanusport				888	1 758	1 758	1 758
Wohnen am Gewässer	–35 614				65 831	65 831	65 831
Summe	–35 614	240	720	2 088	71 301	72 581	75 781

Flußgebiet: Nette

Nutzung [DM/a]	Güteklasse						
	IV	III–IV	III	II–III	II	I–II	I
Trinkwasserentnahme							
Betriebswasserentnahme							
Bewässerung							
Fischteichspeisung	– 2 500	– 2 500			14 000	14 000	14 000
Sportfischerei	– 3 400	– 2 720	–1 360		5 338	8 058	14 858
Kanusport	–22 680	–11 333			13 233	13 233	13 233
Wohnen am Gewässer	–34 650				34 650	34 650	34 650
Summe	–63 230	–16 553	–1 360		67 221	69 941	76 741

dieser ist während einer Übergangszeit wie folgt gestaffelt:

1981	12 DM/SE
1982	18 DM/SE
1983	24 DM/SE
1984	30 DM/SE
1985	36 DM/SE
ab 1986	40 DM/SE

Der Ermittlung der Sätze lagen globale Durchschnittskostenrechnungen zugrunde, in denen die Anhebung der bestehenden Wasserqualität der Vorfluter in der Bundesrepublik auf Güteklasse II als Ziel gesetzt worden war [16].

Zur Illustration der volkswirtschaftlichen Aspekte wurden Optimierungsrechnungen für zwei Szenarien mit diametralen Prämissen durchgeführt, die sowohl die Demonstration der Wirkung vorhandener Kontroll- oder Steuerungsmechanismen – zulässige Ablaufkonzentrationen, Güteklassen, Abwasserabgaben – als auch einen Vergleich der übergeordneten Effizienzmaße gestatten. Im ersten Modell, ABOP oder „Abgabenoptimierung", wurde angenommen, daß die Gemeinden „betriebswirtschaftlich" entscheiden und ein Optimum zwischen Investitionen, geforderten Güteklassen, Abwasserabgaben und Mindestanforderungen der Ablaufkonzentration anstreben; im zweiten Konzept, Modell REGOP oder „Regionaloptimierung", das einen Wasserwirtschaftsverband oder die koordinierende „regionale" Verantwortung des Landes voraussetzt, wird das Gesamtsystem „volkswirtschaftlich" optimiert.

Die Ergebnisse dokumentieren eine außerordentliche Empfindlichkeit des Systems gegenüber diesen unterschiedlichen Randbedingungen und Sanierungsstrategien, so daß die Notwendigkeit umfassender Modellrechnungen *vor* einer Festlegung von Abgabensätzen o.ä. deutlich wird. Von den zahlreichen Möglichkeiten, die Empfindlichkeit des Systems gegenüber der Festlegung von Randbedingungen zu testen, wurde die Variation des Abgabensatzes gewählt; ferner wurden, alternativ und in Ergänzung vorhandener Nutzenbewertung, Optimierungsrechnungen nach dem Prinzip von Mehrfachzielsetzungen vorgenommen und repräsentativ die unterschiedlichen Schwerpunkte betonenden Konzepte des Goal-Programming, Gleichung (3.14), und der Tschebycheff-Approximation, Gleichung (3.15), benutzt. Der im Entscheidungsmodell verwendete Baustein der Gütesimulation vom phänomenologischen Typ wurde von Bantz [11] entwickelt und enthält die sechs Güteparameter: GS, BSB_5, CSB, NO_3, NH_4, Temperatur.

Die Tabellen 3.1 bis 3.8 zeigen die Ergebnisse der Modellrechnungen; die angegebenen „Nettokosten" sind als „Kosten minus Nutzen" definiert, eingeklammerte Nutzen (...) bedeuten, daß diese im Anschluß an die Optimierung aus den resultierenden Konzentrationen errechnet wurden. Entsprechend bedeuten negative „Nettokosten", daß die Nutzen größer als die Kosten sind. Die von den Einleitern zu zahlenden Abwasserabgaben wurden formal von den Kosten getrennt aufgeführt. Die Art der Verwendung der Abwasserabgabe durch die übergeordnete Behörde bleibt offen; die Abgabe könnte für zusätzliche Sa-

Tabelle 3.6. Szenarium A: Abgabenoptimierung (ABOP) – Optimale Strategie individueller Einleiter

Fluß	18 DM/SE				40 DM/SE				100 DM/SE				200 DM/SE			
	Kläranlagen-kosten	Nutzen	Abwasser-abgaben	Güeteklasse	Kläranlagen-kosten	Nutzen	Abwasser-abgaben	Güteklasse	Kläranlagen-kosten	Nutzen	Abwasser-abgaben	Güteklasse	Kläranlagen-kosten	Nutzen	Abwasser-abgaben	Güteklasse
	Mio. DM/a				Mio. DM/a				Mio. DM/a				Mio. DM/a			
Nette	0,0	(0,0)	0,498	II–III	0,179	(0,001)	0,801	II–III	1,027	(0,070)	0,612	I–II	1,150	(0,070)	1,009	I–II
Lamme	0,0	0,002)	0,119	II–III	0,117	(0,002)	0,120	II–III	0,191	(0,044)	0,190	II	0,191	(0,044)	0,381	II
Bruchgraben	0,065	(0,028)	0,214	II–III	0,091	(0,029)	0,434	II–III	0,267	(0,029)	0,782	II–III	0,365	(0,029)	1,443	II–III
Innerste	0,238	(−0,02)	1,237	III–IV	0,714	(0,08)	2,021	II–III	2,465	(5,683)	2,164	II	2,860	(5,683)	3,686	II
Summe im Flußsystem	0,303	(0,010)	2,068		1,101	(0,112)	3,376		3,950	(5,826)	3,748		4,566	(5,826)	6,519	
Kosten + Abgaben	2,371				4,477				7,698				11,085			
Nettokosten (Kosten – Nutzen)	0,293				0,989				−1,876				−1,260			

Tabelle 3.7. Szenarium B: Regionale Optimierung (REGOP)

Fluß	Kostenoptimierung des Gesamtsystems unter Einhaltung der aus Szenarium A (ABOP) resultierenden Güteklassen								Kosten-Nutzen-Optimierung des Gesamtsystems unter Einhaltung der aus Szenarium A (ABOP) resultierenden Grenzkonzentrationen								Kosten-Nutzen-Optimierung des Gesamtsystems ohne geforderte Einhaltung von Güteklassen oder Grenzkonzentrationen			
	40 DM/SE				100 DM/SE				40 DM/SE				100 DM/SE							
	Kläranlagen-kosten	Nutzen	Abwasserabgabe	Güteklasse	Kläranlagen-kosten	Nutzen	Abwasserabgabe	Güteklasse	Kläranlagen-kosten	Nutzen	Abwasserabgabe	Güteklasse	Kläranlagen-kosten	Nutzen	Abwasserabgabe	Güteklasse	Kläranlagen-kosten	Nutzen	Abwasserabgabe	Güteklasse
	Mio. DM/a				Mio. DM/a				Mio. DM/a				Mio. DM/a				Mio. DM/a			
Nette	0,031	(0,001)	–	II–III	0,859	(0,070)	–	I–II	1,035	0,070	–	I–II	1,051	0,070	–	I–II	1,035	0,070	–	I–II
Lamme	0,0	(0,002)	–	II–III	0,074	(0,044)	–	II	0,369	0,044	–	I–II	0,369	0,044	–	I–II	0,395	0,070	–	I–II
Bruchgraben	0,084	(0,029)	–	II–III	0,142	(0,029)	–	II–III	0,091	0,029	–	II–III	0,267	0,029	–	II–III	0,0	0,028	–	II–IV
Innerste	0,615	(0,080)	–	II–III	2.157	(5,683)	–	II	1,507	8,323	–	I–II	2,772	8,374	–	I–II	1,507	8,323	–	I–III
Summe im Flußsystem	0,730	(0,112)	–		3,232	(5,826)	–		3,002	8,466	–		4,459	8,517	–		2,937	8,491	–	
Nettokosten (Kosten – Nutzen)	0,618				–5,464				–5,464				–4,058				–5,554			

nierungsmaßnahmen investiert, im Rahmen einer Subventionsstrategie an die Einleiter zurückgezahlt, zum Ausgleich externer Schäden verwandt werden. Die Kosten bestehender Kläranlagen wurden als vorhandene Fixkosten nicht in den Optimierungsprozeß einbezogen und sind in den Ergebnissen nicht enthalten. Die ausgewählten Szenarien lauten:

Szenarium A

Abgabenoptimierung ABOP (s. Tab. 3.6) Optimierung der Strategie individueller Einleiter; optimaler Ausgleich zwischen Abwasserabgaben und Kläranlagen-investitionen

Szenarium B

Regionale Optimierung REGOP (s. Tab. 3.7)
- Kostenoptimierung des Gesamtsystems unter Berücksichtigung der aus A resultierenden Güteklassen
- Kosten-Nutzenoptimierung des Gesamtsystems unter Berücksichtigung der aus A resultierenden Konzentrationen

Szenarium C

Regionale Optimierung mit Mehrfachzielsetzungen (s. Tab. 3.8)
- Goal-Programming
- Tschebycheff-Approximation

Tabelle 3.8. Szenarium C: Regionale Optimierung mit Mehrfachzielsetzungen, m = 1(1)5

| | m = | Kosten | CSB | NH$_4$ |
| | | BSB$_5$ | D (GS-Defizit) | |

Fluß	Goal Programming $p = 1$				Tschebycheff $p \rightarrow \infty$			
	Kläranlagen-kosten	Nutzen	Abwasserabgabe	Güteklasse	Kläranlagen-kosten	Nutzen	Abwasserabgabe	Güteklasse
	Mio. DM/a				Mio. DM/a			
Nette	0,825	(0,068)	–	I–II	0,294	(0,041)	–	I–III
Lamme	0,074	(0,044)	–	II	0,074	(0,044)	–	II
Bruchgraben	0,469	(0,042)	–	II	0.185	(0,029)	–	II–III
Innerste	1,751	(5.630)	–	II–III	1.017	(0,181)	–	II–III
Summe im Flußsystem	3.119	(5,784)	–		1,570	(0,295)	–	
Nettokosten (Kosten –Nutzen)	–2,665				1,275			

Im Szenarium A wird angenommen, daß individuelle Einleiter innerhalb der gesetzlichen und betriebstechnischen Randbedingungen unabhängig entscheiden dürfen, ob sie für den Bau von Kläranlagen investieren oder Abwasserabgaben zahlen wollen. Die individuellen Einleiter treffen ihre Entscheidungen ausschließlich aufgrund des betriebswirtschaftlichen Kostenvergleiches zwischen Klärwerkskosten und Abwasserabgaben. Die in Klammern (...) aufgeführten Nutzen ergeben sich nachträglich aufgrund dieser Entscheidungen. Wegen der bekannten Unsicherheiten über die adäquate Höhe des Abgabensatzes wurden vier Varianten gerechnet, die die Sensitivität des Systems veranschaulichen. Die Einheitswerte der Abwasserabgabe wurden in diesen Varianten mit 18, 40, 100, 200 DM/SE für 1986 vorgesehen, die Beträge 100 und 200 DM/SE sind hypothetisch. Insgesamt entspricht dieses Szenarium der aktuellen Situation vieler Flußgebiete in der Bundesrepublik und wird in den anschließenden Szenarien B bis C mit der Annahme einer übergeordneten Strategie kontrastiert, die das Flußgebiet als Einheit betrachtet und aus der Perspektive eines Wasserwirtschaftsverbandes „optimal" verwaltet. Die Ergebnisse zeigen, daß bei einer Steigerung der Abgabe von 18 auf 40 DM/SE bedeutende Ausgabenerhöhungen der Einleiter ohne wesentliche Verbesserungen der Güteklassen resultieren. Es werden kaum zusätzliche Maßnahmen angeordnet, doch würden die Beträge der Abgaben theoretisch für Sanierungen zur Verfügung stehen. Das Verhältnis von Kosten zu Abgaben ist bei 18 DM/SE etwa 1:7, bei 40 DM/SE etwa 1:3, die Nutzen betragen bei 18 DM/SE $\sim 3\%$, bei 40 DM/SE bereits $\sim 10\%$ der Kosten. Absolut steigen die Kosten um das 3,3fache, die Nutzen um das 11fache.

Eine weitere Anhebung des Abgabensatzes auf 100 DM/SE verursacht entscheidende Veränderungen. Es finden wesentliche Verbesserungen der Wasserqualität statt; der Kläranlagenbau wird intensiviert, um Zahlungen höherer Abgaben zu vermeiden. Das Verhältnis von Kosten zu Abgaben wächst auf $\sim 1:1$. Die resultierenden Nutzen übersteigen die Kosten um $\sim 50\%$. Wegen der wesentlich erhöhten Nutzen resultieren geringere theoretische Gesamtnettoaufwendungen (Kosten plus Abgabe minus Nutzen) als für die Abgabensätze von 18 und 40 DM/SE.

Eine weitere Erhöhung des Abgabensatzes auf 200 DM/SE zeigt die Grenzen der Systemelastizität. Aufgrund der vorhandenen Grenzen der Kläranlagentechnologie und Reinigungsgrade können nur marginale Qualitäts- und Nutzensteigerungen erreicht werden; die Abwasserabgaben werden zur dominierenden Ausgabe, die die Investitionen für Kläranlagen übertreffen. Im Vergleich zum vorangehenden Fall steigen daher die Nettokosten wieder an, denn ein korrespondierender Nutzenzuwachs findet nicht statt.

Diese wenigen Vergleiche zeigen die Problematik des Konzeptes der Abwasserabgabe und ihrer adäquaten Bemessung überdeutlich. Eine Festsetzung des Abgabensatzes ohne genaue Ermittlung der volkswirtschaftlichen und betriebswirtschaftlichen Konsequenzen könnte sogar das Gegenteil der erhofften Wirkung hervorrufen.

Im Szenarium B, wie auch im folgenden Szenarium C, wird die vorangehende, individuelle Strategie der Einleiter dem Konzept einer regionalen Planung gegenübergestellt. Es wird angenommen, daß das Einzugsgebiet als eine wasserwirtschaftliche Einheit verwaltet und die Planungsentscheidungen „regionaloptimal" getroffen werden. In der Bundesrepublik besitzen Wasserwirtschaftsverbände entsprechende Verantwortung. Um zu untersuchen, ob eine volkswirtschaftliche Gesamtbetrachtung des Systems der individuellen Strategie überlegen ist, wurden in der vorliegenden regionalen Kostenoptimierung die Einhaltung der aus Szenarium A resultierenden Gewässergüteklassen gefordert. Es zeigte sich, daß die Güteklassen des Szenariums A mit bedeutend geringeren Kosten erreicht werden könnten, wenn die Maßnahmen regional entschieden würden. Tabelle 3.7 faßt die Ergebnisse zusammen, die sich auf den Vergleich der Abgabenoptimierungen mit 40 und 100 DM/SE beschränken. Während die Nutzen aufgrund der identischen Güteklassen in beiden Szenarien konstant bleiben, ergeben sich signifikante Kostenersparnisse im regionalen Modell; im Falle des Abgabensatzes von 40 DM/SE können die Kosten von 1,101 auf 0,730 Mio. DM/a um über 30 %, im Falle des Abgabensatzes von 100 DM/SE von 3,950 auf 3,232 Mio. DM/a um fast 20 % gesenkt werden, wenn statt der individuellen eine regionale Strategie verwirklicht würde.

Diese Ersparnisse sind insbesondere erwähnenswert, da regionalspezifische, technische Lösungen hier unbeachtet blieben; diese würden die Kosten weiter verringern. Realistisch wäre ferner, daß die regionale Planung durch die direkte Einbeziehung von Nutzen ergänzt würde, denn die Berücksichtigung von Nutzen bleibt dem regionalen Konzept vorbehalten und kann aus der individuellen Perspektive der Einleiter ohne externe Vorgaben nicht wahrgenommen werden.

Es wurden daher (s. Tab. 3.7) die Kosten durch Nutzen in der Zielfunktion ergänzt; außerdem wurden in den Nebenbedingungen die exakten Ergebniskonzentrationen des Szenariums A eingesetzt, um die Basis des Vergleichs zwischen beiden Strategien zu verbessern. Es resultierten außerordentliche Intensivierungen der Abwasserreinigung, deren Nutzen, im Falle des Abgabensatzes von 40 DM/SE, die Kosten um das 2,8fache übertreffen; es würden den Einleitern mit 3,002 Mio. DM/a bedeutend geringere Kosten als in dem individuellen Szenarium A entstehen, in dem Kosten plus Abwasserabgaben 4,448 Mio. DM/a betrugen. Zusätzlich würden die Nutzen von 0,112 Mio. DM/a (Szenarium A) um das 75fache auf 8,466 Mio. DM/a steigen. Die Wassergüte verbessert sich dabei auf ein sehr hohes Niveau, so daß eine realistische Abschätzung der tatsächlichen zukünftigen Nutzen, aus dem aktuellen Zustand heraus, kaum möglich erscheint. Ebenso, wie für eine wesentlich verbesserte Wasserqualität Nutzungen und Nutzen aus der bestehenden Sicht kaum prognostizierbar sind, wären zusätzlich, wie bereits erwähnt, regionalspezifische Kostenersparnisse zu erwarten, die hier nicht erfaßt werden können. Die verschärfte Forderung der Mindesteinhaltung der aus der Abgabenoptimierung (Szenarium A) resultierenden Konzentrationen erwies sich als überflüssig, da die durch Kosten-Nutzenoptimierungen erreichte Wassergüte der durch individuelle Entscheidungen hervorgerufenen überlegen war.

Ähnliches resultiert für den hypothetischen Planungsfall eines Abgabensatzes von 100 DM/SE; hier liegen die Kosten der Einleiter mit 4,459 Mio. DM/a ebenfalls um über 40 % unter ihren Gesamtausgaben von 7,698 Mio. DM/a im Szenarium A. Trotz der absolut höheren Investitionen kann jedoch die Wasserqualität aufgrund der technisch bedingten Reinigungsgrenzen der Kläranlagen, auch wenn diese durch weitergehende Verfahrenskombinationen auf 98 bis 99 % angehoben werden, kaum weiter als im Falle des Abgabensatzes von 40 DM/SE gesteigert werden. Es ergaben sich daher nur geringfügig höhere Nutzen, obwohl die Kosten von 3,002 auf 4,459 Mio. DM/a um fast 50 % anstiegen. Obwohl in der Praxis heute Hochleistungskläranlagen eingesetzt werden, reichen die verbleibenden Restmengen noch aus, den Fluß ökologisch zu degradieren.

In einem weiteren Planungsfall (s. Tab. 3.7) wurde darauf verzichtet, die Einhaltung von Güteklassen oder Konzentrationsgrenzwerten zu fordern. Die Ergebnisse demonstrieren die Bedeutung der Nutzen. Es resultierten vergleichbare oder bessere Güteklassen im überwiegenden Teil des Flußgebietes als unter der optimalen Strategie individueller Einleiter, auch wenn diese mit extrem hohen, hypothetischen Abwasserabgaben von 200 DM/SE belastet würden (Szenarium A); in einem einzigen Abschnitt des Nebenflusses Bruchgraben ergab sich Güteklasse III–IV. In weiteren Bereichen des Systems stellten sich jedoch Güteklasse II und abschnittsweise sogar I ein. Die Relation von Kosten und Nutzen wurde günstiger als in jedem anderen Planungsfall; Betrag und Relation von Kosten und Nutzen entsprachen ungefähr dem vorangehenden Fall von 40 DM/SE, unter Einhaltung der aus Szenarium A resultierenden Güteklassen. Insgesamt spielt die Option der Trinkwasserversorgung für Hildesheim, Flußkilometer 11,1 der Innerste, eine dominierende Rolle.

Die Problematik der Nutzenbestimmung und Zuordnung monetärer Bewertungen in Abhängigkeit der Gewässerqualität wurde bereits erwähnt. Der Einfluß der Nutzenbewertung auf die Planung ist deutlich; sie dominiert häufig die Planungsentscheidung. Statt der ausschließlichen Berücksichtigung monetärer Nutzen, deren Ermittlung insgesamt nicht befriedigen kann, wurde daher alternativ ein Ansatz der Kompromißprogrammierung verwirklicht. Tabelle 3.8 zeigt die Ergebnisse nach dem Konzept des Goal-Programming (3.14) und der Tschebycheff-Approximation (3.15). Neben den Kosten ($m = 1$) wurden als gleichberechtigte Einzelziele die Konzentrationen der Güteparameter $+BSB_5$ ($m = 2$), $+CSB$ ($m = 3$), $-GS$ ($m = 4$), $+NH_4$ ($m = 5$) definiert und formal die gemeinsame Minimierung von Kosten und Schadstoffkonzentrationen angestrebt. Der Konflikt, den es durch einen „optimalen" Kompromiß zu lösen gilt, besteht zwischen der Kostenminimierung, die Schadstoffkonzentrationen erhöht, und der Schadstoffminimierung, die die Kosten erhöht.

Werden auf die erreichbare Spannweite der Einzelziele bezogene Normierungen eingeführt, so vereinfacht sich die Optimierung übersichtlich auf die Ermittlung des maximalen Zielerreichungsgrades g'_m nach (3.13) oder der kleinsten Abweichung vom optimalen Einzelziel $(1 - g'_m)$. Nach dem Prinzip des Goal-Programming erhalten die Einzelziele gleiche, externe Gewichte, $\gamma_m = 1$, $\forall m$.

Die Normierung wird einerseits über die Relativierungsfaktoren γ_m nach Gleichung (3.11) hergestellt; zusätzlich könnten die Relativierungen γ_m durch Multiplikationen mit gewünschten Wertungen ω_m intern nach Gleichung (3.12) gewichtet werden. Im Tschebycheff-Ansatz gilt $p = \infty$, so daß die größte Abweichung eines Einleiters dominiert und aus Gleichung (3.10) die Beziehung (3.15) entsteht. Im Goal-Programming besteht die Vereinbarung, die Abweichung vom Optimum der Einzelziele zu minimieren; statt der Maximierung des Zielerreichungsgsgrades g'_m nach (3.13) wird daher die Minimierung von $(1 - g'_m)$ angestrebt:

$$(1 - g'_m) \; = \; Z_m(s) - Z_m^{\min}(s) \, / \, (Z_m^{\max} - Z_m^{\min}).$$

Es wird nicht das Effizienzmaß maximiert

$$\text{Max.} \; \left\{ \sum_m (\omega_m z_m)^p \right\}^{1/p},$$

sondern die Abweichung minimiert:

$$\text{Min.} \; \left\{ \sum_m (\omega_m (1 - z_m))^p \right\}^{1/p}.$$

Die Rechnungen wurden mit einer Inkrementeinteilung des BSB_5 und CSB von 2 mg/l, des gelösten Sauerstoffs von 0,5 mg/l, des NH_4 von 0,05 mg/l und einer Vergleichsschranke $\epsilon = 10\,\%$ in der Endmatrix des Systems durchgeführt. Im Falle des Tschebycheff-Ansatzes wird ebenfalls die Abweichung vom optimalen Einzelziel $(1 - g'_m)$ betrachtet und, wegen $p \to \infty$, die dominierende Abweichung oder der Maximalwert von $(1 - g'_m)$, $\forall m$ als Zielfunktionswert einer Lösung bezeichnet. Aus den möglichen Zielfunktionswerten ist anschließend nach (3.15) das Minimum zu bestimmen.

Die Ergebnisse der Mehrfachzielsetzungen zeigen einen ähnlichen Maßnahmenbereich wie vorangegangene Szenarien der Kosten-Nutzen-Optimierung, trotz der grundsätzlichen Unterschiede der Konzepte. Die Resultate des Goal-Programming erreichten sogar eine den Nutzen der Abgabenoptimierung mit 100 DM/SE, Szenarium A, entsprechende Gewässergüte mit wesentlich geringeren Kosten.

Im Goal-Programming wird jedes Ziel gleichrangig zum Effizienzmaß (3.14) aufsummiert; da vier von den fünf Zielen Schadstoffkonzentrationen sind, $m = 2, \cdots, 5$, ergibt sich eine relative Betonung der Wassergüte gegenüber den Kosten, $m = 1$. Im Tschebycheff-Ansatz werden die Abweichungen vom Optimum der Einzelziele miteinander vergleichen; die kleinste der größten Abweichungen ergibt das optimale Effizienzmaß, und es resultiert insgesamt eine Vergleichmäßigung der Einzelzielerreichungsgrade. Die Kosten der Lösung sind geringer als im Beispiel Goal-Programming, die Wassergüte ist entsprechend schlechter. Es resultiert im gesamten Flußgebiet eine relativ gleichmäßige Verteilung von Kosten und Schadstoffkonzentrationen.

Eine verallgemeinernde Interpretation der Ergebnisse ist nur unter Berücksichtigung der getroffenen Annahmen und verwendeten Datenbasis möglich. Obwohl in den Rechnungen angestrebt wurde, möglichst repräsentative Verhältnisse abzubilden und ungewöhnliche Maßnahmen oder planerische Besonderheiten zu vermeiden, resultierten Ergebnisse, die einige der existierenden Sanierungsstrategien in Frage stellen. Für die Praxis der Entwicklung eines Bewirtschaftungsplans würde es zweckmäßig erscheinen, zusätzliche technische Varianten aufzustellen und im Modell zu berücksichtigen, auch ergänzende Erhebungen aufgrund von Optimierungrechnungen durchzuführen oder unterschiedliche Planungskriterien und ihre Auswirkungen zu untersuchen.

Die Abbildungen 3.13 bis 3.23 zeigen die zugehörigen Konzentrationsprofile der Rechnungen (Innerste ohne Nebenflüsse). Aufgrund der durchgehend hochgestellten Forderungen an die Wasserqualität ergeben sich in den Szenarien ohne Ausnahme ähnliche Güteprofile der Güteparameter GS, BSB_5, CSB. Deutliche Unterschiede zeigen die Stickstoffkonzentrationen als Indikator des noch vorhandenen Spielraumes zwischen mechanisch-biologischer und weitergehender Reinigung.

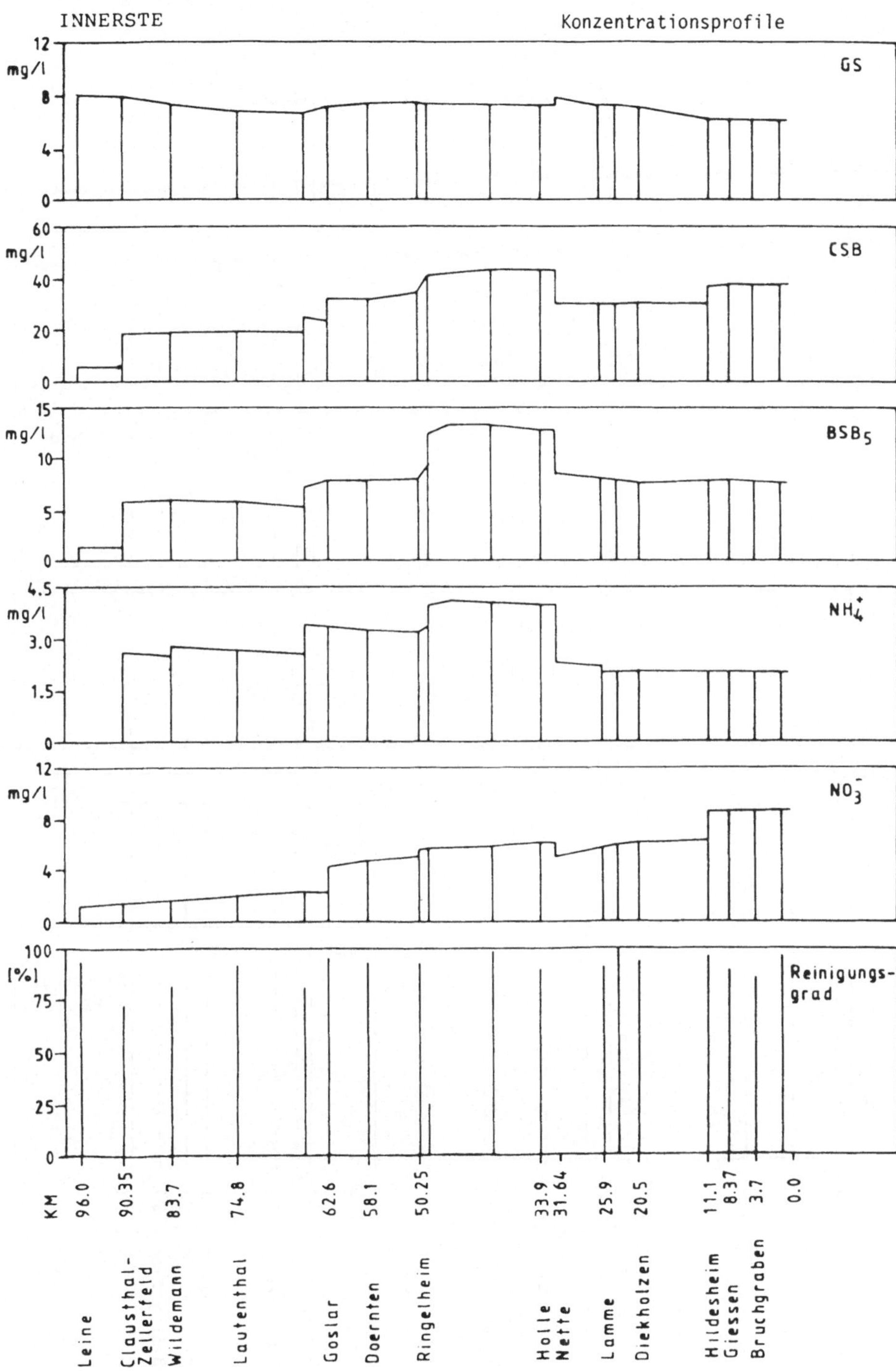

Abb. 3.13. Szenarium A. ABOP – 18 DM/SE

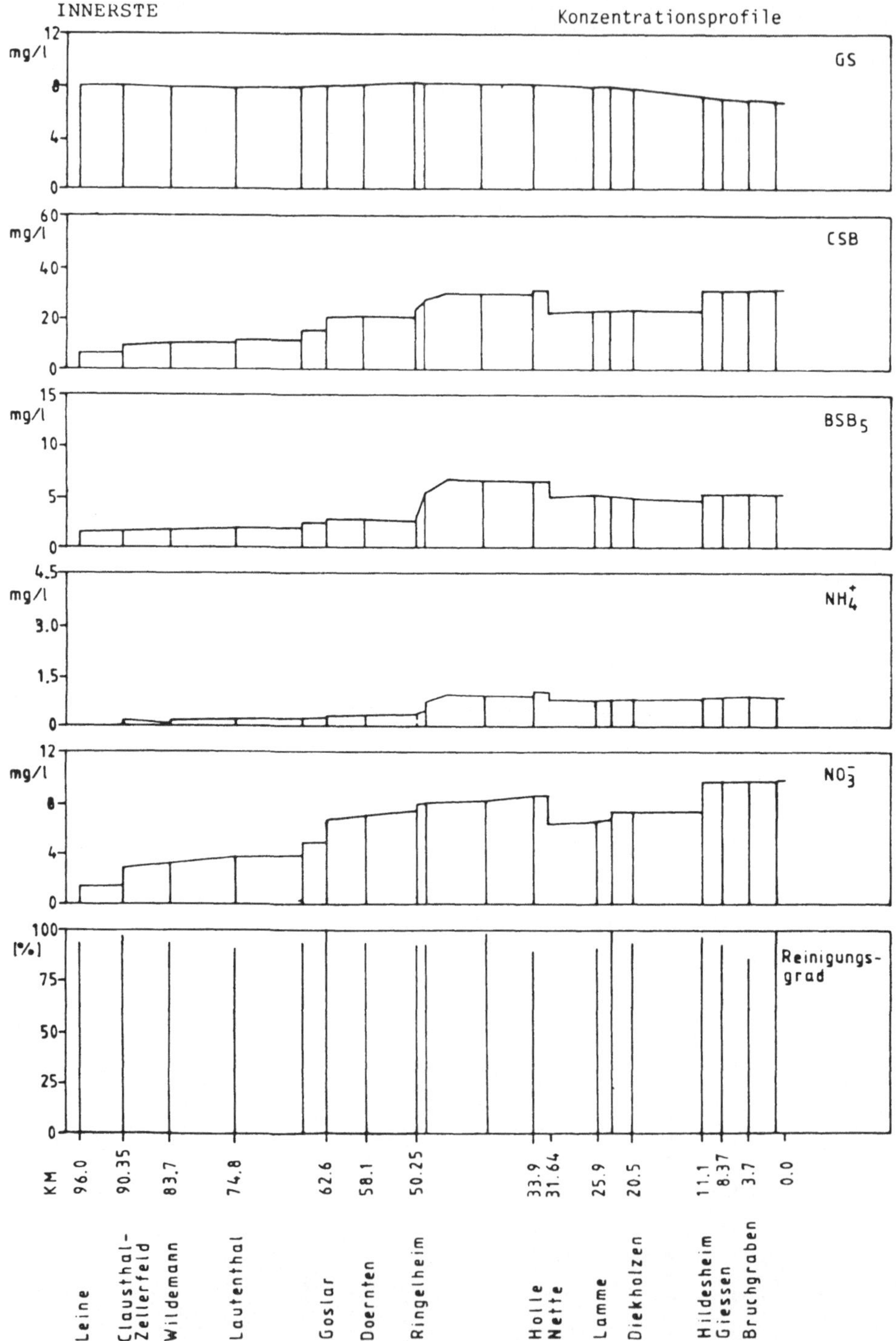

Abb. 3.14. Szenarium A: ABOP – 40 DM/SE

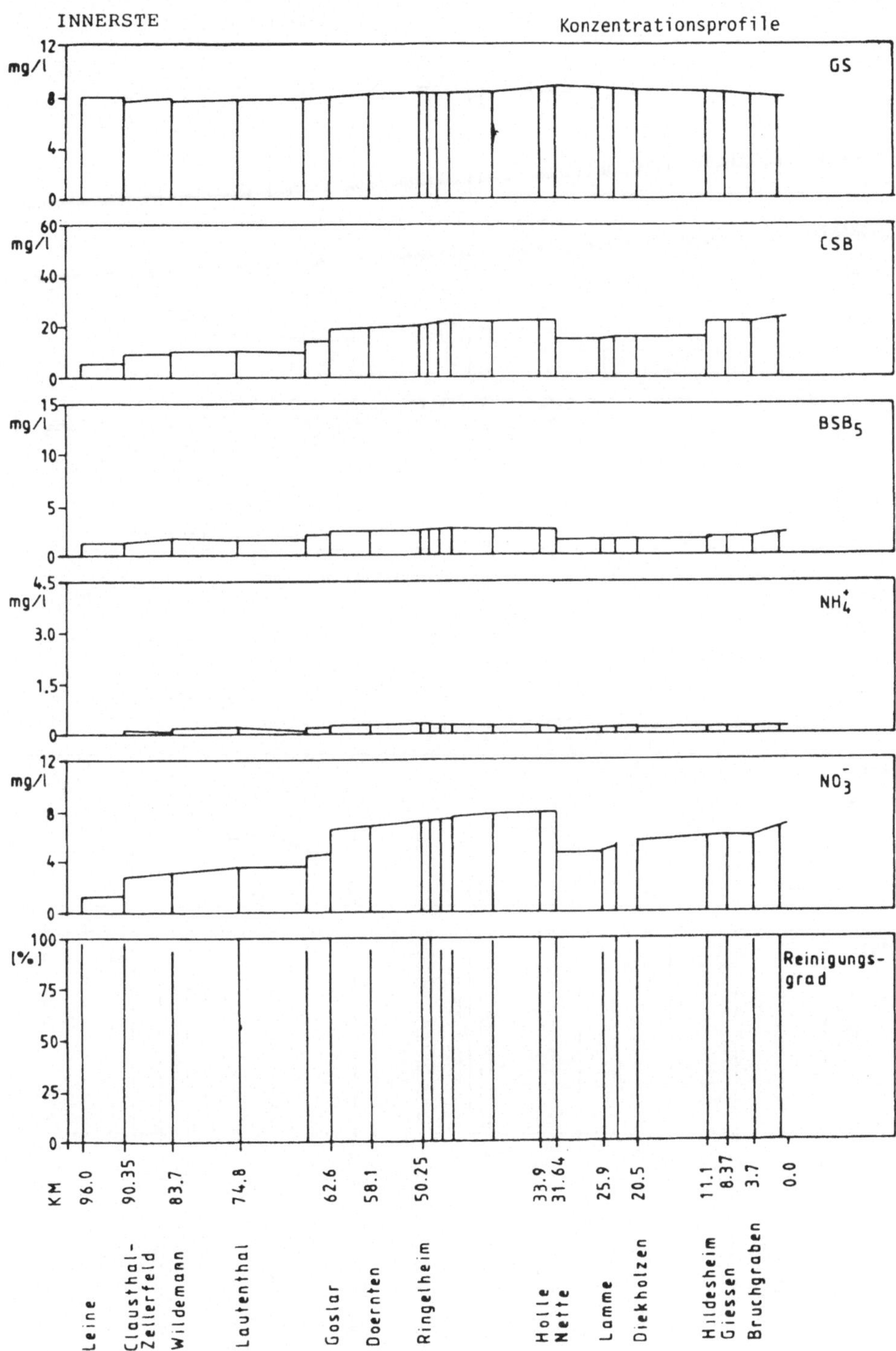

Abb. 3.15. Szenarium A. ABOP – 100 DM/SE

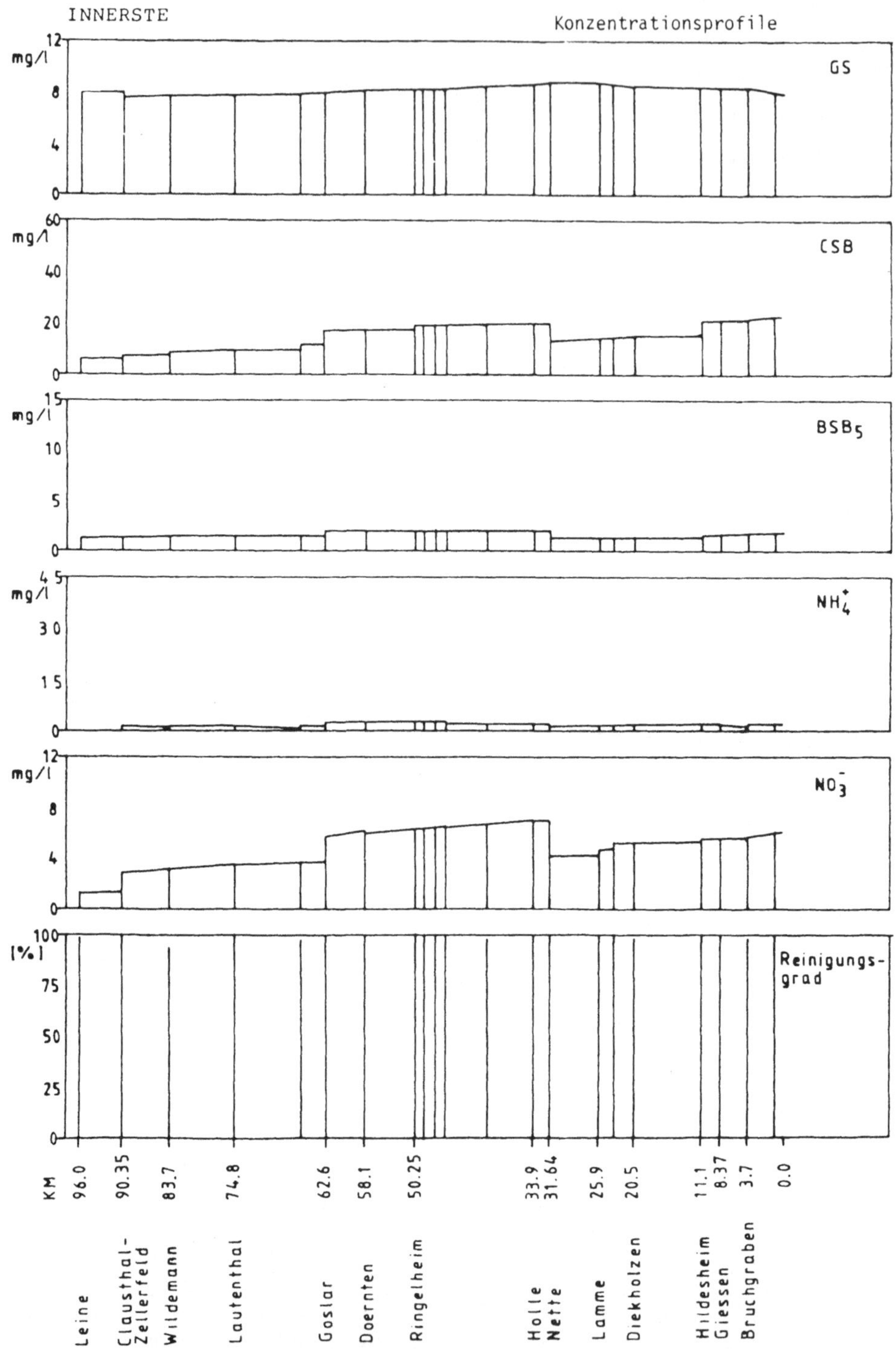

Abb. 3.16. Szenarium A. ABOP – 200 DM/SE

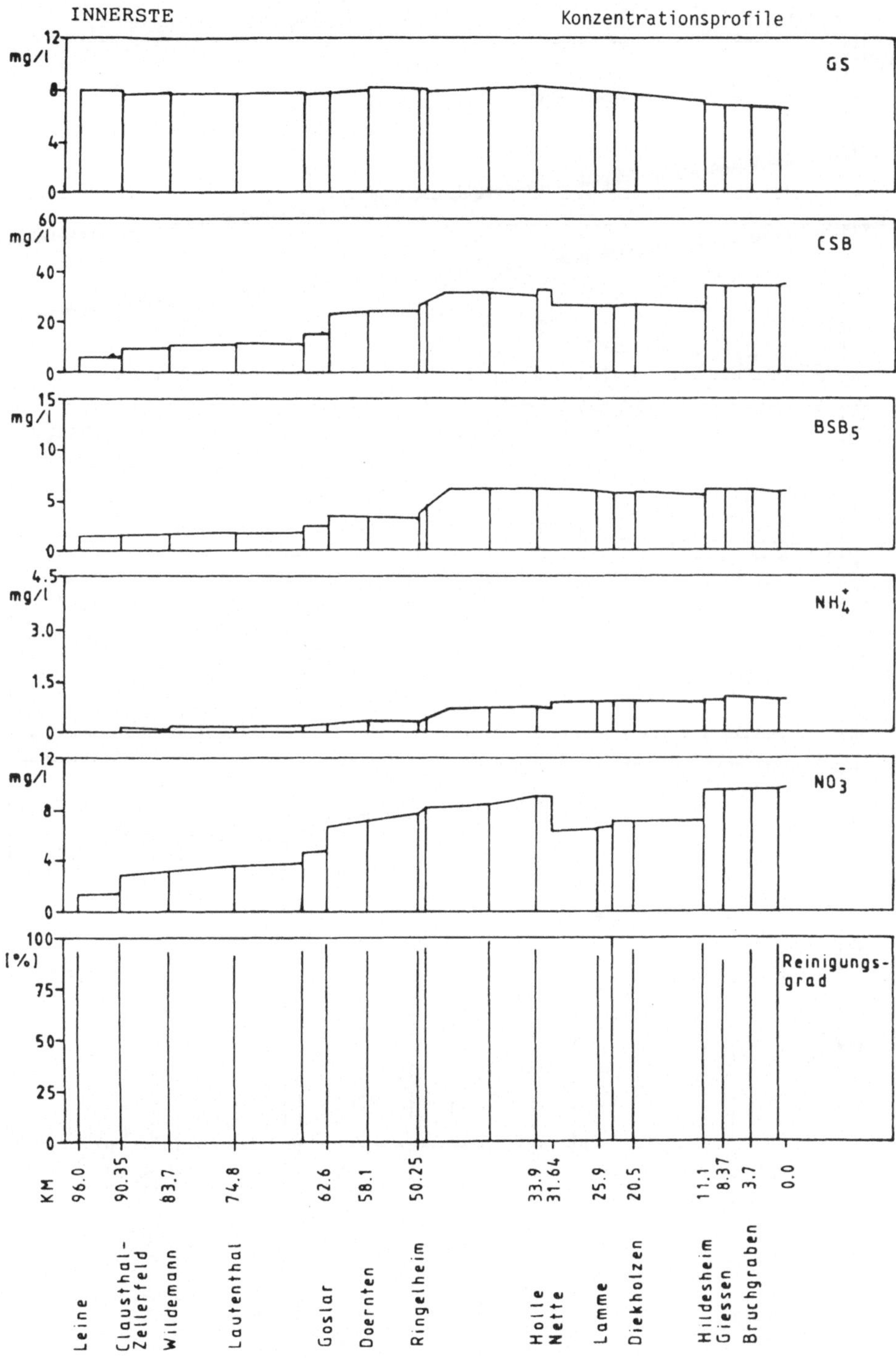

Abb. 3.17. Szenarium B (Güteklassen). REGOP – 40 DM/SE

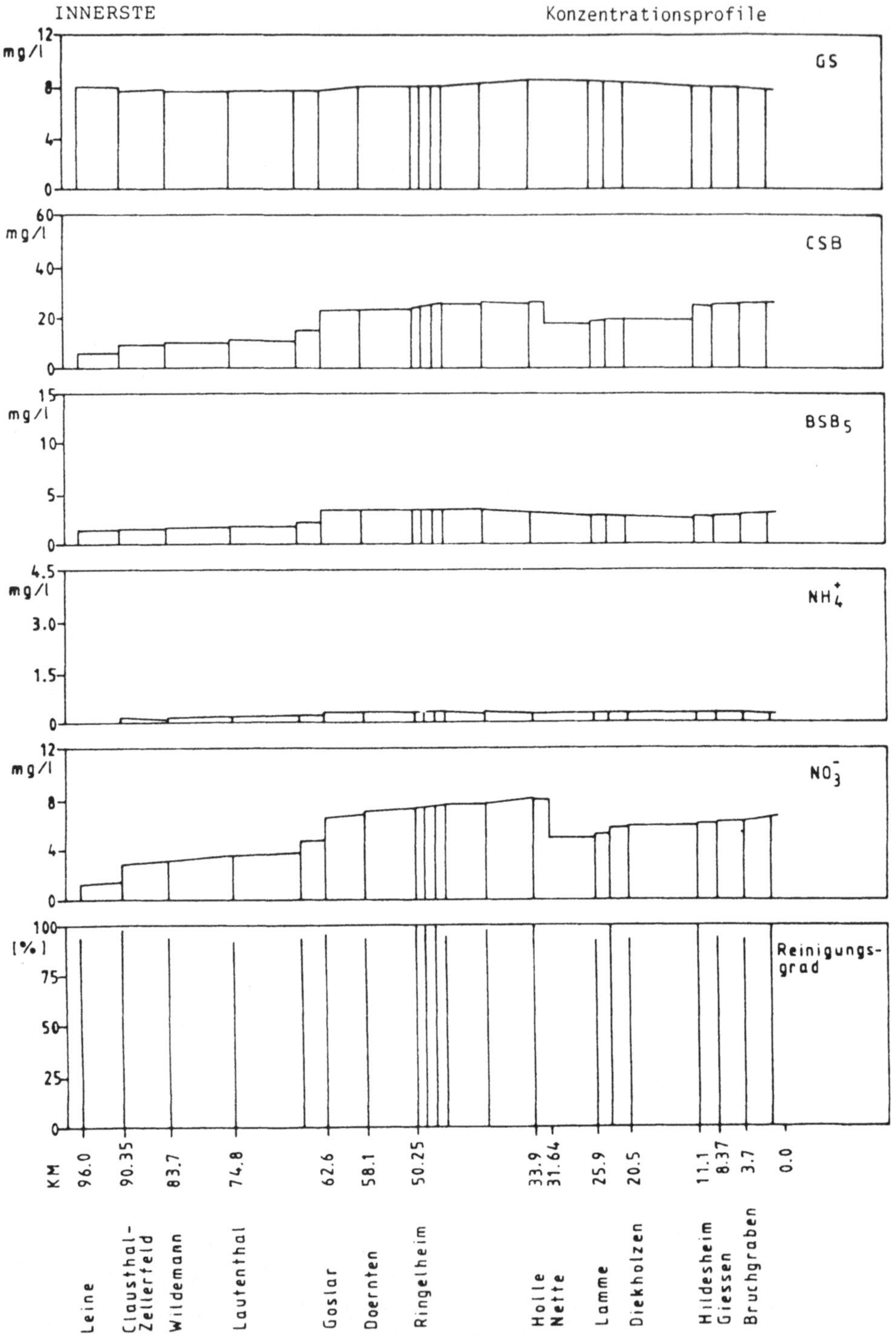

Abb. 3.18. Szenarium B (Güteklassen). REGOP – 100 DM/SE

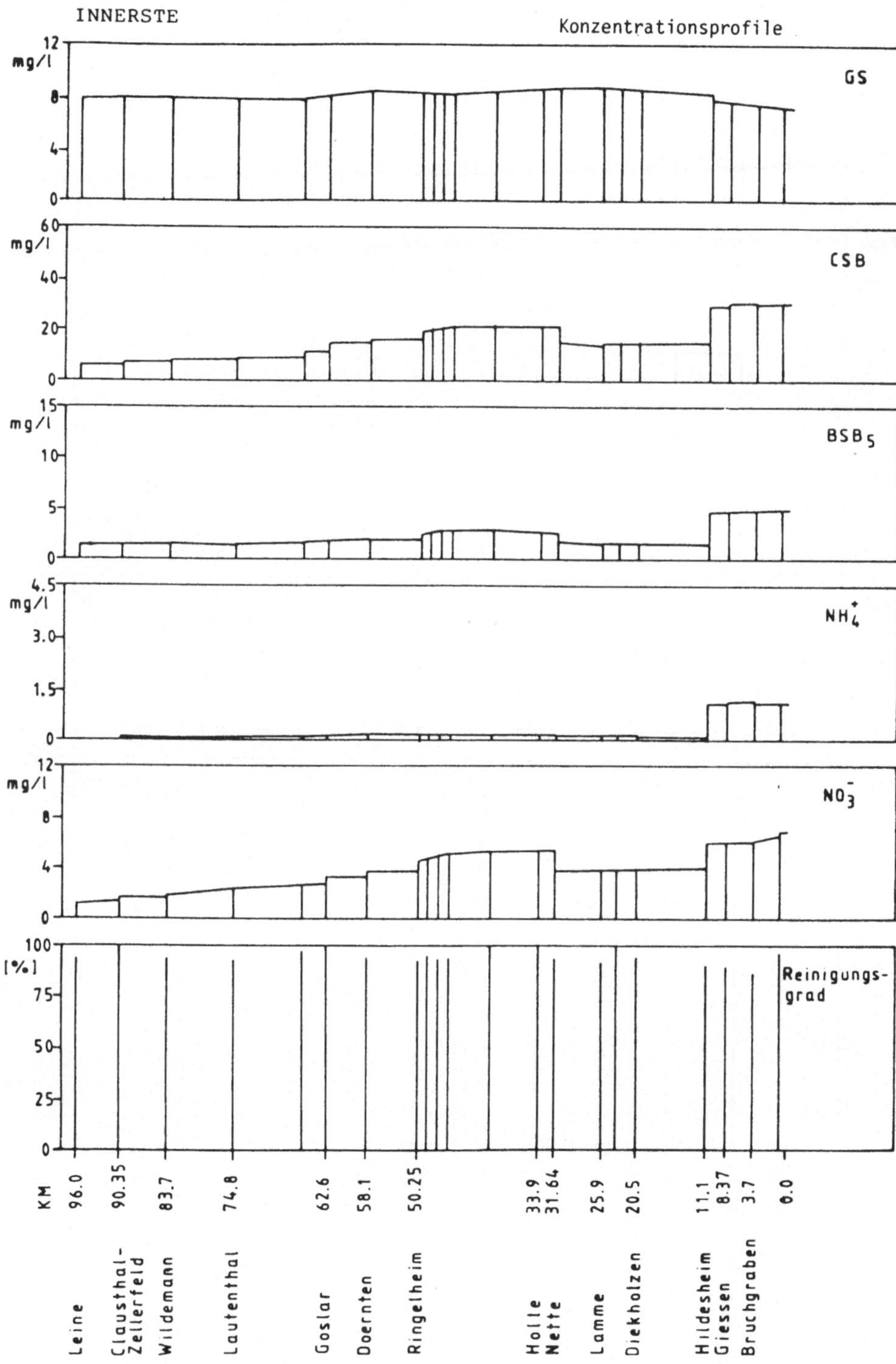

Abb. 3.19. Szenarium B (Grenzkonzentrationen). REGOP – 40 DM/SE

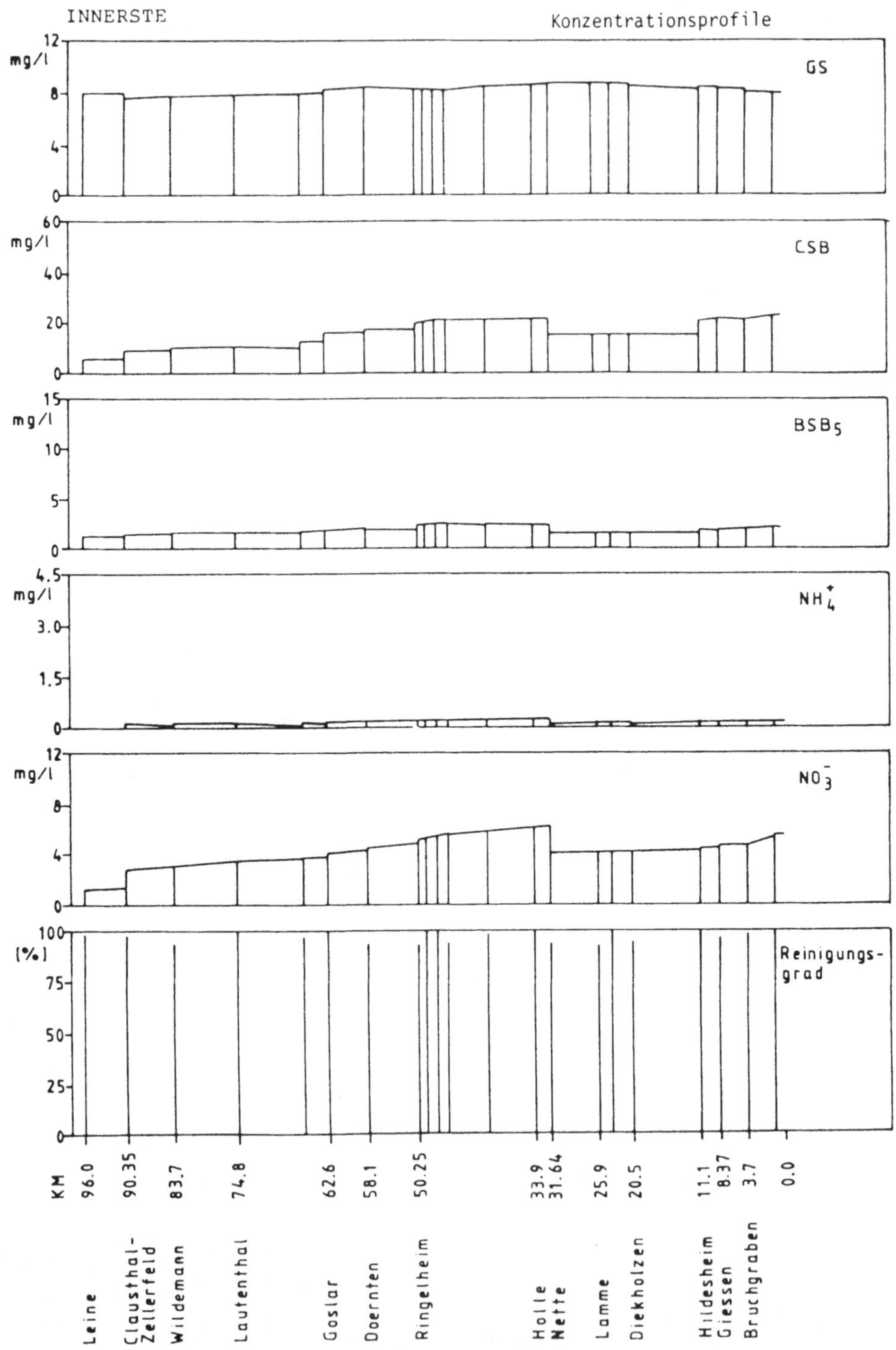

Abb. 3.20. Szenarium B (Grenzkonzentrationen). REGOP − 100 DM/SE

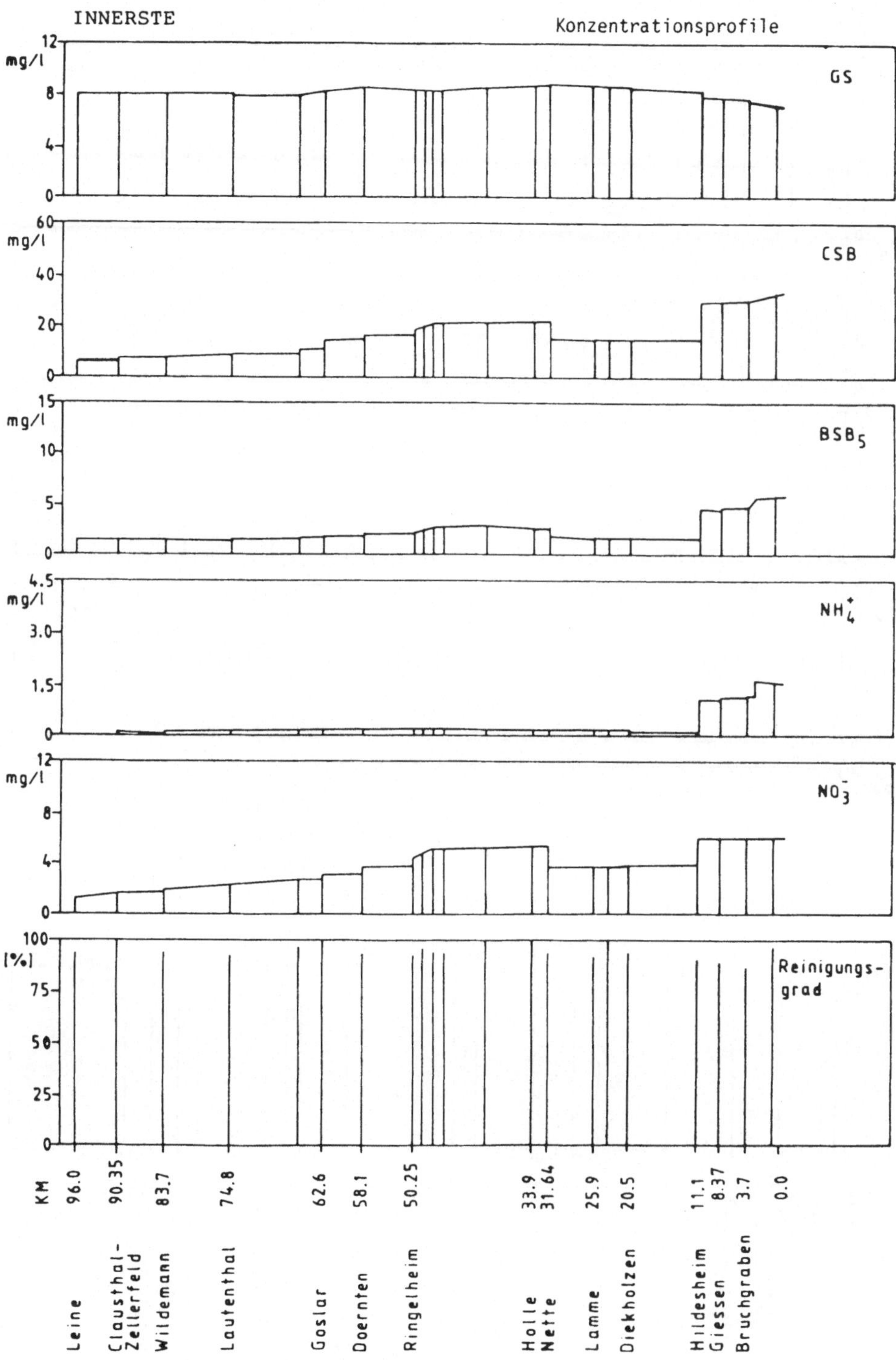

Abb. 3.21. Szenarium B (Kosten-Nutzen). REGOP

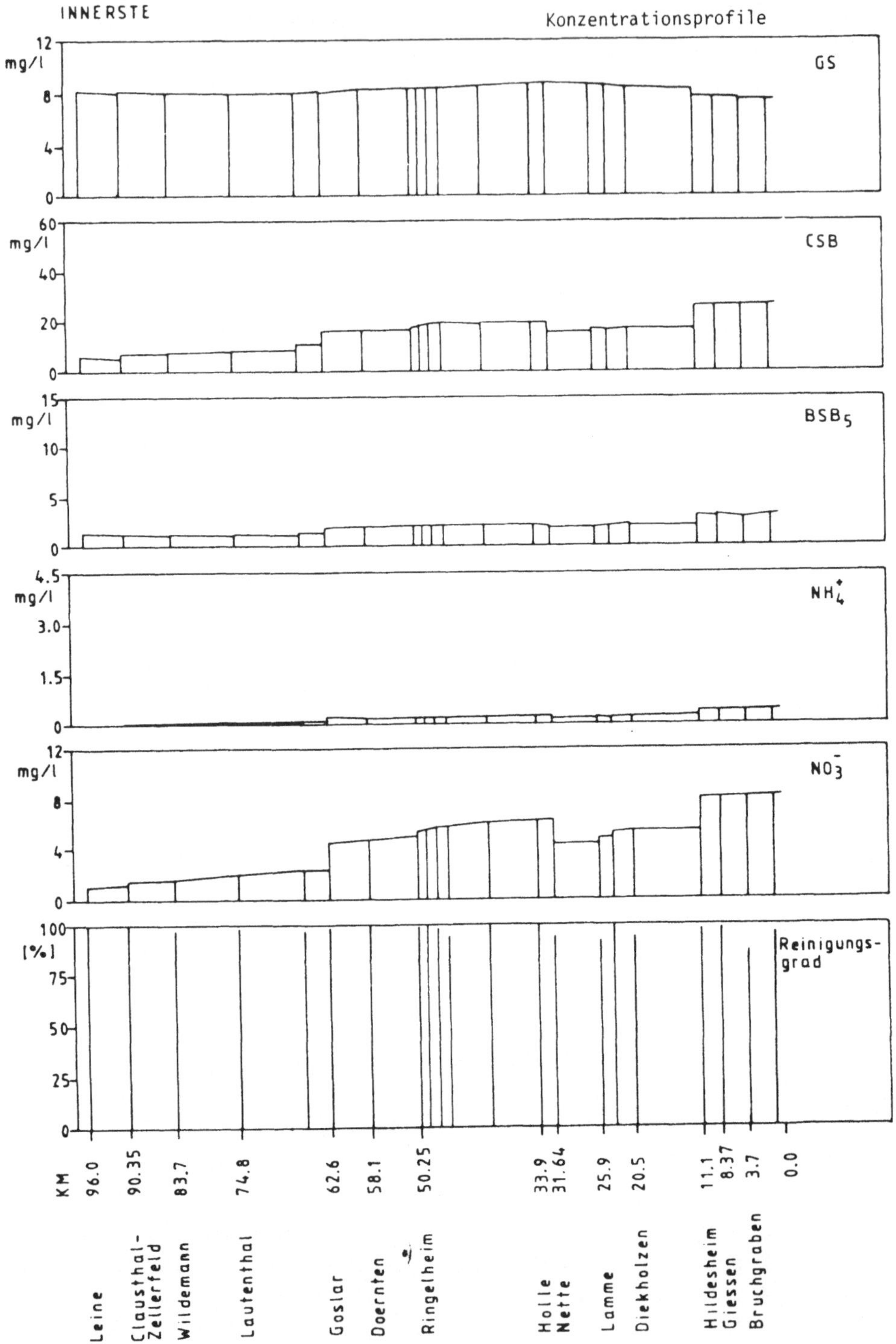

Abb. 3.22. Szenarium C. Goal Programming

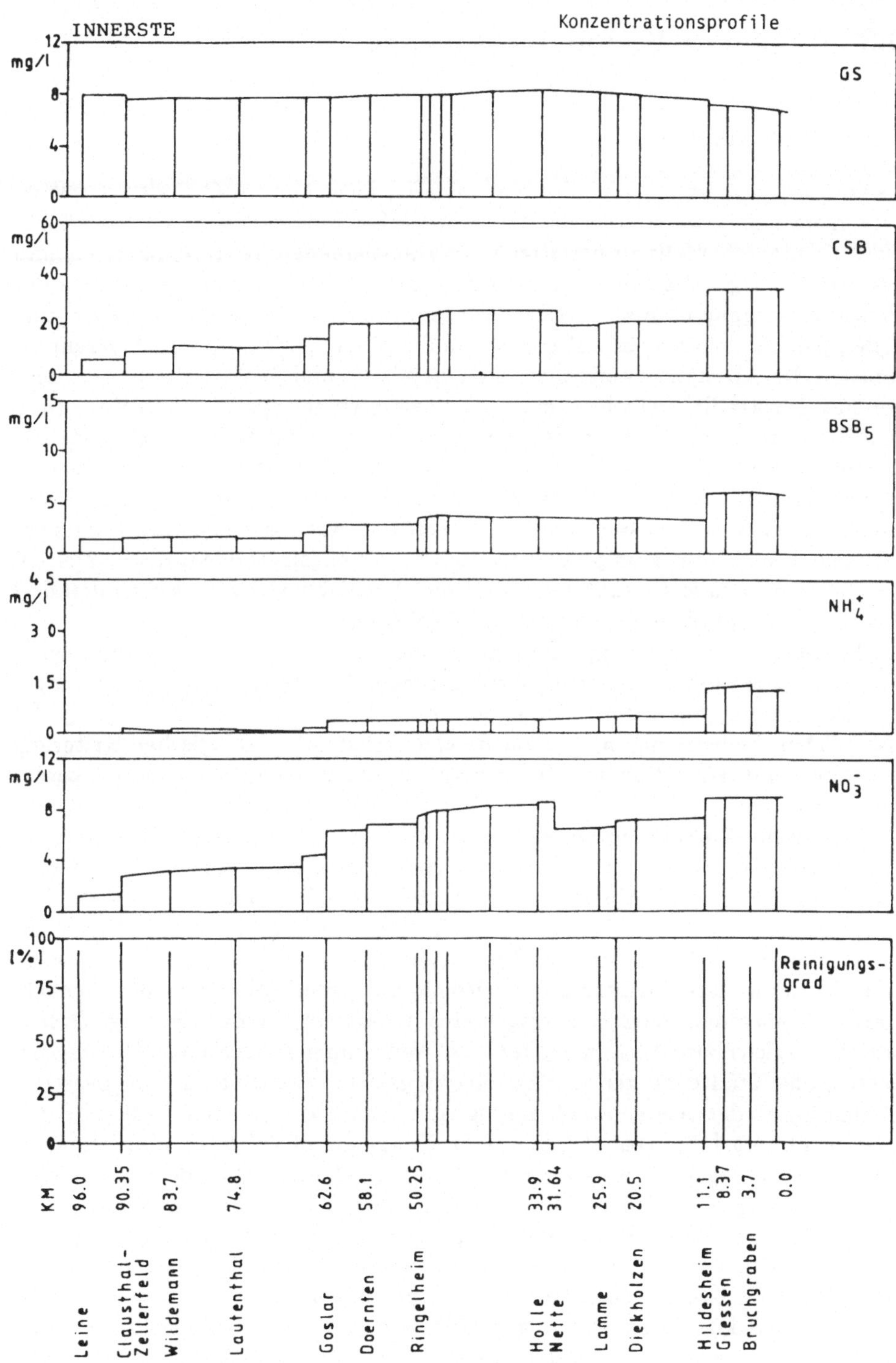

Abb. 3.23. Szenarium C. Tschebycheff-Approximation

3.2　Regionale Verbundentsorgung

3.2.1　Einleitung

Es wird selten erwähnt, daß alte Kulturstädte nicht nur aus Gründen der Wasserversorgung, Bewässerung, Schiffahrt an großen Flüssen lagen. Abfall und Abwasser waren ebenfalls zu beseitigen; die resultierenden Verunreinigungen sind historisch belegt. Die Diskussion der hygienischen Folgen und Gefährdung der Wasserversorgung ist weitergeführt worden. Konzepte der Abwasserentsorgung zielen jedoch noch immer auf die Behandlung der Folgen, obwohl Massenproduktion des Abwassers weitgehende ökonomische und ökologische Konsequenzen hat. Das traditionelle Konzept der „Abwasserbeseitigung" durch Einleitung von Restverschmutzungen in den Vorfluter bleibt grundsätzlich bestehen.

Bemühungen im Gewässerschutz sind auf drei Ebenen zu erkennen. Es entstehen, erstens, Vorschriften und Gesetze zur Steuerung und Kontrolle. Zweitens wird die Verfahrenstechnik der Wasser- und Abwasserreinigung verfeinert. Drittens besteht der Komplex analytischer Planungsmethoden, deren Ziel ein möglichst optimaler Einsatz der Mittel und Maßnahmen ist. Zwischen den drei Ebenen bestehen Abhängigkeiten und Rückkopplungen.

Im Bereich der Planungs- und Entscheidungsmodelle der Wassergütewirtschaft dominierten bisher zwei Zielsetzungen. Die erste wurde im vorangehenden Kapitel behandelt: An einem Fluß ist unter Berücksichtigung der natürlichen Selbstreinigung, volkswirtschaftlicher und ökologischer Kriterien, eine optimale Allokation von Klärwerken u. a. Sanierungsmaßnahmen vorzunehmen.

Die zweite Zielsetzung behandelt die optimale Anordnung und Auslegung von Klärwerken oder anderer Entlastungsanlagen eines regionalen Verbundsystems, die „Regionale Abwasserentsorgung" oder „Verbundentsorgung", ohne unmittelbare Berücksichtigung des Vorfluters. Ähnlich wie in der Wasserversorgung bestehen Parallelen der „Regionalen Abwasserentsorgung" in Entwicklungsländern. Verbundentsorgung wird in Industrieländern von den benachbarten Gemeinden eines Einzugsgebietes angestrebt; in Entwicklungsländern wären vergleichbare Planungen für sich weiträumig erstreckende Ballungsgebiete großer Städte mit geringer Bevölkerungsdichte zweckmäßig. Die „passende Technologie" der Abwasserentsorgung in Ländern der Dritten Welt wird zur Zeit diskutiert [19]. Das Prinzip eines Hauptsammlersystems und geigneter Entlastungsanlagen in weiträumigen Ballungsgebieten kann den besonderen Voraussetzungen von Entwicklungsländern entsprechen, ohne *nicht* angepaßte Technik festzuschreiben. An das Hauptsammlersystem kann zum geeigneten Zeitpunkt der Anschluß von öffentlichen Gebäuden, sanitären Gemeinschaftseinrichtungen, Zapfstelleneinläufen, Schlammentleerungen, Regenkanälen oder -becken des Sekundärnetzes erfolgen. Für die vorgezogene Installation eines koordinierten Hauptsammlersystems sprechen neben der Kostenersparnis und der grundsätzlichen hygienischen Verbesserung die technische Anpassungsfähigkeit insbesondere hinsichtlich der zukünftig zu ergänzenden Sekundärmaßnahmen. Trotzdem sollte geprüft werden, ob die örtlichen Gegebenheiten nicht andere Alternativen zweckmäßiger erscheinen lassen. Vor allem sind die Besonderheiten der tropischen Hydrologie mit zu berücksichtigen.

Das ökonomische Prinzip einer Verbundentsorgung besteht im optimalen Ausgleich zwischen Größenersparnissen zentraler Abwasserreinigungs- oder Entlastungsanlagen und der Notwendigkeit von Verbindungskanälen zwischen den Gemeinden und den zentralen Anlagen; Dezentralisierung steht für Einzelkläranlagen der Gemeinden und Industrien, Verzicht auf Verbindungskanäle und Größenersparnisse; analog kann die dezentrale Entsorgung einzelner Stadtgebiete in Entwicklungsländern erfolgen. Wassergütewirtschaftliche, flußbezogene Nebenbedingungen können durch Einleitungsbeschränkungen, Reinigungsleistungen der Kläranlagen u. a. berücksichtigt werden. Andere Nebenbedingungen bestehen implizit: Eine betriebliche Konzentration zentraler Kläranlagen erhöht die Betriebssicherheit, der gleichmäßige Betrieb von Großkläranlagen begünstigt die Reinigungsleistung, große Anlagen bieten aufgrund des technischen Aufbaus bessere Möglichkeiten der Kapazitätserweiterung und Effizienzsteigerung, Stoßbelastungen und Fluktuation werden gedämpft, zentrale Ersatzteillager und Ausbildungsmöglichkeiten sind gegeben. Statistisch wurden bessere Leistungen besonders großer und kleiner Kläranlagen festgestellt [14].

Technisch zu erwartende Vorteile der Emissionskontrolle in Großkläranlagen sind aufgrund bisheriger Erfahrungen von Geräusch- und Geruchsbelästigungen nicht garantiert; auch besteht der Nachteil lokal konzentrierter Einleitungen in kleine Vorfluter oder Flußabschnitte mit geringem Abfluß; eine örtlich konzentrierte Einleitung an wenigen Punkten des Vorfluters dient nicht der optimalen Nutzung der natürlichen Selbstreinigung; trotz größerer Betriebssicherheit können Betriebspannen in Großkläranlagen zu seltenen, aber schweren Vorfluterschäden führen usw.

Im Bereich der Entscheidungsmodelle werden die Aufgabengebiete der flußbezogenen Gewässergütesanierung sowie die Kläranlagenregionalisierung unabhängig voneinander bearbeitet, entsprechend der Aufgabenstellung der Praxis. Vor dem Hintergrund planerischer Vorgaben ercheinen die Freiheitsgrade der kombinierten Aufgabenstellungen in einer Gesamtplanung gering, auch wenn die Topologie eines Flußgebietes die Voraussetzung einer gleichzeitigen flußbezogenen Gewässergütesanierung und wirtschaftlicher Verbundentsorgung bieten würde (grundsätzlich wäre ein parallel zum Fluß laufender Hauptsammler denkbar [6]). Die algorithmische Lösung der Aufgabenkombination wäre zur Zeit nicht mit vertretbarem Rechenaufwand realisierbar.

Ebenso wie zum komplementären Teilgebiet der wassergütewirtschaftlichen Flußgebietssanierung (s. Abschn. 3.1) wurden auch zur Lösung der „Regionalen Abwasserentsorgung" oder „Verbundentsorgung" zahlreiche Modellansätze entwickelt. Diese konzentrieren sich auf die folgende Aufgabenstellung, deren Bedeutung weiterhin besteht. Gegeben seien Abwasserquellen (Gemeinden, Stadtteile, Industrien), Abwassersenken (Kläranlagen, Rückhaltungen, Einleitungen), Trassen möglicher Verbindungsleitungen (Kanäle, Druckleitungen) zwischen den Quellen und Senken sowie mengenabhängige Kostenfunktionen der Senken und Verbindungen. Die kostenoptimalen Dimensionen der Senken und Verbindungen sind zu ermitteln.

Die mathematische Formulierung der Aufgabe mit konkaven Kostenfunktionen für Bau und Betrieb der Kläranlagen und Transportkanäle sowie linearen Nebenbedingungen des Mengengleichgewichtes an den Knoten und zulässiger Ausbaukapazitäten ist in einfacher Form möglich und wurde durch Deininger in der Anfangsphase von Operations-Research-Anwendungen in der Siedlungswasserwirtschaft bekannt; ein Lösungsvorschlag mit iterativen Linerarisierungen der konkaven Kostenfunktionen lieferte lokale Minima [9]. Zwei signifikante Vereinfachungen dieses Modells wurden in späteren Formulierungen beibehalten; die degressiven Kostenfunktionen der Transportleitungen und Kläranlagen sind mengenbezogen, unterschiedliche Klärstufen oder ein variabler Reinigungsgrad der Kläranlagen werden nicht berücksichtigt. Würde eine Unterscheidung zwischen mengenbezogenen Kosten der Transportleitungen und leistungsbezogener Kostenabhängigkeit der Kläranlagen eingeführt, so müßte die Annahme monoton konkaver Kostenfunktionen aufgehoben und durch die Kostenbereiche unterschiedlicher Reinigungsstufen ersetzt werden. Auch in der einparametrigen mengenbezogenen Formulierung bildet die Berücksichtigung stufenförmiger Kostenfunktionen der Kläranlagen eine praktische Notwendigkeit.

Ein späterer Lösungsansatz des Grundmodells von Deininger [10], der die algorithmische Erweiterung nach dem „Extreme Point Ranking"-Prinzip von Murty [27] enthält, ermöglicht grundsätzlich die Berechnung des globalen Optimums, beansprucht jedoch die für Enumerationsverfahren charakteristischen hohen Rechenzeiten. Obwohl in dem Ansatz vorgesehen ist, die vollständige Enumeration der lokalen Minima über iterative Einschränkungen des Lösungsraums abzukürzen, können realistische Rechenzeiten nicht garantiert werden, da die Aufgabenstruktur für eine Aktivierung des Prinzips ungeeignet ist. In aufeinanderfolgenden Rechenschritten werden Lineare Programme gelöst, die aus den Hüllkurven der konkaven Zielfunktionen gebildet werden. Nach jedem Rechenschritt wird die Bestimmung unterer und oberer Schranken sowie die Elimination dominierter benachbarter Ecken möglich. Das Verfahren zielt sowohl auf eine Einengung des Lösungsraumes als auch der Distanz zwischen oberer und unterer Schranke, die das Optimum umschließen.

Weitere Lösungsversuche der „Regionalen Abwasserentsorgung" enthalten ebenfalls interessante Einzelheiten. Sie spiegeln Weiterentwicklungen von Operations-Research-Konzepten und Algorithmen wider, deren Umsetzungen in numerisch effiziente Programme, die wachsende Kapazität der Rechner, Kommunikation und Rückkopplung mit der Praxis. Es scheint, daß zur Lösung der vorliegenden Aufgabenstellungen besondere Umwege notwendig waren. Die Erkenntnis, daß streng konkave Aufgabenstrukturen nicht vorteilhaft durch „eindimensionale" Iterationstechniken zu lösen sind wie die konvexe Form, sondern „zweidimensionale" Methoden benötigen, wurde nicht konsequent verfolgt. Das Prinzip zweidimensionaler „Branch-and-Bound"-Methoden gestattet die von zwei Seiten sich nähernde Einengung des Optimums durch „obere" und

„untere Schranken" unter gleichzeitiger Elimination dominierter „lokaler" Minima.

Meier [20] deutet auf die Möglichkeit des „Branch-and-Bound"-Prinzips hin, ohne die für dieses Verfahren charakteristischen Abkürzungen einer vollständigen Enumeration der lokalen Minima zu verwirklichen; ähnlich dem früheren Schnittebenenverfahren der Rohrnetzberechnung werden im Graphen Bezugsebenen eingeführt, diese zur Berechnung sogenannter „Schranken" benutzt, die anschließend der Orientierung in einem Variantenvergleich dienen. Die Berechnung der Varianten folgt dem Prinzip, daß die Basislösungen einer konkaven Aufgabenstruktur ohne Kapazitätsbegrenzungen lokale Minima darstellen. Das Demonstrationsbeispiel beschränkt sich auf ein System mit einer Kläranlage und fünf Gemeinden.

Brill und Nakamara [3] führen eine Fixkostenformulierung ein und linearisieren die konkaven Kostenterme alternativ mit zwei und drei Segmenten, um anschließend einen systematischen Aufbau des Lösungsbaumes einer vollständigen Enumeration vorzunehmen; in jedem Rechenschritt werden Zulässigkeit und Zielfunktion der Alternativen ermittelt und verglichen, die Flußverteilung geschieht über ein LP oder „Out-of-Kilter"-Algorithmus. Das Demonstrationsbeispiel umfaßt 7 Knoten mit 6 gerichteten und 5 ungerichteten Verbindungen. Die Methode wird für kleinere Planungsaufgaben zum erweiterten Variantenvergleich ausgebaut, um den Rang verschiedener Planungsszenarien zu ermitteln, wenn zusätzliche qualitative Kriterien der Alternativenbewertung bestehen [22]. Eine weitgehend allgemeingültige und übertragbare Fixkostenformulierung konzipierten Javis et al. [17], die mit einem Algorithmus von Rardin und Unger [24] gelöst wird. Zur Begründung wird angeführt, daß bisherige (1976) Ansätze „have not led to computational success in obtaining optimal solutions to large scale problems". Das Modell beinhaltet ebenfalls Linearisierungen der konkaven Zielfunktion unter Vorgabe der Anzahl und Lage der linearen Segmente einschließlich eines Fixkostenanteils. Diese Vorgabe könnte als einschränkende Näherung angesehen werden; durch entsprechende Zahl und Anordnung der Segmente ist die Genauigkeit der Näherung jedoch beliebig zu steigern, so daß die Einschränkung formal ist. Auch besitzt eine Datenerfassung linearer Segmente ähnliche Gültigkeit wie konkave Funktionen. Das Demonstrationsbeispiel umfaßt 15 Knoten, 16 gerichtete und 4 ungerichtete Pfeile; die zugehörige Kostenfunktion besitzt einen Fixkostenanteil mit zwei linearen Segmenten und Korrelationskoeffizienten im Bereich von 0,95 bis 0,99. Es wird angegeben, daß die Größenordnung von 100 ganzzahligen Variablen ~ 6 Min. Rechenzeit (UNIVAC 1108) benötigt. Das Modell erlaubt die Einbeziehung von Pumpkosten, Abwasserzuflüssen entlang der Verbindungskanäle, Kapazitätsbeschränkungen der Kläranlagen und Kanäle. Ob realistische numerische Stabilitäten und Rechenzeiten auch für größere Graphen erreicht werden, ist nicht zu erkennen. Das Modell stellt eine wesentliche Verbesserung vorhandener Formulierungen dar, die ebenfalls mit dem Prinzip der Linearisierungen konkaver Kostenfunktionen arbeiten und gemischtganzzahlige Algorithmen verwenden (Joeres [18] löst mit UNIVAC-FMPS-Routinen eine Aufgabe mit 47

binären (0,1)-Variablen in 14,4 Min., die Jarvis et al. [16] in 3 bis 8 s nachvoll-
ziehen).

Da aufgrund der streng konkaven Aufgabenstruktur jede Basislösung eine
bestimmte Flußverteilung und ein lokales Minimum repräsentiert, folgt, daß die
sogenannte vollständige Enumeration (der lokalen Minima) durch eine Aufga-
benformulierung vollzogen werden kann, in der der Polygonzug der Linearisierungen die konkaven Zielfunktionen jeweils an den Stellen der möglichen Durch-
flußkombinationen berührt. Die Zahl der notwendigen Segmente für eine exakte
Darstellung entspricht der Zahl der lokalen Minima; zum Beispiel beträgt die
Anzahl der Planungsalternativen in einem vollständigen Graphen mit 9 Knoten $\sim 0,8 \times 10^8$, mit 10 Knoten $\sim 1,8 \times 10^9$ usw. [1]. Eine mögliche Form
der Evaluierung der Alternativen bildet das Routing der Inputmengen als diskrete Einheiten, indem an den Durchflußverzweigungen des Systems binäre
(0,1)-Entscheidungen getroffen werden und anschließend überprüft wird, ob die
resultierenden Durchflüsse zu einem funktionsfähigen Gesamtsystem führen;
die Zahl unzulässiger Lösungen übertrifft in dieser „blinden" Enumeration bei
weitem die Zahl lokaler Minima.

Nach diesem Konzept perfektioniert Ahrens die Methodik der vollständigen
Enumeration [1], Orth [23] diskutiert in Ergänzung ingenieurtechnische Im-
plikationen. Da jede Basislösung nur aus Kombinationen der an den Knoten des Systems fließenden Abwassermengen bestehen kann, wenn keine Kapazitätsbegrenzungen der Systemelemente vorgegeben sind, können diese Mengen
als diskrete Einheiten durch das System geleitet werden. Der Vorgang kann
durch ein sogenanntes „binäres" Programm aufgebaut werden, in dem, wie
erwähnt, jeder kombinatorisch zu ermittelnden Durchflußmenge eine binäre
(0,1)-Variable zugeordnet wird. Ahrens verwendet einen von Balas [2] konzipierten ganzzahligen Algorithmus und erhöht die Effizienz durch Berücksichtigung spezifischer Eigenschaften der Aufgabenstruktur. Den Inputmengen werden in sequentiellen Enumerationsebenen eines Entscheidungsbaumes
(0,1)-Werte zugeordnet. Die resultierende Zahl der Teillösungen wird durch ein
„Ausloten" eingeschränkt, das u. a. die Überprüfung der aktuellen und theoretisch möglichen Zulässigkeit höherer Enumerationsebenen enthält. Eine Modifi-
kation des Balas-Algorithmus wurde an dieser Stelle über das Indivergenzprinzip im Zulässigkeitstest eingeführt. Das Verfahren besitzt prohibitive Rechenzeiten für größere Aufgabenstellungen sowie die einschränkende Annahme, daß
Kapazitätsschranken nicht zugelassen und durch externe Rechenoperationen zu
berücksichtigen sind. Geuting et al. [12] haben den Algorithmus zweiparamet-
rig (Abwassermenge und -fracht) erweitert.

Dehnert [8] gelang es in Erweiterung der Formulierungen von Marks [19],
ein „Branch-and-Bound"-Verfahren zu entwickeln, das die als Fixkostenmodell
formulierte Standortplanung der regionalen Entsorgung fester Abfallstoffe löst.
Da ein Fixkostenmodell als erste Näherung einer konkaven Formulierung gelten kann, bildet dieser Algorithmus auch eine praktikable Näherungslösung der
„Regionalen Abwasserentsorgung". Er enthält vor allem den Gedanken, die
Graphenstruktur der Aufgabe zur Anwendung der besonders effizienten gra-

phentheoretischen Algorithmen zu nutzen. Es werden iterative „Relaxionen" auf ein lineares Transportproblem durchgeführt, die zweckmäßig mit den „Out-of-Kilter"-Algorithmen gelöst und zur Bildung oberer und untere Schranken benutzt werden können. Dieses effiziente Verfahren könnte grundsätzlich zur exakten Lösung der konkaven Aufgabe erweitert werden, wenn jede kombinatorisch mögliche diskrete Durchflußmenge durch einen zusätzlichen Pfeil dargestellt würde.

In einer Weiterentwicklung dieses Prinzips wird im folgenden Abschnitt ein leistungsfähiges „Branch-and-Bound"-Verfahren zur exakten Lösung der „Regionalen Abwasserentsorgung" vorgestellt, das die Bearbeitung großer Planungsaufgaben, die Einbeziehung von Kapazitätsgrenzen, Mehrstufigkeit der Kläranlagen, zweiparametrige Kostenabhängigkeiten, sowohl konkave als auch Fixkostenformulierungen gestattet.

3.2.2 Mathematische Formulierung

Bedeuten $c_i(f_i)$ Bau- und Betriebskosten der Klärwerke i in Abhängigkeit des Zuflusses f_i sowie $c_j(f_j)$ die Investitions- und Betriebskosten der Transportleitungen und -kanäle j, q_i den Abwasserzufluß zum Knoten i, so lautet das Basismodell der „Regionalen Abwasserentsorgung" oder „Verbundentsorgung":

$$\text{Min.} \quad \sum_{i=1}^{N_i} c_i(f_i) + \sum_{j=1}^{N_j} c_j(f_j) \tag{3.37}$$

$$\text{N.B.} \quad f_i - \sum_{j \in J_i} f_j = q_i, \qquad \forall\, i \tag{3.38}$$

Die Indexmenge J_i enthält die den Knoten i berührenden Verbindungen; Gleichung (3.38) ist die zweite Kirchhoffsche Gleichgewichtsbedingung der ein- und ausfließenden Mengen jedes Knotens. Es wird angenommen, daß die Fließrichtungen festliegen, der vorgegebene Graph ist gerichtet. Sollte sowohl die Option eines Freispiegelkanals als auch in entgegengesetzter Richtung Pumpbetrieb (Durchfluß in beiden Richtungen) möglich sein, so wird im Systemgraphen zweckmäßig eine der Richtungen durch zwei Pfeile mit einem virtuellen Zwischenknoten dargestellt.

Analog zur Wasserversorgung kann die Inzidenzmatrix A zur numerischen Darstellung des Graphen verwendet werden. Als Bezugsknoten des Systems gilt eine fiktive „Supersenke", in der die Abwassermengen der Kläranlagen zusammenfließen und die Systemsumme des Abwassers bilden; die Einbeziehung des Bezugsknotens in die Mengengleichgewichtsbedingung des Gesamtsystems würde ebenfalls eine redundante Gleichung ergeben.

Durch die Einführung der „Supersenke" wird die graphentheoretische Darstellung eines Klärwerkes als Pfeil möglich, der jeweils vom Knoten des Standortes der Kläranlage zur Supersenke führt, so daß sowohl die Kosten der Klärwerke als auch der Transportleitungen Pfeilen zugeordnet sind, und der für

graphentheoretische Algorithmen notwendige pfeilorientierte Kostenbezug vorliegt; diese Darstellung bietet daten- und rechentechnische Vorteile im Vergleich
zur umständlich getrennten Kostenzuordnung für Knoten und Verbindungen.
Wird der Graph um Kläranlagenpfeile o. a. Entlastungsmaßnahmen erweitert,
so ist es zweckmäßig, einen Vektor des erweiterten Gesamtflusses $f = (f_j)$ zu
definieren, der die bisherigen Elemente (f_i, f_j) enthält; entsprechend gilt der
zugehörige Kostenvektor $c = (c_j) = (c_i, ; c_j)$. Mit dieser Definition lautet das
Basismodell (3.37), (3.38), $N = N_i + N_j$:

$$\text{Min.} \quad \sum_{j=1}^{N} c_j(f_j) \tag{3.39}$$

$$\text{N.B.} \quad A\,f \;=\; q \tag{3.40}$$
$$f \;\geq\; 0 \tag{3.41}$$

Sind sowohl die zusammengefaßten Investitions- und Betriebskosten der
Kläranlagen $c_j(f_j), j \in J_I$ als auch der Transportkosten $c_j(f_j), j \in J_J$ streng
konkav, so ist die Aufgabenstellung (3.39) bis (3.41) ebenfalls streng konkav.
Es folgt anschaulich die erwähnte Existenz lokaler Minima, die sich als Basislösungen an den Ecken des linearen Lösungsraumes ergeben. Notwendige
und hinreichende Bedingungen bestehen nicht, um aus einer zulässigen Anfangslösung die systematische Berechnung des Optimums zu garantieren. Trotzdem wurden, wie erwähnt, Lösungsansätze benutzt, die über Gradiententechni-
ken und iterative Auflösungen der nichtlinearen Zielfunktionen zur Berechnung
lokaler Minima führen, zwischen denen jedoch keine algorithmische Verbindung
besteht, um weitere systematische Verbesserungen in Richtung des globalen
Optimums vornehmen zu können.
Grundsätzlich können Basislösungen durch binäre (0,1)-Entscheidungen
erzeugt werden, indem jeweils an einem Knoten des Systems festgelegt wird,
ob der bis dahin in Flußrichtung akkumulierte Durchfluß durch den einen oder
anderen sich vom Knoten entfernenden Pfeil fließen darf oder nicht. Es gilt
das Indivergenzprinzip, wenn keine Kapazitätsbeschränkungen bestehen. Die
graphentheoretische Interpretation einer Basislösung ist ein Verästelungsnetz
oder „Baum". Nach Gleichung (3.40) können höchstens $N_i - 1$ unbekannte
Durchflüsse ungleich Null sein, oder die Zahl der in einer Lösung auftretenden
Pfeile kann höchstens gleich der Zahl der Knoten minus eins sein. Ohne
den Umweg einer ganzzahligen „binären" Evaluierung kann eine Basislösung
oder ein lokales Minimum unmittelbar aus der Inzidenzmatrix ermittelt werden
[4]; die Zahl B der möglichen Basislösungen oder lokalen Minima ist:

$$B \;=\; |\,A\,A^T\,| \tag{3.42}$$

Da Basislösungen Nullstränge enthalten dürfen, kann die optimale oder globale Lösung auch aus nichtzusammenhängenden Teilgraphen bestehen. In der
Praxis können neben Kläranlagen auch Entlastungen durch Regenüberläufe,

Rückhaltebecken o. ä. vorgesehen werden, die im Modell wie Kläranlagen zu
behandeln sind. Für diese Elemente sind jedoch, häufiger als für Kläranlagen
und Transportleitungen, vorgegebene Kapazitätsbegrenzungen $Q = (Q_j)$ zu
erwarten.

Dann lautet das erweiterte Modell:

$$\text{Min.} \quad \sum_{j=1}^{N} c_j(f_j) \tag{3.43}$$

$$\text{N.B.} \quad Af = q \tag{3.44}$$
$$f \leq Q \tag{3.45}$$
$$f \geq 0 \tag{3.46}$$

3.2.3 Algorithmische Lösung

Ein Fixkostenansatz kann als eine Näherung monoton konkaver Funktionen
gelten. Die Lösung eines Fixkostenmodelles erfolgt besonders effizient über
das „Branch-and-Bound"-Prinzip [8]; eine Übertragung des Modells auf die
Verbundentsorgung ist möglich. Stellt Q_j die Kapazitätsgrenze des Pfeiles j
dar – eine obere Begrenzung des Flusses f_j kann technisch vorgegeben sein
oder über eine Orientierung am Gesamtfluß definiert werden – so wird im
ersten Rechenschritt die Lösung der sogenannten „relaxierten" oder linearen
Näherung ermittelt, die als eine „untere Schranke" der exakten Lösung gilt
(s. Abb. 3.24). Die Rechnung könnte grundsätzlich über ein LP erfolgen, jedoch
stehen für lineare Transportprobleme besonders effiziente graphentheoretische
Verfahren zur Verfügung, z. B. der „Out-of-Kilter"-Algorithmus.

Im optimalen Ergebnis des ersten Rechenschrittes stimmen die Werte einiger
Variablen exakt mit dem Fixkostenverlauf überein, wenn sie entweder den
Wert 0 oder Q_j besitzen. Von den verbleibenden Pfeilen wird im folgenden
Rechenschritt nach einem Distanzkriterium derjenige Pfeil ausgesucht und
„verzweigt", dessen Kostenwert im LP und in der exakten Funktion den größten

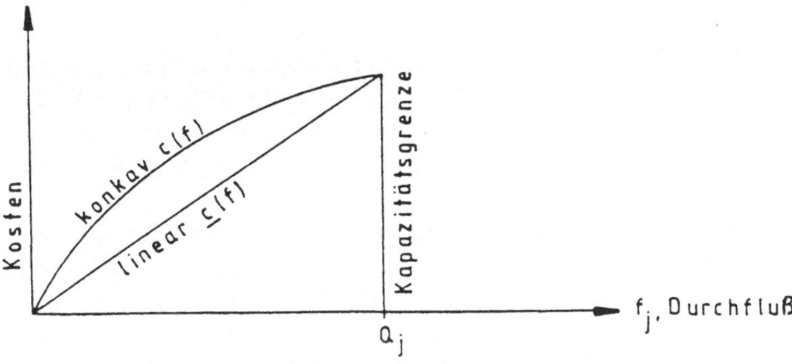

Abb. 3.24. „Branch-and-Bound"-Relaxation

Unterschied aufweist; seine Kosten werden einmal mit Null und einmal mit dem linearen Anteil in die relaxierte Aufgabe eingeführt, so daß zwei getrennte lineare Programme entstehen. Beide werden gelöst; zum zweiten Ergebnis wird der Fixkostenanteil extern hinzugezählt; diejenige Lösung mit dem kleinsten Ergebnis wird weiterverfolgt, die andere vorerst gespeichert.

Es beginnt die Entwicklung eines Lösungsbaumes. Nach dem Distanzkriterium wird wieder ein Pfeil ausgesucht und „verzweigt" usw. Die Berechnung oder „Auslotung" eines Astes des Lösungsbaumes ist beendet, wenn keine zulässige Lösung oder kein weiterer Pfeil zur Verzweigung gefunden werden kann. Im letzten Fall ist ein lokales Minimum erreicht.

Die kleinste der ausgeloteten Lösungen gilt als „obere Schranke" des globalen Optimums. Wird während der Bearbeitung eines Lösungsastes, der noch relaxierte Pfeile enthält, eine zulässige Lösung angetroffen, die bereits größer als die aktuelle obere Schranke ist, so kann die weitere Auslotung dieses Astes eingestellt werden. Die aktuelle „untere Schranke" des Gesamtsystems wird jeweils durch die kleinste zulässige Lösung eines noch nicht ausgeloteten Astes dargestellt, der noch relaxierte Pfeile enthält. Die sich ständig verringernde Distanz zwischen oberer und unterer Schranke wird zur Beendigung der Rechnung bei Erreichung eines Abbruchkriteriums benutzt. Obere und untere Schranke fallen im Optimum zusammen.

Wie erwähnt, könnte das Fixkostenmodell auch grundsätzlich der exakten Lösung der exponentiellen konkaven Formulierung dienen, wenn die kombinatorisch möglichen diskreten Durchflußmengen in jedem Systemelement durch separate Pfeile dargestellt werden, denen mit Fixkostenanteil und einem linearen Kostensegment jeweils ein Abschnitt des Polygonzuges der exakten Kosten zugeordnet ist. Die Gültigkeit dieses Prinzips wurde von Walker [26] nachgewiesen und liegt den erwähnten Fixkostenmodellen von Jarvis et al. [17] zugrunde. Es folgt auch bereits aus der Anschauung, daß die Aufspaltung von Durchflußmengen auf verschiedene Segmente des Polygonzuges der Kosten immer kostenungünstiger als die „Indivergenz" ist, wenn die Kostenfunktionen der Pfeile identisch sind. Der Aufwand der kombinatorischen Berechnung möglicher Durchflußmengen ist für größere Aufgabenstellungen prohibitiv; im binären Ansatz gilt außerdem die einschränkende Bedingung, daß Kapazitätsbegrenzungen der Klärwerke nicht zugelassen sind.

Das folgende „Branch-and-Bound"-Prinzip vermeidet diese Nachteile und ermöglicht mit algorithmischer Einfachheit sowohl die Behandlung der Fixkostenform als auch konkaver Formulierungen, besitzt numerische Effizienz und Stabilität, ebenso ausreichende Flexibilität für ingenieurtechnische Erweiterungen.

Das von Rech und Barton [25] 1970 vorgestellte Verfahren bildet eine Verallgemeinerung des vorangehenden für streng konkave Strukturen. Jedes Systemelement erhält wieder eine obere Kapazitätsschranke Q, die praktisch vorgegeben sein kann oder festgelegt wird. Die Sehne zwischen dem Nullpunkt und dem Kostenfunktionswert der Kapazitätsschranke bildet eine lineare Näherung und untere Hüllenkurve der konkaven Kostenfunktion jedes Systemelementes

(s. Abb. 3.24). Im ersten Rechenschritt wird dann das folgende LP gelöst:

$$\text{Min.} \quad \sum_j \underline{c}_j f_j = \underline{c}f \tag{3.47}$$

$$\text{N.B.} \quad Af = q \tag{3.48}$$
$$f \leq Q \tag{3.49}$$
$$f \geq 0 \tag{3.50}$$

Die LP-Lösung des ersten Rechenschrittes f^{1*} muß unter dem Funktionswert des exakten Optimums f^* der „wahren" Zielfunktion $c\,f$ liegen. Insbesondere gilt:

$$\underline{c}(f^{1*}) \leq \underline{c}(f^*) \leq c(f^*) \leq c(f^{1*}) \tag{3.51}$$

Die Lösung f^{1*} des LP wird zur Definition einer unteren Schranke $S_1^u = \underline{c}(f^{1*})$ und oberen Schranke $S_1^o = c(f^{1*})$ benutzt, zwischen denen das wahre Optimum $c(f^*)$ liegt.

Im zweiten Rechenschritt wird, wieder nach einem Distanzkriterium, ein Pfeil k ausgewählt, dessen bisherige lineare Kostennäherung zu verbessern ist. Das folgende Distanzkriterium kann zum Beispiel verwendet werden:

$$k = j \mid (\max\left[c_j(f_j^{1*}) - \underline{c}_j(f_j^{1*})\right]), \quad \forall j \tag{3.52}$$

Es beginnt wieder die Entwicklung eines Lösungsbaumes; der Pfeil k wird „verzweigt" und sein Durchfluß in zwei disjunkte Lösungsbereiche aufgeteilt (s. Abb. 3.25) Im ersten Durchflußbereich $f_{k,1} < f_k^{1*}$, gilt der lineare Kostenkoeffizient $\underline{c}_{k,1} = c(f^{1*})/f_k^{1*}$, im Bereich $f_{k,2} \geq f_k^{1*}$ gilt $\qquad$ (3.53)

$$\underline{c}_{k,2} = \frac{\alpha_k \left[Q_k^{\beta_k} - (f_k^{1*})^{\beta_k}\right]}{Q_k - f_k^{1*}}. \tag{3.54}$$

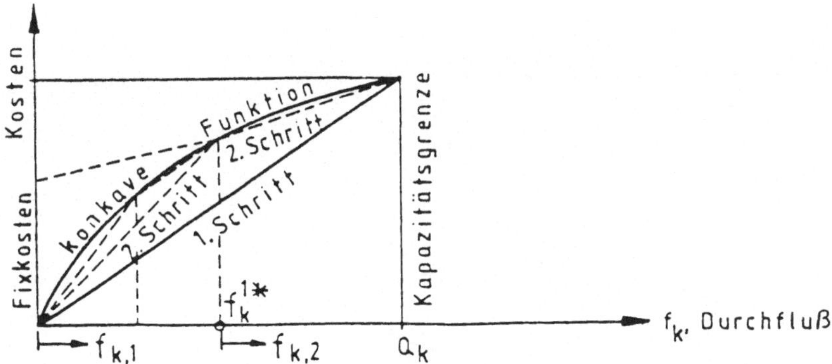

Abb. 3.25. „Branch-and-Bound"-Rechenschritte

Es folgt die Lösung von linearen Programmen, deren Variable und Kosten wie im ersten Schritt definiert sind, ausgenommen Pfeil k, dessen Durchflußbereich $f_{k,1}$ in dem einen und $f_{k,2}$ im zweiten LP gilt. Es resultieren zwei LP-Optima, zum zweiten ist ein Fixkostenterm (s. Abb. 3.25) hinzuzuzählen; die Ergebnisse seien f^{2*} und f^{3*}. Dann gilt:

$$\underline{c}(f^{1*}) \leq \min\left[\underline{c}(f^{2*}),\underline{c}(f^{3*})\right] \leq c(f^*) \leq \max\left[c(f^{2*},f^{3*})\right] \leq c(f^{1*})$$

Aus dem zweiten Rechenschritt resultieren verbesserte untere und obere Schranken:

$$s_2^u = \min\left[\underline{c}(f^{2*}),\underline{c}(f^{3*})\right]$$
$$s_2^o = \max\left[c(f^{2*}),c(f^{3*})\right]$$

Zur weiteren iterativen Annäherung der linearen Funktionen an den exakten konkaven Verlauf wird jeweils der Lösungsbereich der kleinsten unteren Schranke nach dem Distanzkriterium in zwei disjunkte Durchflußbereiche „verzweigt". Die entstehenden LP-Lösungen werden einschließlich der Fixkostenanteile gespeichert und stehen in jedem Rechenschritt zur Ermittlung der aktuellen unteren und oberen Schranke sowie weiterer Verzweigungen zur Verfügung.

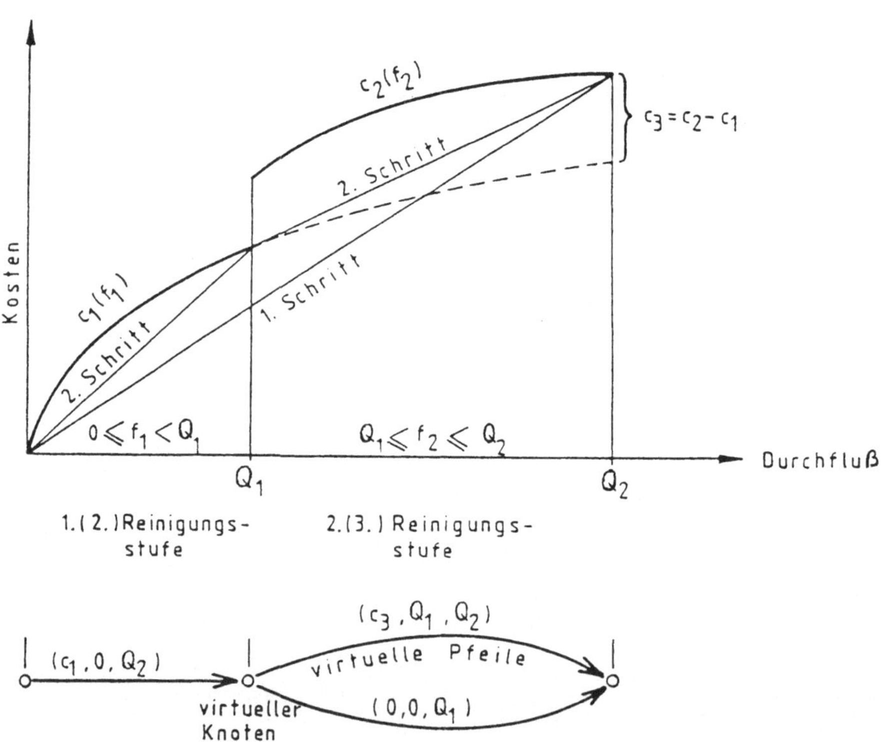

Abb. 3.26. Zweistufiges Klärwerk

Während durch das gewählte Verzweigungsprinzip die untere Schranke in jedem Rechenschritt in Richtung auf das globale Optimum angehoben wird, dient die obere Schranke der Elimination dominierter Lösungen. Weitere „Verzweigungen" oder „Auslotungen" eines disjunkten Lösungsbereiches i können eingestellt werden, wenn die LP-Lösung f^{i*} dieses Bereiches oberhalb der aktuellen oberen Schranke S_a^o liegt:

$$\underline{c}(f^{i*}) > S_a^o$$

Rechnerische Abkürzungen können auch nach dem Prinzip von Murty [17] durch Elimination benachbarter LP-Ecken erfolgen, deren Funktionswerte über der aktuellen oberen Schranke liegen. Verkürzungen der Rechenzeit ergeben sich auch durch eine möglichst präzise Angabe der maximalen Durchflußmengen Q_j, die jedes Systemelement als Kapazitätsbeschränkung besitzt. Aus der Struktur des Graphen und planerischen Vorgaben können in der Regel maximal mögliche Durchflußmengen Q_j durch einfache Nebenrechnungen bestimmt oder abgeschätzt werden.

Sollen an den Klärwerksstandorten Möglichkeiten unterschiedlicher Klärstufen vorgegeben sein, so ist die Problematik konkaver Kostenfunktionen durch Kostensprünge oder -stufen zu ergänzen. Im verwendeten „Branch-and-Bound"-Algorithmus wird diese Komplikation beim Kläranlagenpfeil durch eine Anordnung sequentieller und paralleler Pfeile mit einem virtuellen Zwischenknoten ermöglicht (s. Abb. 3.26).

Im Vergleich zu ganzzahligen Methoden wird die Effizienz des Algorithmus insbesondere durch die Transformation zum linearen Transportmodell gesteigert, die die Anwendung schneller graphentheoretischer Algorithmen gestattet. Die Verwendung einer LP-Routine zeichnet sich ebenfalls durch hohe Effizienz im Vergleich zu nichtlinearen Algorithmen aus.

Im Prinzip vereinigt dieses Verfahren die iterative Berechnung des diskreten Durchflußrouting und die gleichzeitige Elimination dominierter Lösungen; zusätzlich kann der Genauigkeitsbereich gesteuert werden.

Die Tatsache, daß die Literatur fast ausschließlich mengenabhängige Formulierungen der „Regionalen Abwasserentsorgung" oder „Verbundentsorgung" diskutiert, kann nicht nur den Wünschen der Praxis entsprechen, sondern spiegelt auch die algorithmische Problematik wider. Nur wenn das Abwasser an allen Quellen identische Qualität besitzt, kann eine Berechnung in den Dimensionen „Abwassermenge" oder „BSB-Belastung" vorgenommen werden. Die Annahme, daß Menge und Güte des Abwassers verschiedener Quellen ein konstantes Verhältnis besitzen, gilt in der Regel nicht, wenn zum Beispiel unterschiedliche industrielle, gewerbliche, häusliche Quellen vorliegen. Reinigungsgrad und Kosten einer Kläranlage werden in der Bundesrepublik repräsentativ für die Schmutzstofffracht auf Einwohnergleichwerte (EGW) bezogen, Kosten von Kanälen, Druckleitungen, Überläufen sind mengenabhängig.

Schwankungen der Fracht beeinflussen den Wirkungsgrad und die Kosten eines Klärwerkes. Da bedeutende zeitliche Schwankungen der Fracht vorkommen, kann die Kläranlagendimensionierung auf der Grundlage einer pauschalen

EGW-Angabe ebenso kritisiert werden wie die Annahme einer ausschließlichen Mengenabhängigkeit. Für eine vorgegebene Reinigungsleistung gilt als beste Näherung, daß die Baukosten eines Klärwerkes von der Abwassermenge und die Betriebskosten von der eliminierten Fracht abhängig sind. Im folgenden sei angenommen, daß Abwassermengen und Schmutzstofffrachten vorgegeben sind. Das System ist optimal zu gestalten, indem die Kosten der Systemelemente entweder vom ersten oder zweiten Parameter abhängen.

Die mathematische Formulierung dieser Aufgabenstellung wird zur algorithmischen Bearbeitung nach dem vorgestellten „Branch-and-Bound"-Prinzip zweckmäßig in folgender Form vorgenommen. Zusätzlich sind zu den anfallenden Abwassermengen q_i die Frachten p_i an den Einspeiseknoten i vorgegeben, so daß sich Werte

$$\alpha_i = p_i / q_i$$

ergeben, die Konzentrationen entsprechen. In den Pfeilen j fließen die Konzentrationen

$$\alpha_j = g_j / f_j,$$

wenn f_j, wie bisher, die Abwassermengen und g_j die -frachten bedeuten.

Bezeichnen die Indexmengen

$$J^1{}_i \mid a_{ij} < 0$$

diejenigen Pfeile j, die zum Knoten i gerichtet sind und

$$J^2_i \mid a_{ij} > 0$$

die Pfeile j, die vom Knoten i fortführen, so werden Durchmischung der ankommenden Ströme sowie homogene Konzentrationen in den abgehenden Strängen eines Knotens i durch die Bedingungen garantiert:

$$\sum_{j \in J_i^1} f_j + q_i = F_i \tag{3.55}$$

$$\sum_{j \in J_i^2} g_j + p_i = G_i \tag{3.56}$$

$$f_j / g_j = F_i / G_i, \quad j \in J_i^2 \tag{3.57}$$

Die Beziehung (3.57) ist nichtlinear, so daß eine direkte Verwendung im linearen Algorithmus nicht möglich ist. In der Zielfunktion bilden die durchflußabhängigen Kosten der Stränge (auch von eventuellen Entlastungsanlagen) und die frachtbezogenen Kosten der Kläranlagen separate Terme (J_1: Indexmenge der Transportpfeile, J_k: Indizes der Klärwerkspfeile):

$$\sum_{j \in J_1} c_j f_j + \sum_{j \in J_k} c_j g_j,$$

so daß theoretisch eine „Entmischung" der Mengen- und Frachtströme im System möglich wäre, wenn Nebenbedingungen es nicht verhindern würden.

Eine direkte Einbeziehung der nichtlinearen Bedingung (3.57) in den linearen „Branch-and-Bound"-Algorithmus ist nicht möglich; da dieser jedoch iterativ arbeitet, kann die „Durchmischungsbedingung" (3.57) in folgender Form durch Näherungsschritte mit berücksichtigt werden. Es werden die zusätzlichen Nebenbedingungen

$$g_j = \alpha_j f_j, \qquad j \in J_i^2, \quad \forall i \tag{3.58}$$

eingeführt, in denen α_j einen vorgeschätzten Konzentrationswert im Bereich

$$\alpha_j^{\min} \leq \alpha_j \leq \alpha_j^{\max} \tag{3.59}$$

darstellt. Die minimal und maximal möglichen Konzentrationen $\alpha_j^{\min}$ und $\alpha_j^{\max}$ können aus den Inputdaten der eingespeisten Mengen und Frachten nach dem Prinzip oberer und unterer Schranken abgeschätzt werden.

Da die optimalen Werte g_j^*, f_j^* und α_j^* vorerst unbekannt sind, werden in der Anfangsschätzung α_j die Beziehungen (3.55) und (3.56) nicht erfüllt, so daß eine iterative Korrektur der α_j-Werte während der Rechenoperationen des „Branch-and-Bound"-Algorithmus vorzunehmen ist. Dazu werden an jedem Knoten zwei zusätzliche Pfeile eingeführt, die eine zu hohe Konzentrationsanfangsschätzung α_j durch eine fiktive, vom Knoten i abzuleitende Fracht p_i' und eine zu niedrige Konzentrationsanfangsschätzung durch einen fiktiven, vom Knoten i abzuleitenden Abfluß q_i' ausgleichen. Die Variablen q_i', p_i' erscheinen nur in den Gleichgewichtsbedingungen (3.55) und (3.56) und nicht in der Zielfunktion. Die Struktur des „Out-of-Kilter" erlaubt es, in den internen Ausgleichsrechnungen die vorgeschätzten α_j-Parameter kontinuierlich zu korrigieren, so daß die Ströme q_i', p_i' gegen Null streben. Die Richtung der iterativen Korrektur wird durch die aktuellen Werte p_i' ($p_i' > 0$: α_j nimmt zu) oder q_i ($q_i' > 0$: α_j nimmt ab) angezeigt; es gelten die Bereiche

$$p_i' \geq 0, \quad q_i' = 0 \quad \text{und} \quad q_i' \geq 0, \quad p_i' = 0.$$

Wird die Gültigkeit des Indivergenzprinzips gewünscht, so daß Menge und Fracht an jedem Knoten in höchstens einem Pfeil abfließen, so kann die Lösung der zweiparametrigen Aufgabenstellung in geschlossener Form durch eine gemischtganzzahlige Formulierung erfolgen [12]. Bilden Q_j, wie bisher, die oberen Schranken der Durchflüsse und P_j die oberen Schranken der Frachten eines Pfeiles j, so ist in Anlehnung an das Dichotomienprinzip von Dantzig [7] in jedem Verzweigungsschritt des „Branch-and-Bound"-Algorithmus die zusätzliche Nebenbedingung zu beachten:

$$f_j \leq \delta_{ij} Q_j \qquad j \in J_i^2 \ \forall i \tag{3.60}$$

$$g_j \leq \delta_{ij} P_j \qquad j \in J_i^2 \ \forall i \tag{3.61}$$

$$\sum_{j \in J_i^2} \delta_{ij} = 1 \qquad j \in J_i^2 \tag{3.62}$$

$$0 \leq \delta_{ij} \leq 1 \qquad \text{ganzzahlig} \tag{3.63}$$

Jedem Pfeil j wird eine ganzzahlige Variable δ_{ij} zugeordnet, die einen Bezugsindex zum Knoten i enthält.

Da die gegenwärtige Kapazität gemischt ganzzahliger Rechenroutinen im Bereich von 50 bis 100 ganzzahligen Variablen liegt, können mit diesem Ansatz mittlere bis große Aufgabenstellungen bearbeitet werden. Jedoch geht die besondere Effizienz des „Branch-and-Bound" -Algorithmus verloren, wenn der „Out-of-Kilter" durch gemischtganzzahlige Berechnungen ersetzt wird.

3.2.4 Planungsbeispiele

3.2.4.1 Abidjan

Die Abbildungen 3.27 und 3.28 zeigen Übersichtsplan, Graphen und Input-mengen eines Beispiels, das rechnerisch nachvollzogen wurde (Abidjan, Elfen-beinküste [1, 23]). Es sind 35 Einspeise- und Verteilerknoten vorgegeben, so daß das System mit der Supersenke 36 Knoten enthält; die Anzahl der Stränge, N = 52, ergibt sich aus N_j = 37 Kanten der Verbindungsleitungen und N_i = 15 Optionen von Standorten für Kläranlagen, die als Pfeile zur Supersenke geführt werden. Von den Verbindungsleitungen sind 12 ungerichtet; in diesen ist ein Abwassertransport in beiden Richtungen möglich. Die zugehörigen konkaven Kostenfunktionen wurden vor Ort ermittelt oder der Literatur entnommen; die Jahreskosten, CFA/a, ergeben sich durch Multiplikation der folgenden Werte mit der Jahresstundenzahl 8740:

Mechanische Reinigung	$c = 46,9\ q^{0,775}$	[CFA/h]
Mechanisch-biologische Reinigung	$c = 36,3\ q^{0,685}$	[CFA/h]
Transport, Typ A	$c = 50,9\ q^{0,416}$	[CFA/h]
Transport, Typ B	$c = 60,0\ q^{0,416}$	[CFS/h]

Es wurden verschiedene Szenarien berechnet. Abbildung 3.29 zeigt die opti-male Flußverteilung wenn im Gesamtsystem mechanische Reinigung gefordert und zur Eingrenzung der Hafenverschmutzung in den Knoten 2 und 12 Kapazitätsbegrenzungen von 7500 m^3/h angenommen werden; Abbildung 3.30 stellt die Lösung im Falle mechanisch-biologischer Klärwerke ohne Kapazitäts-begrenzungen im Gesamtsystem dar. In beiden Szenarien erfolgt die Einleitung der vorbehandelten Restmenge (Kosten: $c = 37\ q^{0,69}$) am Knoten 2 in den Golf von Guinea.

Die Rechenzeit der Optimierung ohne Kapazitätsbegrenzungen betrug ca. 11 Min.; es fanden 18 333 Verzweigungen oder Kilteraufrufe statt, die Abbruch-differenz zwischen unterer und oberer Schranke betrug 0,1 %. Die Rechenzeiten des Szenariums mit Kapazitätsbegrenzungen am Standort 2 und 12 war 0,38 Min. bei einem Abbruchkriterium von 0,7 % (1006 Kilteraufrufe) und 4,32 Min. bei einem Abbruchkriterium < 0,1 % (7252 Kilteraufrufe). Die Rechnungen wurden am Rechenzentrum der Universität Karlsruhe (Siemens 7865) durch-geführt.

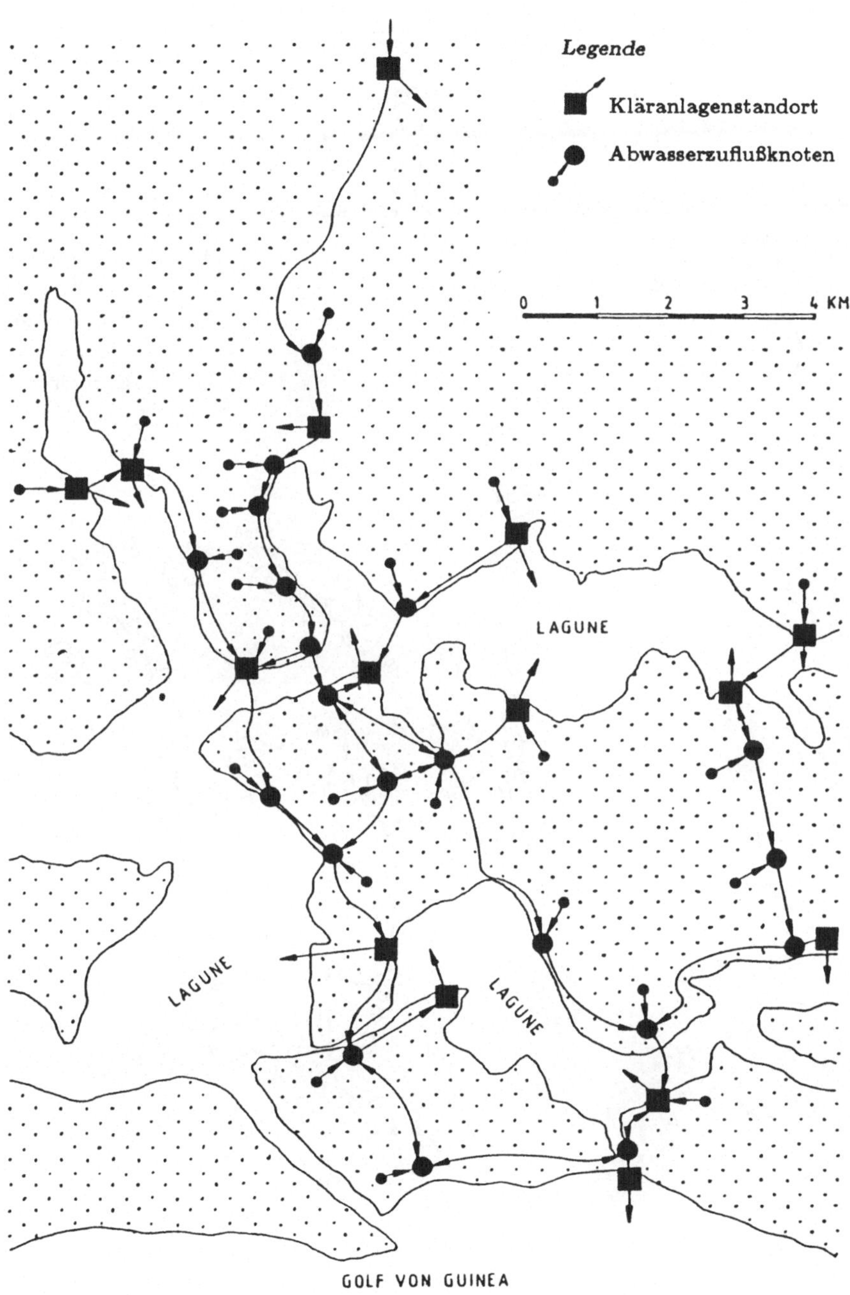

Abb. 3.27. Übersicht – Abidjan

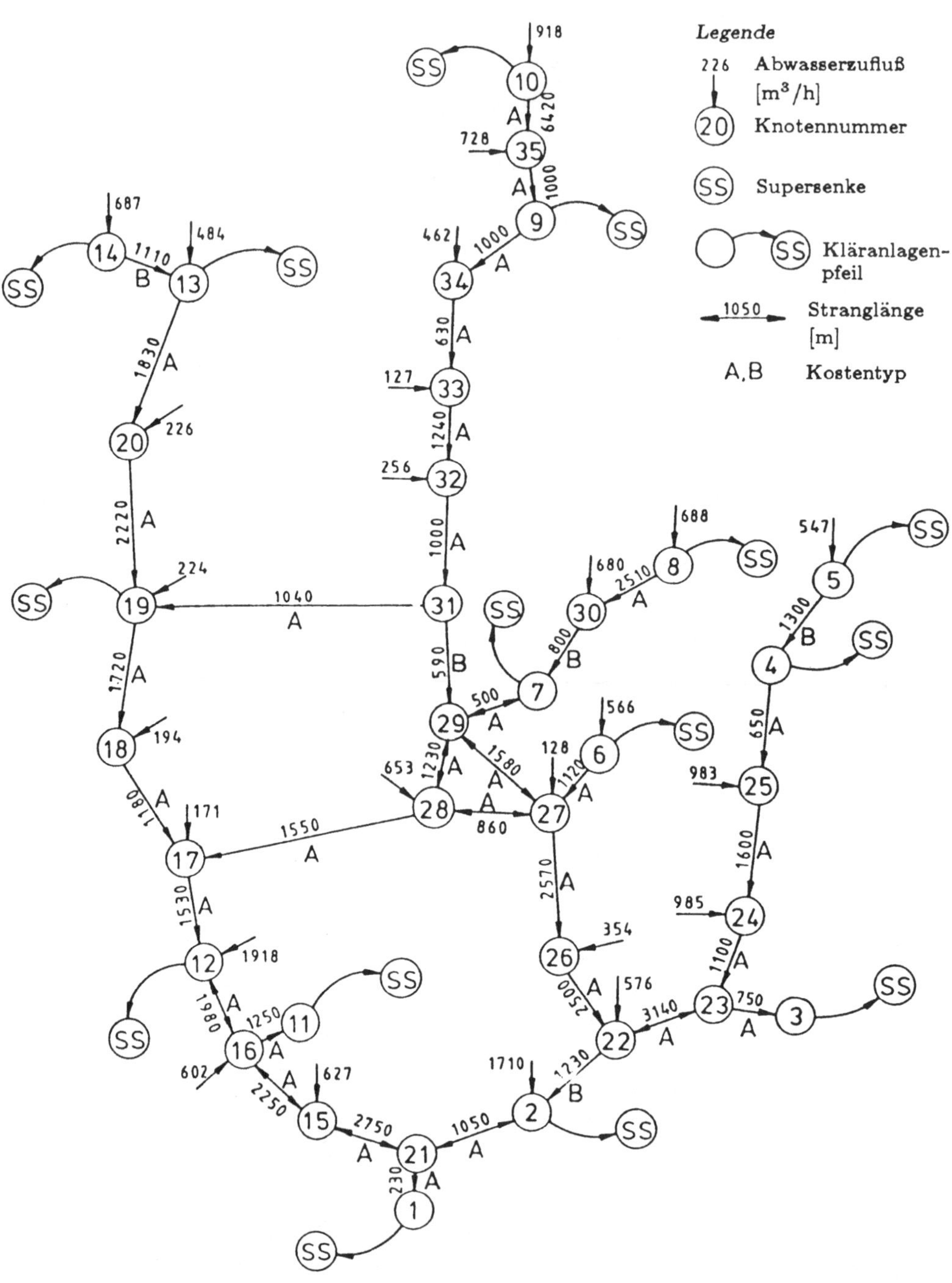

Abb. 3.28. Gesamtgraph

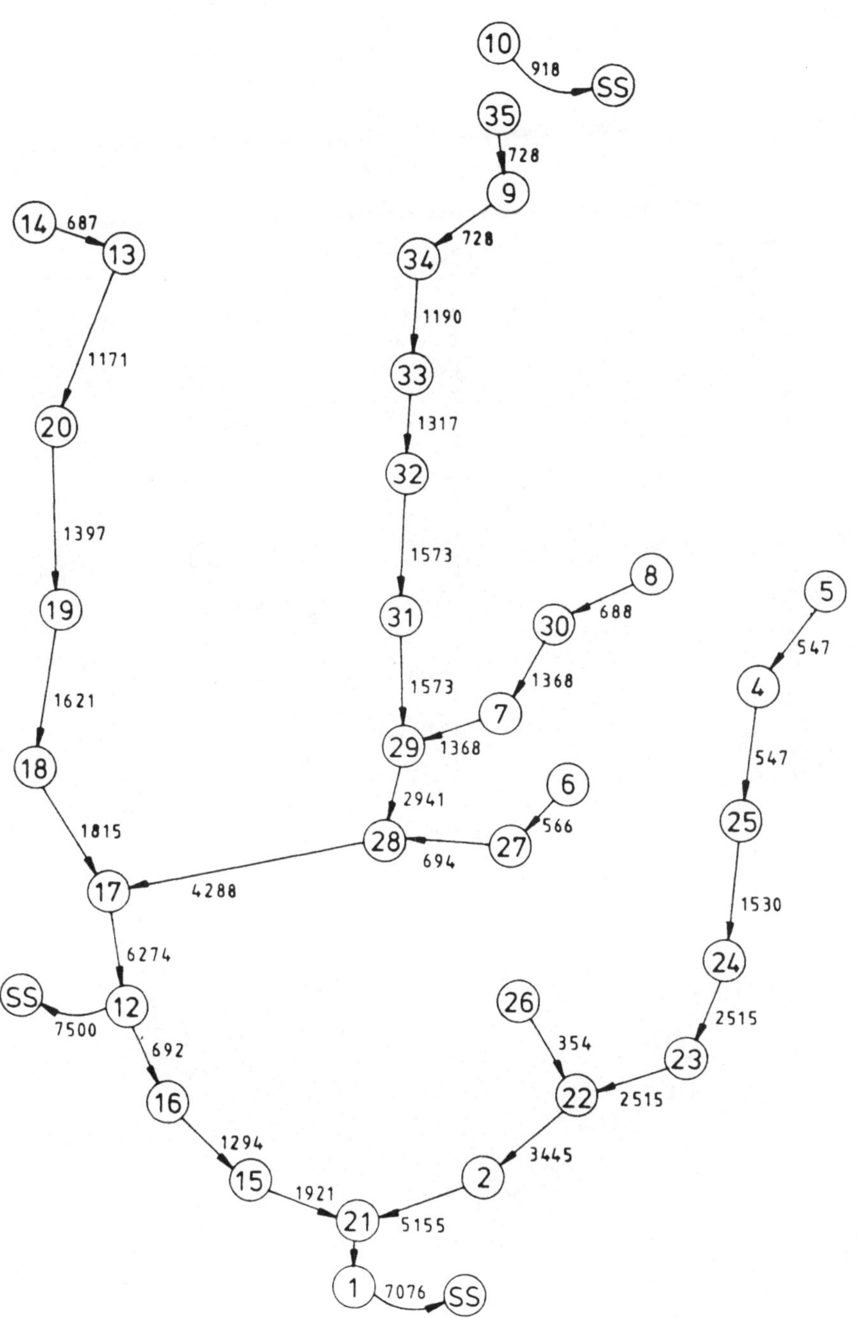

Abb. 3.29. Mechanische Reinigung mit Kapazitätsbegrenzung

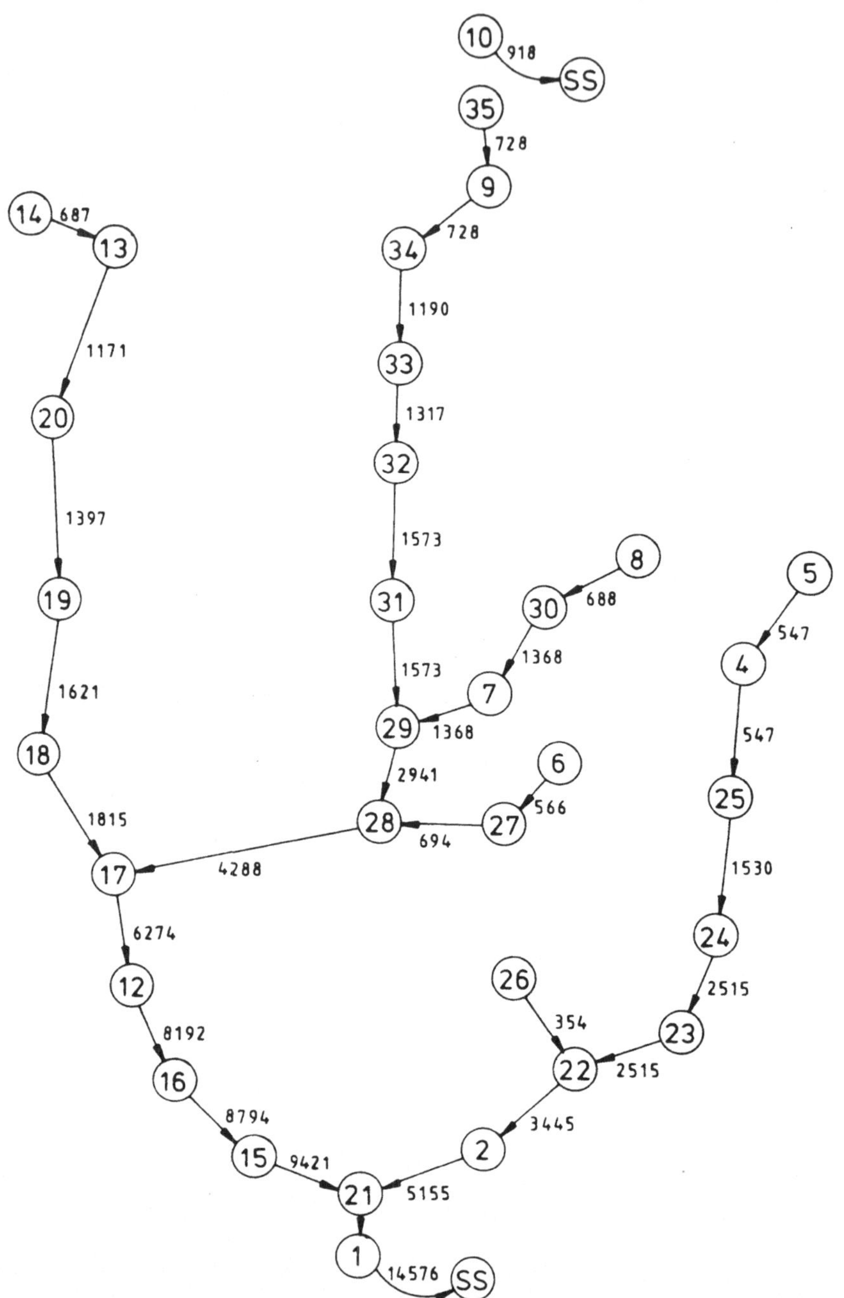

Abb. 3.30. Mechanisch-biologische Reinigung ohne Kapazitätsbegrenzung

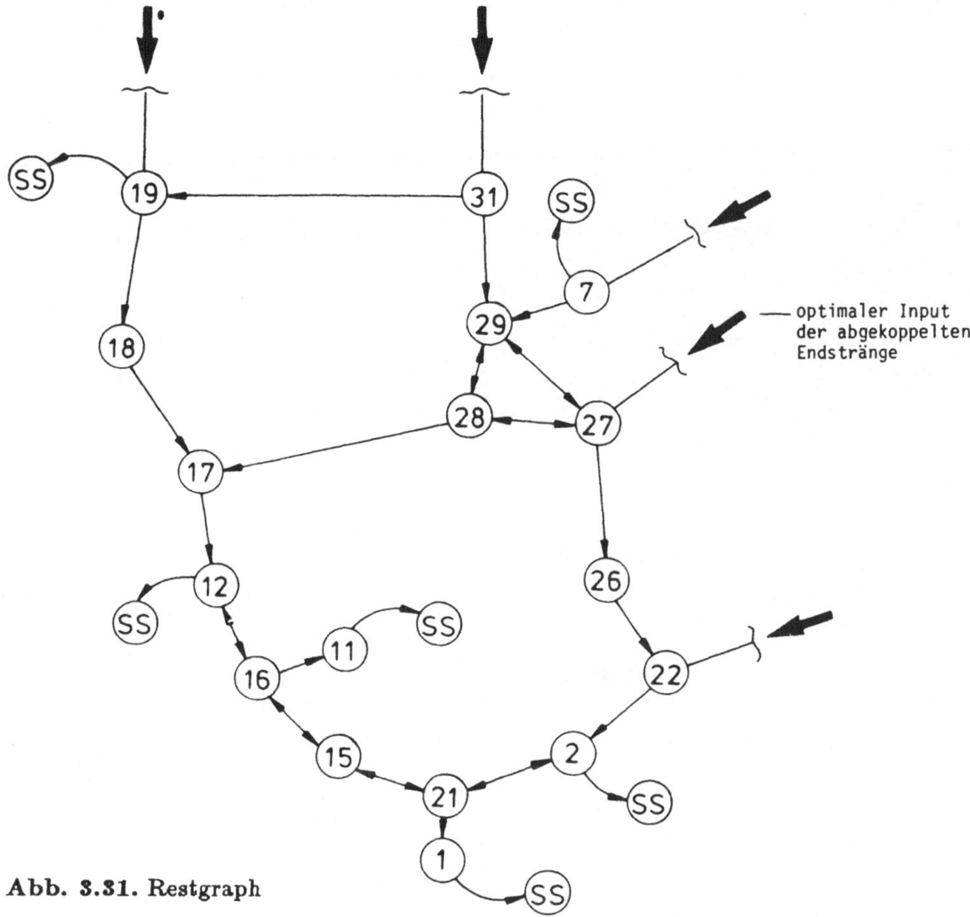

Abb. 3.31. Restgraph

Wie in den meisten Planungsaufgaben der Praxis könnten auch in diesem
Beispiel Voruntersuchungen geführt werden, die eine weitere Reduzierung der
Rechenarbeit ergeben. Würde eine vollständige Enumeration der binären Kom-
binationsmöglichkeiten durchgeführt, so wären ohne Kapazitätsbeschränkungen $2^{15+12} = 2^{27} \sim 10^9$ Verästelungsnetze auf ihre Zulässigkeit (Einhaltung
der Kirchhoffschen Gleichgewichtsbedingung an den Knoten) zu überprüfen.
Durch Abkopplung der Endstränge des Systems können die Kostenoptima
dieser Stränge durch einfache Nebenrechnungen über den Vergleich weniger
Planungsalternativen ermittelt werden; an den Schnittstellen werden die resultierenden Übergabemengen in den Restgraphen eingespeist, der 18 Knoten einschließlich Supersenke besitzt, so daß $2^{6+8} = 2^{14} = 16\,384$ eindeutige
Durchflußlösungen (6 Klärwerke, 8 ungerichtete Pfeile, s. Abb. 3.31) möglich
und jeweils auf ihre Zulässigkeit bezüglich der Kirchhoffschen Knotengleich-
gewichtsbedingung zu überprüfen sind; 16 384 Durchflußermittlungen für ein
Netzwerk mit 18 Knoten sind eine unbedeutende Rechenbelastung.

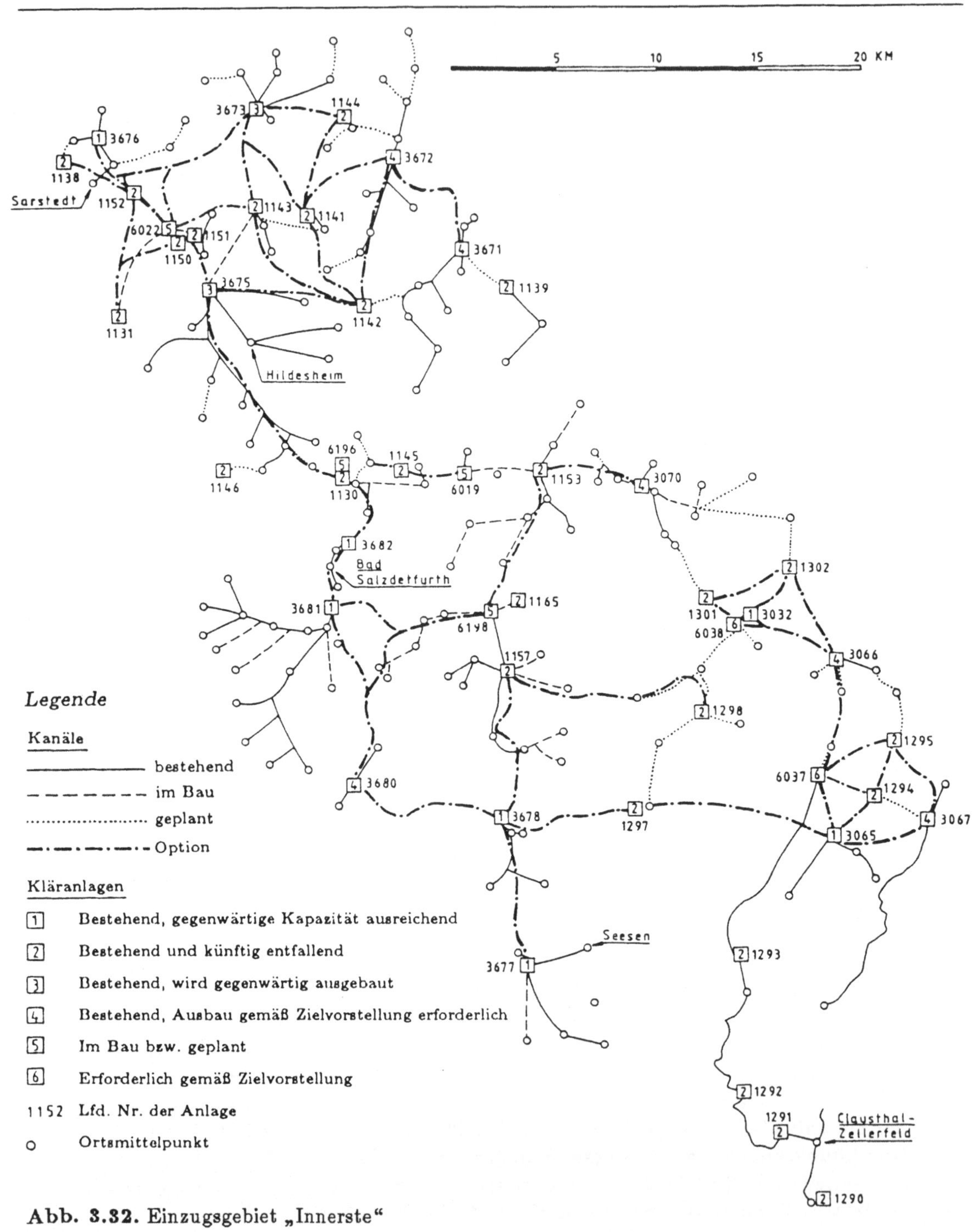

Abb. 3.32. Einzugsgebiet „Innerste"

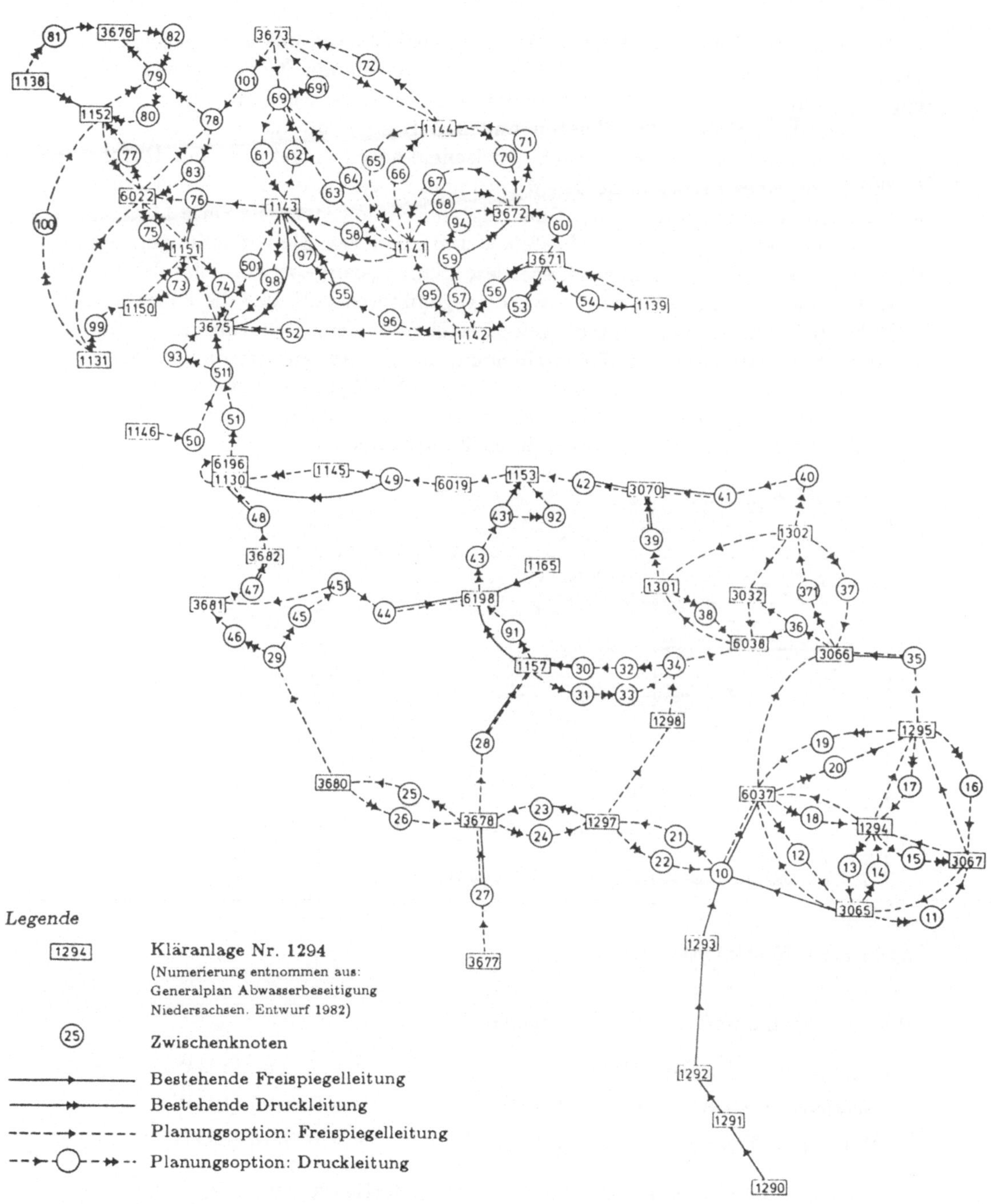

Abb. 3.33. Systemgraph „Innerste"

3.2.4.2 Innerste

Abbildung 3.32 zeigt den Übersichtsplan von Klärwerken des Einzugsgebietes
„Innerste", der im Generalplan der Abwasserbeseitigung Niedersachsen [11]
entwickelt und durch zusätzliche Kanaloptionen ergänzt wurde [5], so daß der
Systemgraph insgesamt 159 Knoten und 350 Kanten umfaßt (s. Abb. 3.33).
Programmtechnisch wurden virtuelle Zwischenknoten eingeführt, um Durch-
flußoptionen eines Pfeiles in beiden Richtungen zu gestatten. Die Numerierun-
gen der Kläranlagen wurden vom Generalplan übernommen. Die Serie 1130 bis
1302 bezeichnet Klärwerke, die bestehen und nach den Zielvorstellungen des
Generalplanes künftig entfallen sollen; diese Planungsvorgabe wurde mit Szenarium I bezeichnet. Im Szenarium II wurde gegenübergestellt, daß die Klärwerke
1130 bis 1302 auch in der Zukunft weiterbestehen dürfen. Szenarium III nimmt
an, daß die Gesamtzahl von 47 bestehenden, im Ausbau oder Bau befindlichen
sowie geplanten Kläranlagen über das dargestellte System vorhandener und
zusätzlicher Freispiegel- oder Druckleitungen optimal aktiviert werden kann.

Abbildung 3.34 stellt die verwendeten Kostenfunktionen dar [11]:

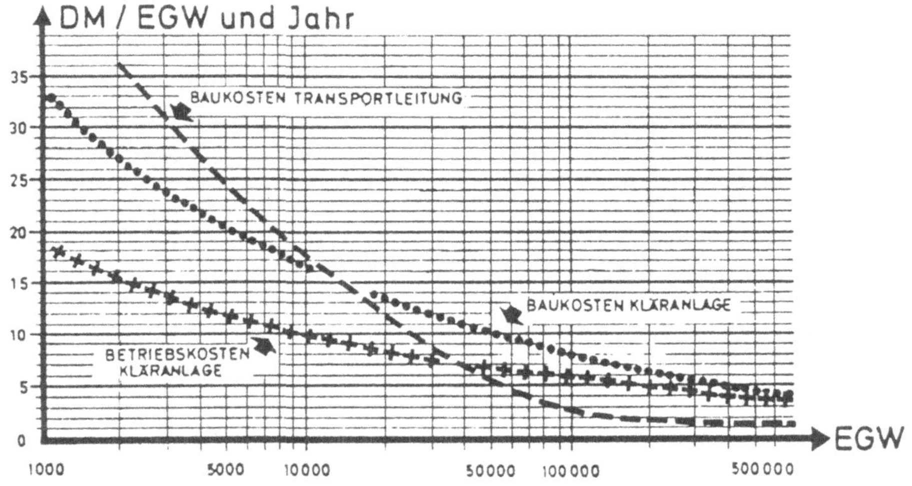

Abb. 3.34. Kostenfunktionen

Regressionsanalysen der Kurven ergaben:

Baukosten Kläranlage [DM/a]	$c = 355,53\ (EGW)^{0,665}$
Betriebskosten Kläranlage [DM/a]	$c = 188,94\ (EGW)^{0,6897}$
Baukosten Transportleistung [DM/(a km)]	$c = 619,18\ (EGW)^{0,3486}$

Die Berechnung der Pumpkosten des Abwassertransportes folgte dem Ansatz:

$$c_p = \alpha\, C_e \frac{Q}{\eta} r,$$

mit

$$\begin{aligned}
\alpha &= 0,2723 \ (10^{-2}) & &\text{Dimensionsfaktor} \\
c_e &= 0,20 & &\text{Energiepreis [DM/kWh]} \\
\eta &= 0,6 \quad \text{TW} & &\text{Wirkungsgrad} \\
\eta &= 0,7 \quad \text{RW} & &\text{Wirkungsgrad} \\
r &= 1,2 \quad \text{TW} & &\text{Anlaufzuschlag} \\
r &= 1,0 \quad \text{RW} & &\text{Anlaufzuschlag} \\
Q & & &\text{Durchfluß } [\text{m}^3/\text{a}]
\end{aligned}$$

Werden über 300 d/a Trockenwetterabfluß sowie 800 h/a Regen, davon etwa das Doppelte, ~ 1560 h/a $= 65$ d/a, als Abflußzeit gerechnet, ferner $Q_{\mathrm{RW}} = 20_{\mathrm{TW}} = 150$ l/(EGW d) angenommen, so ergeben sich die auf einen Meter Förderhöhe bezogenen Pumpkosten c_p zu:

$$\begin{aligned}
c_p &= \alpha c_e \ (300) \ (150) \ (10^{-3}) \ (1{,}2)/(0{,}6) + (65) \ (2) \ (150) \ (10^{-3})/(0{,}7) \\
&= 64{,}232 \ (10^{-3}) \ (\text{EGW}) \ [\text{DM}/(\text{a m})]
\end{aligned}$$

Das Programm enthält aufgrund der möglichen Planungsvarianten 7 Kostenkombinationen:

SWITCH 1: Betriebskosten der Kläranlage
    – bestehende Anlage wird weiterbetrieben
    2: Kosten $= 0$
    – Stillegung der bestehenden Anlage
    3: Betriebskosten der Transportleitung
    – bestehender Kanal wird weiterbetrieben
    4: Transportleitungskosten
    – Freispiegeltransport
    5: Bau- und Betriebskosten der Transportleitung
    – Pumptransport
    6: Baukosten der Kläranlage
    – Neubau einer Anlage, zusätzlich gilt 1
    7: Pumpkosten
    – bestehende Transportleitung wird als Druckleitung
     weiterbetrieben

Tabelle 3.9 zeigt Eingabedaten und Ergebnisse der Szenarien. Die Rechenzeiten (Siemens 7880) betrugen für Szenarium I 32 s, für Szenarium II 45 s, für Szenarium III ~ 1 h (94576 Kilteraufrufe); die Abbruchkriterien betrugen 1 und 1 und 3 %. Wieder ergibt sich die charakteristische Größenordnung der Kostenersparnisse durch Optimierungsrechnungen gegenüber konventionellen Planungen; der Unterschied zwischen den im Abwassergeneralplan vorgesehenen Investitionen, 10670500 DM/a im Szenarium I, und der durch das Optimierungsmodell ermittelten Ausbauplanung für identischen Planungsinput, 8330780 DM/a Szenarium III, beträgt 22 %. Auch das Szenarium II läßt eine deutliche Überlegenheit zum Generalplan, Szenarium I, erkennen. Die Abbildungen 3.35 bis 3.37 zeigen die resultierenden optimalen Systeme von Standorten der Klärwerke und Trassen der Transportleitungen.

Tabelle 3.9. Input und Lösungen „Innerste"

Lfd. Nr.	Nr.	Name	Vorhanden		Geplant			Szenarium I	Szenarium II	Szenarium III
			Kapazität	Belastung	Kapazität	Vom Nachbarknoten	Am Knoten			
			EGW	EGW	EGW	EGW	EGW	Mio. DM/a		
1	1130	Gr. Düngen	4 300	4 100	0	0	4 100	0	4 100	0
2	1131	Emmerke	1 800	2 500	0	0	2 500	0	1 800	2 500
3	1138	Schliekum	800	800	0	0	800	0	800	1 200
4	1139	Dingelbe	4 400	4 400	0	0	4 400	0	4 000	4 000
5	1141	Borsum	3 000	3 100	0	0	3 100	0	3 000	3 100
6	1142	Bettmar	900	1 000	0	0	1 000	0	900	0
7	1143	Warsum	5 000	6 900	0	0	6 900	0	1	0
8	1144	Clauen	1 500	1 400	0	0	1 400	0	1 400	1 400
9	1145	Heinde	1 200	1 200	0	0	1 200	0	1 200	1 200
10	1146	Dieckholzen	3 600	4 200	0	0	4 200	0	3 600	3 600
11	1150	Gr. Giessen	3 600	4 400	0	0	4 400	0	3 600	4 400
12	1151	Hasede	2 300	3 700	0	0	3 700	0	2 300	3 700
13	1152	Ahrbergen	2 800	4 400	0	0	4 400	0	4 400	2 800
14	1153	Holle	6 000	5 400	0	0	5 400	0	5 400	5 400
15	1157	Bockenem	7 000	11 600	0	0	11 600	0	7 000	7 000
16	1165	Schlewecke	500	1 100	0	0	1 100	0	1	0
17	1290	Buntenbrock	4 700	3 000	0	0	3 000	0	3 000	3 000
18	1291	Clausthal-Zell.	18 000	22 300	0	0	22 300	0	18 000	18 000
19	1292	Wildemann	3 900	3 700	0	0	3 700	0	3 900	3 900
20	1293	Lautenthal	5 000	3 300	0	0	3 300	0	5 000	7 400
21	1294	Jerstedt	2 200	2 000	0	0	2 000	0	2 000	2 002
22	1295	Dörnten	2 200	1 700	0	0	1 700	0	1 700	1 700
23	1297	Hahausen	0	1 000	0	0	1 000	0	1 000	1 000
24	1298	Lutter a. Berg	0	2 500	0	0	2 500	0	0	2 500
25	1301	Sehlde	0	1 500	0	0	1 500	0	1 500	4 100
26	1302	Haverlah	0	1 200	0	0	1 200	0	1 200	0
27	3032	Salzgitter/Ring.	14 000	10 600	13 000	0	13 000	13 000	13 000	14 200
28	3065	Langelsheim	17 500	14 100	17 500	0	17 500	17 500	17 500	17 500
29	3066	Othfresen	2 900	2 900	6 100	1 700	4 400	6 100	4 400	4 400
30	3067	Goslar-West	25 700	33 200	45 000	2 000	43 000	45 000	43 000	42 999
31	3070	Baddeckenstedt	6 000	3 500	11 100	2 700	8 400	11 100	8 400	8 400
32	3671	Schellerten	13 200	11 400	16 700	5 400	11 300	16 700	11 800	11 300
33	3672	Sossmar	8 000	8 500	15 000	1 400	13 600	15 000	13 600	13 600
34	3673	Algermissen	8 100	25 000	30 000	0	30 000	30 000	30 000	29 999
35	3675	Hildesheim	80 000	168 600	280 000	14 200	265 800	280 000	273 399	276 501
36	3676	Sarstedt	34 000	25 900	28 100	800	27 300	28 100	27 300	28 900
37	3677	Seesen	90 000	84 400	92 200	0	92 200	92 200	92 200	90 000
38	3678	Gr. Rhüden	10 000	7 600	7 600	0	7 600	7 600	7 600	10 000
39	3680	Lamspringe	4 500	6 100	6 200	0	6 200	6 200	6 200	4 500
40	3681	Almeriehe	25 000	17 300	19 000	0	19 000	19 000	19 000	20 500
41	3682	Bad Salzdettf.	20 400	15 700	15 700	0	15 700	15 700	15 700	15 700
42	6019	Holle	0	0	12 000	5 400	6 600	12 000	6 600	5 100
43	6022	Gr. Giessen	0	0	15 000	15 000	0	15 000	2 900	0
44	6037	Innerstetal	0	0	44 500	32 300	12 200	44 500	14 600	12 199
45	6038	Lutter a. Berg	0	0	6 100	3 500	2 600	6 100	5 100	0
46	6196	Gr. Düngen	0	0	7 500	5 300	2 200	7 500	2 200	0
47	6198	Bockenem	0	0	19 000	12 700	6 300	19 000	11 999	12 000
								10 670	8 734	8 331

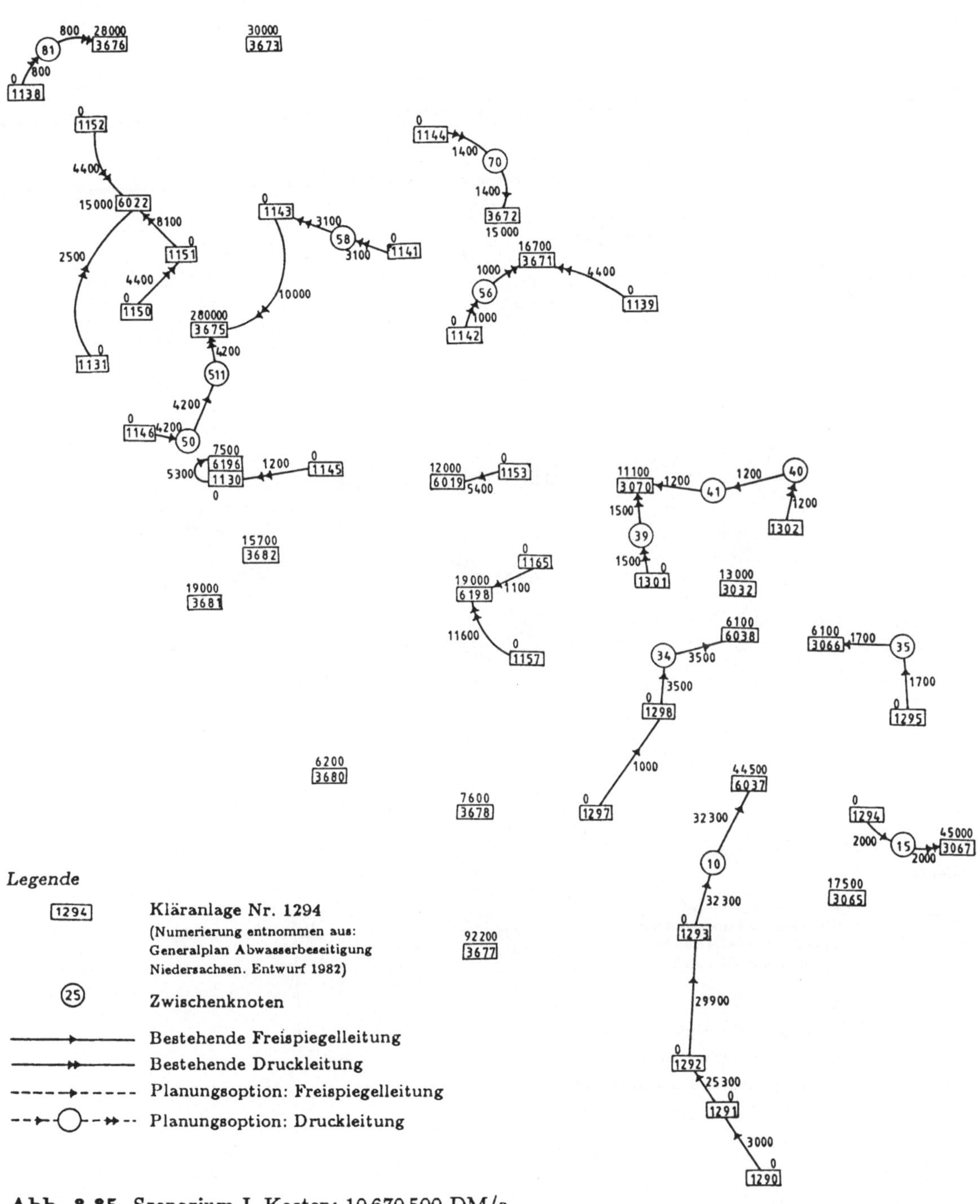

Abb. 3.35. Szenarium I. Kosten: 10 670 500 DM/a

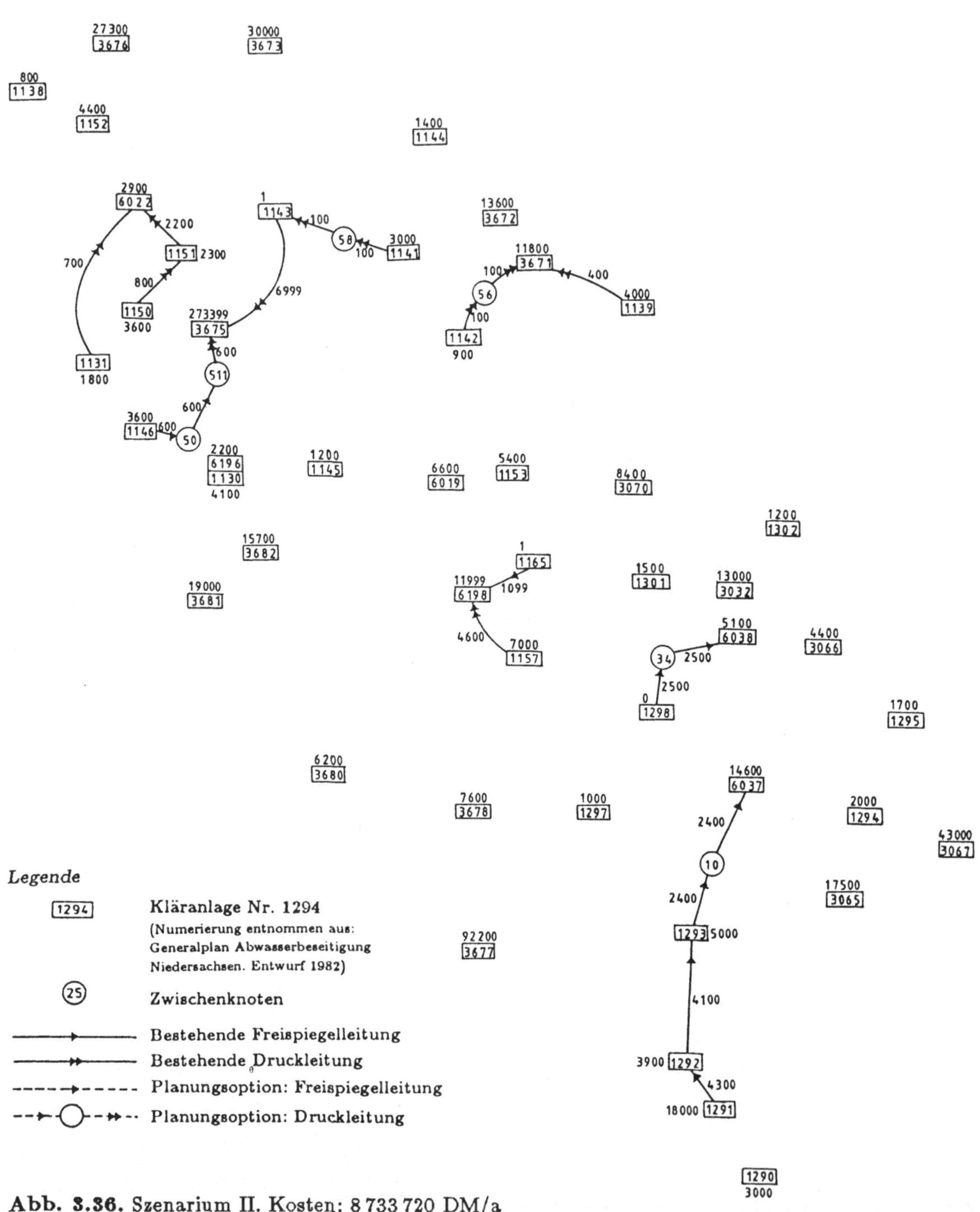

Legende

1294	Kläranlage Nr. 1294 (Numerierung entnommen aus: Generalplan Abwasserbeseitigung Niedersachsen. Entwurf 1982)
25	Zwischenknoten
→—	Bestehende Freispiegelleitung
⇒—	Bestehende Druckleitung
--→--	Planungsoption: Freispiegelleitung
--→○-⇒--	Planungsoption: Druckleitung

Abb. 3.36. Szenarium II. Kosten: 8 733 720 DM/a

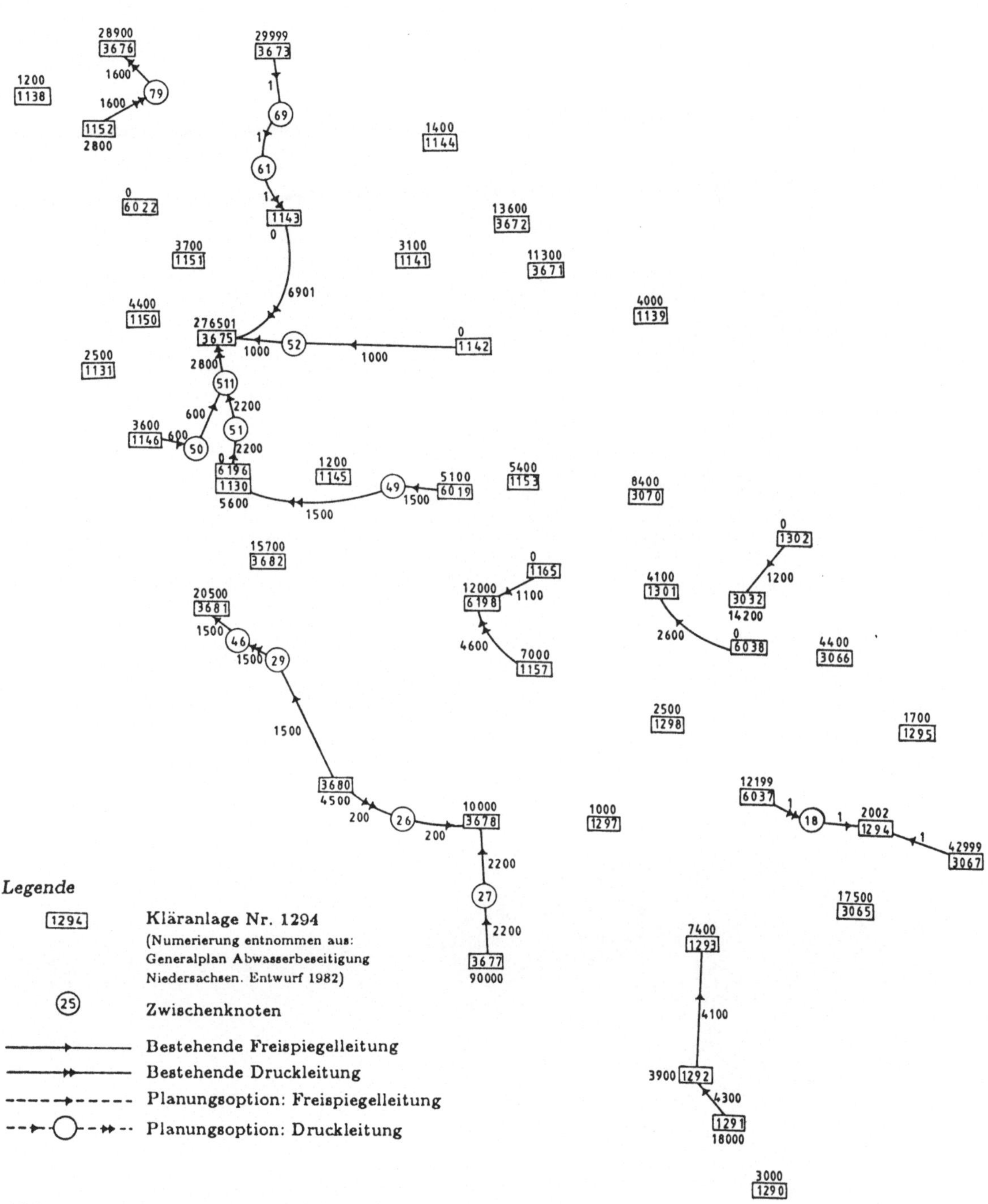

Abb. 3.37. Szenarium III. Kosten: 8 575 470 DM/a

Literatur

Kapitel 2.1

1. Alperovits, E., Shamir, U. (1977): Design of Optimal Water Distribution Systems. Water Resources Research *13*, No. 6, 885
2. Birkhoff, G., Diaz J.B. (1956): Non-linear Network Problems. Quarterly of Applied Mathematics *13*, No. 4, 431
3. Birkhoff, G. (1963): A Variational Principle for Nonlinear Networks. Quarterly of Applied Mathematics *21*, No. 2, 160
4. Brix, J., Heyd, H., Gerlach, E. (1963): Die Wasserversorgung. Oldenbourg, München, Wien, S. 486
5. Brix, J. et al.: op. cit., S. 488
6. Brix, J. et al.: op. cit., S. 516
7. Cembrowicz, R.G. (1975): Least Cost Design of Water Distribution Networks. Proceedings Second World Congress, I.A.H.R., New Delhi, Vol. V, 299
8. Cembrowicz, R.G., Lorenz, M.: Nonlinear Aspects of Network Optimization. (In Vorbereitung)
9. Cembrowicz, R.G., Krauter, G.E. (1977): Optimization of Urban and Regional Water Supply Systems. In: Systems Approach for Development, IFAC Conference Cairo. Pergamon Press
10. Cenedese, A., Mele, P. (1978): Optimal Design of Water Distribution Networks. Jour. Hydraulics Div., ASCE, HY2, 237
11. Cowan, J. (1971): Checking Trunk Main Design for Cost-Effectiveness. Water and Waste Water Eng. *75*, No. 908, 385
12. Cross, H. (1936): Analysis of Flow in Networks of Conduits and Conductors. Bulletin No. 286, Univ. of Illinois, Eng. Ecpl. Stat., Urbana, III
13. Deb, A.K. (1974): Least Cost Design of Branched Network Systems. Jour. Env. Eng. Div. ASCE, EE4, 821
14. Deb, A.K. (1976): Optimization of Water Distribution Network Systems. Jour. Env. Eng. Div. ASCE, EE4, 837
15. Delucia, R.J., Rogers, P. (1972): North Atlantic Regional Supply Model. Water Resources Research *8*, No. 3, 760
16. Dieterich, B,.H., Henderson, J.M. (1963): Urban Water Supply Conditions and Needs in Seventy-five Developing Countries. World Health Organization, Geneva
17. Dobschütz, L. von (1975): Mathematische Methoden für die Optimierung von Verästelungsrohrnetzen. Wasserwirtschaft *65*, Heft 6, 160
18. DVGW Arbeitsblatt 302 (1980): Druckabfalltafeln für Rohrdurchmesser 40–2000 mm. ZfGW, Frankfurt (Neuentwurf 1981)
19. Fair, G.M., Geyer, J.C., Okun, D.A. (1966): Water and Wastewater Engineering *1*, John Wiley & Sons, New York, p. 12-12

20. Fair, G.M. et al.: op. cit., p. 12-7

21. Fair, G.M. et al.: op. cit., p. 12-4

22. Frontinius, S.J. (1969): De Aquis Urbis Romae Libri II. Harvard University Press, Cambridge, Mass.

23. Gandenberger, W. (1957): Über die wirtschaftliche und betriebssichere Gestaltung von Fernwasserleitungen. Oldenbourg, München

24. Garbrecht. G. (1977): Die Wasserversorgung von Pergamon. DVGW Festvortrag Konstanz, Braunschweig

25. Gupta, F., Hassan, M.F., Cook, J. (1974): Linear Programming Analysis of a Water Supply System with Multiple Supply Points. Trans. Amer. Inst. Ind. Eng. *4*, No. 3

26. Hadley, G. (1964): Linear and Dynamic Programming. Addison-Wesley Publ. Comp., Inc., p. 221

27. Hadley, G. (1964): Nonlinear and Dynamic Programming. Addison-Wesley Publ. Comp., Inc., p. 185

28. Jacoby, L.S. (1968): Design of Optimal Hydraulic Networks. Jour. Hydr. Div., Proc. ASCE, 94, HY3, 647

29. Karmeli, D., Gadish, Y., Meyers, S. (1968): Design of Optimal Water Distribution Networks. Jour. Pipeline Div., ASCE *94*, PL1, 1

30. Karpe, H.-J. (1969): Zur Wirtschaftlichkeit bei der Planung von Wasserversorgungen. Dissertation, Universität Karlsruhe

31. Krombach, J., Merten, G. (1960): Erfahrungen aus der Rohrnetzberechnung mit digitalen Rechenanlagen. GWF-Wasser-Abwasser, 101. Jahrg., Heft 40, 1007

32. Lam, C.F. (1973): Discrete Gradient Optimization of Water Systems. Jour. Hydraulics Div., ASCE, HY6, 863

33. Linaweaver, J.P., Clark, C.S. (1964): Cost of Water Transmission. Jour. Am. Water Works Assoc. *56*, 12, 1552

34. Martin, D.W., Peters, G. (1963): The Application of Newton's Method of Network Analysis by Digital Computers. Jour. Inst. Wat. Eng. *17*, 115

35. Mutschmann, J., Stimmelmayr, F. (1965): Taschenbuch der Wasserversorgung. Franckh'sche Verlagsbuchhandlung, Stuttgart, S. 525

36. Neis, U., Dehnert, F., Hahn, H., Kittelberger, W. (1976): Optimierung einer Verbundwasserversorgung am Beispiel des Saarlandes. Wasser und Boden *3*, 55

37. Pitchai, R. (1966): A Model for Designing Water Distribution Pipe Networks. Ph. D. Thesis, Harvard Univ., Cambridge, Mass.

38. Rasmusen, H.J. (1976): Simplifed Optimization of Water Supply Systems. Jour. Env. Eng. Div., ASCE, EE2, 313

39. Rechenberg, I. (1973): Evolutionsstrategie. Problemata 15, Frommann-Holzboog, Stuttgart

40. Rogers, P. (1963): Rational Design of a Water Distribution System. Harvard Univ., Cambridge, Mass., p. V-16 (unpublished)

41. Rose, D.J. (1963): Sysmmetric Elimination on Sparse Positive Definite Systems and the Potential Flow Network Problem. Ph. D. Thesis, Harvard Univ., Cambridge, Mass., Chap. 5

42. Schwefel, H.-P. (1977): Numerische Optimierung von Computer-Modellen mittels Evolutionsstrategie. Interdisziplinäre Systemforschung *26*. Birkhäuser, Basel und Stuttgart

43. Shamir, U., Howard, C.D. (1968): Water Distribution Systems Analysis. Jour. Hydr. Div., ASCE *94*, HY1, 219

44. Smith, D.V. (1966): Minimum Cost Design of Linearly Restrained Water Distribution Networks. S.M. Thesis, M.I.T., Cambridge, Mass.
45. Thomas, H.A.: Persönliche Mitteilung
46. Trent, H.M. (1954): A Note on the Enumeration and Listing of All Possible Trees in a Connected Linear Graph. Proc. Natl. Acad. Sci., Vol. 40, No. 10
47. Watanade, T. (1973): Least-Cost Design of Water Distribution Systems. Jour. Hydr. Div., ASCE 99, HY9, 1497
48. Watson, J.D. (1968): The Double Helix. Atheneum, New York
49. Weinberg, L. (1962): Network Analysis and Synthesis. McGraw-Hill, New York
50. White, G.F., Bradley, D.J., White, U.A. (1972): Drawers of Water. The University of Chicago Press, Chicago
51. Widmoser, P. (1970): Rohrkosten-Minimum für verzweigte Wasserleitungsnetze. Schweizerische Bauzeitung 3
52. Wilde, D.J. (1967): Foundations of Optimization. Englewood Cliffs, New York, Prentice Hall
53. Yang, K.P., Liang, T., Wu, I.P. (1975): Design of Conduit System with Diverging Branches. Jour. Hydr. Div., ASCE 110, HY1, 187
54. Young, G.K., Pisano, M.A. (1970): Nonlinear Programming Applied to Regional Water Resources Planning. Water Resources Research 6, No. 1, 32
55. Zoutendijk, G. (1960): Methods of Feasible Directions. Elsevier Publ. Co., Amsterdam

Kapitel 2.2

1. Delucia, R.J., Rogers, P. (1972): North Atlantic Regional Supply Model. Water Resources Research 8, No. 3, 760
2. Gandenberger, W. (1957): Über die wirtschaftliche und betriebssichere Gestaltung von Fernwasserleitungen. Oldenbourg, München
3. Garbrecht, G. (1977): Die Wasserversorgung von Pergamon. DVGW Festvortrag Konstanz, Braunschweig
4. Karpe, H.-J. (1969): Zur Wirtschaftlichkeit bei der Planung von Wasserversorgungen. Dissertation, Universität Karlsruhe
5. Linaweaver, J.P., Clark, C.S. (1964): Cost of Water Transmission. Jour. Am. Water Works Assoc. 56, 12, 1552
6. Neis, U., Dehnert, F., Hahn, H., Kittelberger, W. (1976): Optimierung einer Verbundwasserversorgung am Beispiel des Saarlandes. Wasser und Boden 3, 55
7. Rechenberg, I. (1973): Evolutionsstrategie. Problemata 15. Frommann-Holzboog, Stuttgart
8. Schwefel, H.-P. (1977): Numerische Optimierung von Computer-Modellen mittels Evolutionsstrategie. Interdisziplinäre Systemforschung 26. Birkhäuser, Basel und Stuttgart
9. Young, G.K., Pisano, M.A. (1970): Nonlinear Programming Applied to Regional Water Resources Planning. Water Resources Research 6, No. 1, 32

Kapitel 3.1

1. Acres, H.G. (1971): Water Quality Management Methodology and its Application to the Saint John River. Policy Planning Directorate, Department of Environment, Ontario, Canada

2. Allgemein anerkannte Regeln der Technik – Mindestanforderungen – Gewässerschutz. Oldenbourg, München – Wien, 1981

3. Bantz, I. (1985): Ein Rechenverfahren zur Darstellung von Stoßbelastungen auf
   die Qualität von Fließgewässern. Dissertation, Universität Karlsruhe

4. Bellman, R. (1967): Dynamic Programming. Princeton University Press, Princeton

5. Biswas, A.K. (ed.) (1981): Models for Water Quality Management. McGraw-Hill,
   New York

6. Boes, M. (1977): Biozönotisches Modell. In: Prognostisches Modell Neckar, Bd.
   17. Dornier System (Hrsg.), Friedrichshafen

7. Boudet, F. (1876): Rapport à M. le Préfet de Police sur l'Altération des Eaux de la
   Seine par les Egouts Collecteurs d'Asnières et du Nord, et sur son Assainissement.
   Assainissement de la Seine, Annexes, Deuxième Partie II

8. Cembrowicz, R.G., Hahn, H.H., Plate, E.J., Schultz, G.A. (1974): Studie über
   bestehende Flußgebietsmodelle. Arbeitskreis Mathematische Flußgebietsmodelle,
   BMI, Bonn

9. Cembrowicz, R.G., Geuting, H.D., Krauter, G.E., Ruf, J. (1977): Optimierungsmodell. In: Prognostisches Modell Neckar, Bd. 18. Dornier System (Hrsg.), Friedrichshafen

10. Cembrowicz, R.G. (1979): Optimal Allocation of Water Quality Control. Procee-
    dings of the International Symposium on the Environmental Effects of Hydraulic
    Engineering Works, Knoxville, Tennessee

11. Cembrowicz, R.G., Bantz, I.B., Krauter, G.E. (1983): Systemanalyse im Gewässer-
    schutz. Stiftung Volkswagenwerk (Hrsg.), Institut für Siedlungswasserwirtschaft,
    Universität Karlsruhe

12. Cohon, J.L. (1978): Multiobjective Programming and Planning. Academic Press,
    London

13. Cohon, J.L., Marks, D.H. (1975): A Review and Evaluation of Multiobjective
    Programming Techniques. Water Resources Research 11, No. 2

14. Deininger, R.A. (1966): Über die Planung eines wirtschaftlich optimalen Systems
    von Kläranlagen. gwf, Wasser – Abwasser, 107. Jahrgang, Heft 22

15. Denisen, W., Frankland, E., Morton, J.C.: First Report of Commissioners Apoint-
    ed in 1868 to Inquire into the Best Means of Preventing Pollution of Rivers (Mersey
    und Ribble Basis): Report and Plans. Volume I, Parliamentary Papers 1870, Vol.
    40

16. Der Rat der Sachverständigen für Umweltfragen: Die Abwasserabgabe. Kohlham-
    mer, Stuttgart, 1974

17. Dietrich, G.H., Jansen, K., Tirkschleit, L. (1962): Anwendung von Elektronen-
    rechnern für die Untersuchung wasserwirtschaftlicher Verhältnisse mehrfach ver-
    schmutzter Wasserläufe und der kostengünstigsten Maßnahmen zu ihrer Reinhal-
    tung. Wasser – Abwasser, 103. Jahrgang, Heft 34

18. Dornier System (Hrsg.) (1975): Prognostisches Modell Neckar. Bundesministerium
    für Forschung und Technologie, Bd. 20

19. Dornier System (Hrsg.) (1977): Prognostisches Modell Neckar. Bundesministerium
    für Forschung und Technologie, Bd.1–25

20. Dobbins, W.E.: BOD and Oxygen Relationship in Streams. ASCE, Jour. San.
    Eng. Div., June 1964

21. Dorfman, R., Jacoby, H.D., Thomas, H.A. (ed.) (1972): Models for Managing
    Regional Water Quality. Harvard University Press, Cambridge, Mass.

22. Duckstein, L., Bogardi, I., David, L. (1980): Multiobjective Control of Nutrient Loading into a Stream. IFAC Symposium on „Water and Related Land Resource Systems", Cleveland, Ohio, Pergamon Press

23. Erste Allgemeine Verwaltungsvorschrift über Mindestanforderungen an das Einleiten von Schmutzwasser aus Gemeinden in Gewässer – 1. Schmutzwasser VwV – vom 24. Januar 1979

24. Fair, G.M., Geyer, J.C., Okun, D.A. (1968): Water and Wastewater Engineering. John Wiley & Sons Inc., New York

25. Finney, B.A., Bowles, D.S., Windham, M.P. (1982): Random Differential Equations in River Water Quality Modelling. Water Resources Research *18*, No. 1

26. Forschungsinstitut für Wassertechnologie an der RWTH Aachen: Wertschöpfung durch Verwertung organischer Reststoffe aus Landwirtschaft und Industrie. IV. Symposium, April 1983

27. Gerardin, A.: Altérations de la Seine aux abords de Paris depuis Novembre, 1874, junsqu' à Mai, 1975. Compte Rendue 80, 1875

28. Gesetz über Abgaben für das Einleiten von Abwasser vom 13. Sept. 1976, Bundesgesetzblatt Teil I, Nr. 118, 1976

29. Geuting, H.D., Hahn, H.H., Ruf, J. (1978): Möglichkeiten zur Berücksichtigung konträrer Zielvorstellungen bei der Gewässergüteplanung. Wasserwirtschaft *68*, Heft 3

30. Global 2000. Report to the President, Council of Environmental Quality, US Secretary of State, Government Printing Office, Washington, D.C., 1980

31. Günther, W. (1968): Planung eines Systems von Kläranlagen in einem Flußgebiet mit Hilfe der linearen Optimierung. Wasserwirtschaft – Wassertechnik, 18. Jahrgang, Heft 7

32. Haendel, B. (1976): Wassergütemodelle – Abstimmung von Anwendungszweck, Theorie und Datenerfordernissen. Dissertation, Technische Universität Hannover

33. Hahn, H.H., Cembrowicz, R.G. (1981): Model of the River Neckar. In Biswas, A. (ed.): Models for Water Quality Management. McGraw-Hill International Book Company

34. Harboe, R. (1980): Introduction to Dynamic Programming in Resources Planning and Operation. Lecture Notes, Perugia

35. Harboe, R., Schultz, G.A., Duckstein, L. (1980): Low-Flow and Flood Control: Distributed versus Lumped Reservoir Model. IFAC Symposium on „Water and Related Land Resource Systems", Cleveland, Ohio, Pergamon Press

36. Heidari, M., Chow, V.T., Kokotovic, P.V., Meridith, D.D. (1971): Discrete Differential Dynamic Programming Approach to Water Resources System Optimization. Water Resources Research, Vol. 7, No. 2, p. 273–282

37. Imhoff, K. (1961): Taschenbuch der Stadtentwässerung. Oldenbourg, München – Wien

38. KfW Mitteilungen, Nr. 3. Bonn, 1982

39. Klaus, J., Vauth, W. (1976): Ökonomische Nutzenfunktionen. In: Prognostisches Modell Neckar, Bd. 12. Dornier System (Hrsg.), Friedrichshafen

40. Klaus, J., Vauth, W. (1977): Ökonomische Nutzenfunktionen. In: Prognostisches Modell Neckar, Bd. 24. Dornier System (Hrsg.), Friedrichshafen

41. Kneese, A.V., Bower, B.T. (1972): Die Wassergütewirtschaft. Oldenbourg, München – Wien

42. Kortebein, D., Geppert, B. (1981): Untersuchung und Vergleich zur weitergehenden Abwasserreinigung unter Berücksichtigung des Abwassergesetzes und des

§ 7a des WHG. Forschungsbericht i. A. des Bundesministers des Innern, Institut für Siedlungswasserwirtschaft, Universität Karlsruhe

43. Krauter, G.E. (1981): Entscheidungsmodelle in der Wassergütewirtschaft. Institut für Siedlungswasserwirtschaft, Universität Karlsruhe, Studienarbeit

44. Länderarbeitsgemeinschaft Wasser (LAWA) (1980): Die Gewässergütekarte der Bundesrepublik Deutschland. Bechtle Druck, Esslingen

45. Liebmann, J.C., Lynn, W.R. (1966): The Optimal Allocation of Stream Dissolved Oxygen. Water Resources Research 2, No. 3

46. Litwin, J.Y., Joeres, E.P. (1975): Stochastic Modeling of Bi-hourly River Dissolved Oxygen Records, Monitored at a Fixed Cross Section. Mathematical Models for Environmental Problems, Proc. Int. Conf., University of Southampton, Engl., Edited by C.A. Brebbia

47. Cembrowicz, R.G., Krauter, G.E. (1986), im Auftrag des BMFT: Stochastische Prognose der Sauerstoffkonzentration. 1. Zwischenbericht, Institut für Siedlungswasserwirtschaft, Universität Karlsruhe

48. Major, D. (1977): Multiobjective Water Resources Planning. American Geophysical Union, Water Resources Monograph 4, Washington, D.C.

49. Niemes, H. (1981): Umwelt als Schadstoffempfänger. Mohr, Tübingen

50. Neumann, K. (1977): Operations Research Verfahren – Bd. II, Hansen, München – Wien

51. O'Connor, D.J. (1967): The Temporal and Spatial Distribution of Dissolved Oxygen in Streams. Water Resources Research 2, No. 1

52. Orlob, G.T., King, I.P., Kibler, D.F., Norton, W.R.: Mathematical Models for Planning the Future Development and Management of the Vistula River System, Poland. Water Resources Engineers, Inc., Walnut Creek, Ca., August 1972

53. Øverland, H. (1982): Optimierungsverfahren für wasserwirtschaftliche Systemplanungen mit Mehrfachzielsetzungen. SFB 81 TU München, Kolloquium

54. Pareto, V. (1848–1923), Ingenieur, Ökonom, Soziologe. (Cours d'Econome Politique, Rouge, Lausanne, 1896)

55. Rechenberg, I. (1973): Evolutionsstrategie. Problemata 15, Fromman-Holzboog

56. Rinaldi, S., Soncini-Sessa, R., Stehfest, H., Tamura, H. (1979): Modeling and Control of River Quality. McGraw-Hill

57. Rincke, G. (1976): Möglichkeiten einer gesamtwirtschaftlichen Begründung für Gewässergüteziele. gwf-wasser/abwasser 117, Heft 11

58. Rogers, P. (1979): Random Methods for Non-Convex Programming. Dissertation, Harvard University, Cambridge

59. Schmidtke, R.F. (1979): Nutzen-Kosten-Untersuchungen in der Wasserwirtschaft. Kompendium, Institut für Wasserbau, TH Darmstadt

60. Schreiner, H. (1977): Simulationsmodell II. In: Prognostisches Modell Neckar, Bd. 15. Dornier System (Hrsg.), Friedrichshafen

61. Stolber, W.B. (1968): Nutzen-Kosten-Analyse in der Staatswirtschaft. Vandenhoeck-Ruprecht, Göttingen

62. Streeter, H.W., Phelps, H.B. (1925): A Study of the Pollution and Natural Purification of the Ohio River. Ill., Factors Concerned in the Phenomena of Oxidation and Reaeration, Publ. Health Bull. 146, Washington, U.S. Dept. of the Treasury

63. Stumm, W. (1972): Einfache Modelle im Umweltschutz: Der Mensch und die hydrogeochemischen Kreisläufe. Vom Wasser, Bd. XVIII

64. Stumm, W. (1977): Die Beeinträchtigung aquatischer Ökosysteme durch die Zivilisation. Naturwissenschaften 64

65. The Trent Research Program. Proceedings of the Nottingham Symposium. The Institute of Water Pollution Control, Maidstone, Kent, 1971

66. Thomann, R.V. (1972): Systems Analysis and Water Quality Management. Environmental Science Services Division, New York

67. Thomas, H.A. (1948): Pollution Load Capacity of Streams. Water and Sewage Works 95

68. Thomas, H.A., Burden, R.P. (1963): Operations Research in Water Quality Mangement. Report to the Department of Health, Education and Welfare, Harvard University

69. Thomas, H.A. (1972): Waste Disposal in Natural Streams. In: Models for Managing Regional Water Quality. Harvard University Press, Cambridge, Mass.

70. Turgeon, A. (1982): Incremental Dynamic Programming May Yield Nonoptimal Solutions. Water Resources Research *18*, No. 6, p. 1599–1604

71. UMWELT. Information des Bundesministers des Innern zur Umweltplanung und zum Umweltschutz, Nr. 89, Juni 1982

72. Umweltbundesamt (1984): Pilotstudie Leine, Bd. 1–18. Berlin

73. Warn, A.E. (1973): The Trent Mathematical Model. Symposium on the Use of Mathematical Models in Water Pollution Control, University of Newcastle-upon-Tyne

74. Wasserhaushaltsgesetz. Bundesgesetzblatt I vom 16.10.76, S. 3017 (Fünfte Novellierung, gültig ab 1987)

75. Wolf, P. (1974): Simulation des Sauerstoffhaushaltes in Fließgewässern. Oldenbourg, München

76. Zeleny, M. (1973): Compromise Programming. In Cochrane, J.L., Zeleny, M. (eds.): Multiple Criteria Decision Making. University of South Carolina Press, Columbia, 1973

Kapitel 3.2

1. Ahrens, W. (1974): Optimierungsverfahren zur Lösung nichtlinearer Investitionsprobleme. Quantitative Methoden der Unternehmensplanung, Bd. 4. Hain, Meisenheim/Glan, 1974

2. Balas, E. (1965): An Additive Algorithm for Solving Linear Programs with Zero-One-Variables. Operations Research, Vol. 13

3. Brill, E.D., Nakamra, M. (1978): A Branch-and-Bound Method for the Use in Planning Regional Wastewater Treatment Systems. Water Resources Research, Vol. 14, No. 1

4. Cembrowicz, R.G., Krauter, G.E., Lorenz, M.R. (1981): Anwendung von Operations Research Verfahren zur Planung regionaler und kommunaler Wasserversorgungen. Im Auftrag der Deutschen Forschungsgemeinschaft, Institut für Siedlungswasserwirtschaft, Universität Karlsruhe

5. Cembrowicz, R.G., Geppert, B., Krauter, G.E. (1983): Entscheidungsmodelle. In: Pilotstudie Leine, Bd. 15. Umweltbundesamt (Hrsg.), Berlin

6. Chi, T.W. (1970): Models of Regional Waste Water Transport Systems. Thesis, Harvard University, Cambridge

7. Dantzig, G.B. (1963): Linear Programming and Extensions. Princeton University Press, Princeton, N.Y.

8. Dehnert, G. (1976): Standortplanung für Abfallbehandlungsanlagen. Abfallwirtschaft in Forschung und Praxis, Bd. 1. Schmidt, Bielefeld

9. Deininger, R.A. (1969): Über die Planung von interkommunalen Systemen und Kläranlagen. gwf Wasser - Abwasser, 110. Jahrgang, Heft 52

10. Deininger, R.A. (1972): Minimum Cost Regional Pollution Control Systems. In Biwas, A. (ed.): Intern. Symposium on Mathematical Modelling Techniques in Water Resources Systems, Proceedings, Vol. 2

11. Der Niedersächsische Minister für Ernährung, Landwirtschaft und Forsten (Hrsg.) (1982): Generalplan Abwasserbeseitigung. Niedersachsen, Entwurf

12. Geuting, H.-D., Gölz, H., Hentze, H.-W. (1974): Integrierte Planung der Müll- und Abwasserbeseitigung in der Verbandsgemeinde Edenkoben. Institut für Regionalwissenschaft, Universität Karlsruhe

13. Hadley, G. (1964): Nonlinear and Dynamic Programming. Addison-Wesley, Publ. Comp., London

14. Hahn, H.H. (Hrsg.) (1980): Planung und Organisation von Einzelkläranlagen. ISWW-Reihe Universität Karlsruhe, Bd. 22, Karlsruhe

15. Heiß, H.-J. (1976): Erweiterungen mathematischer und ingenieurmäßiger Art zur Durchführung komplexer Wirtschaftlichkeitsuntersuchungen in der Siedlungswasserwirtschaft. Wasser und Abwasser in Forschung und Praxis *12*, Schmidt, Bielefeld

16. Jarvis, J.J., Rarding, R.L., Unger, V.E., Moore, R.W., Schimpeler, C.C. (1978): Optimal Design of Regional Wastewater Systems: A Fixed-Charge Network Flow Model. Operations Research, Vol. 26, No. 4

17. Joeres, E.F., Dressler, J., Cho, C., Falkner, C.H. (1974): Planning Methodology for the Design of Wastewater Treatment Systems. Water Resources Research, Vol. 10

18. Kalbermatten, J.M., Gunnerson, D.C. (1978): Appropriate Technology for Sanitation. A World Bank Research Project. In: Pacey, A. (ed.): Sanitation in Developing Countries, John Wiley, New York, p. 49

19. Marks, D.H. (1969): Facility Location and Routing Models in Solid Waste Collection Systems. Thesis, The Johns Hopkins University, Baltimore, Maryland

20. Meier, P. (1972): Möglichkeiten zur technischen und wirtschaftlichen Optimierung von Zweckverbänden. Wasser und Abwasser in Forschung und Praxis *4*, Schmidt, Bielefeld

21. Murty, K.G. (1968): Solving the Fixed Charge Problem by Ranking the Extreme Points. Operations Research, Vol. 16

22. Nakamara, M., Brill, E.D. (1979): Generation and Evaluation of Alternative Plans for Regional Wastewater Systems: An Imputed Value Method. Water Resources Research, Vol. 15, No. 4

23. Orth, H. (1974): Verfahren zur Planung kostenminimaler regionaler Abwasserentsorgungssysteme. Wasser und Abwasser in Forschung und Praxis *9*, Schmidt, Bielefeld

24. Rardin, R.L., Unger, V.E. (1976): Solving Fixed Charge Network Problems with Group Theory-Based Penalties. Naval Research Logist. Quart., Vol. 23

25. Rech, P., Barton, L.G. (1970): A Non-Convex Transportation Algorithm. In Beale, E.M.L. (ed.): Applications of Mathematical Programming Techniques. The English University Press, London

26. Walker, W.E. (1976): A Heuristic Adjacent Extreme Point Algorithm for the Fixed Charge Problem. Management Science, Vol. 22

Sachverzeichnis

H. H. Hahn

Wassertechnologie

Fällung, Flockung, Separation

1987. 168 Abbildungen. XIV, 304 Seiten.
Broschiert DM 78,–. ISBN 3-540-17967-4

Es ist Hauptanliegen dieses Buches, den Ingenieur der
Wassergütewirtschaft und des Siedlungswasserbaus –
Studenten und in der Praxis Stehende gleichermaßen –
mit den Möglichkeiten und Grenzen von „Fällung,
Flockung, Abtrennung" in der Wassertechnologie
vertraut zu machen. Dabei liegt in den mehr anwen-
dungsorientierten Kapiteln das Schwergewicht der
Darstellung bei der Erörterung der Möglichkeiten in der
Abwasserreinigung. Mit den einleitenden Bemerkungen
wird versucht, die Wechselwirkung und auch die
Verwandtschaft zwischen Wasseraufbereitung und
Abwasserreinigung vor dem Hintergrund der Nutzungs-
vielfalt der Wasserresourcen darzustellen. Daran schließt
sich eine detaillierte Beschreibung der grundlegenderen
chemischen und physikalischen Phänomene der Fällung
und Flockung an. Anmerkungen zu Chemikalienaus-
wahl und Hinweis zu ihrer Dosierung schließen sich an
die Darstellung der Grundlagen an. Zum Komplex der
Chemikaliendosierung gehört auch eine, wenn auch
knapp gefaßte Erörterung reaktortheoretischer Konzepte:
idealtypische Reaktorformen und die daraus ableitbare
Quantifizierung des Stoffumsatzes in realen Reaktoren.
Dies ist für die praktische Realisation von Fällung,
Flockung und Abtrennung von Bedeutung. Ein sehr
breiter Raum wird der Darstellung der Feststoffabtren-
nung eingeräumt. Auf eine vergleichende Übersicht über
die heute verfügbaren Abtrennungsverfahren, auch als
„flüssig-fest"-Trennverfahren bezeichnet, und die dazu-
gehörigen Analyseverfahren, folgt eine Analyse der drei
heute praktisch eingesetzten und erprobten Verfahren.
Filtration, Sedimentation und Flotation werden jeweils
in einem gesonderten Kapitel ausführlich im Hinblick
auf Grundlagen, Bemessungsmöglichkeiten und
Entwurfs- sowie Betriebsgesichtspunkte beschrieben.

Springer-Verlag
Berlin Heidelberg New York
London Paris Tokyo

K.-D. Rademacher, K.-D. Koß

Wassergefährdende Stoffe

Vorschriften und Erläuterungen

1986. 13 Abbildungen, 6 Tabellen. XIV, 366 Seiten.
Broschiert DM 240,-. ISBN 3-540-15832-4

Inhaltsübersicht: Wasserrechtliche Bestimmungen.
– Verordnung über Anlagen für wassergefährdende
Stoffe. – Katalog wassergefährdender Stoffe. –
Zulassung von Fachbetrieben (NW). – Öl- und
Giftalarmrichtlinien (NW). – Gewerberechtliche
Bestimmungen. – Bauordnungsrechtliche Bestim-
mungen (NW). – Straf- und Ordnungsrechtliche
Bestimmungen. – Sachverzeichnis.

Ziel dieses Buches ist es, das komplexe Gebiet des
Umgangs mit wassergefährdenden Stoffen übersichtlich und verständlich zu machen. Die Anforderungen und Grundlagen werden nach neuesten
technischen und rechtlichen Gesichtspunkten
dargestellt. Eine exemplarisch getroffene Auswahl
der Vorschriften aus den Ländern Nordrhein-
Westfalen, Bayern, Hessen und Niedersachsen soll
darüber hinaus eine allgemeine Anwendungsmög-
lichkeit bieten. Die beabsichtigten gesetzlichen
Änderungen sind bereits als Entwurf der 5. Novelle
(Stand Mai 1985) zum Wasserhaushaltsgesetz
miterfaßt. Behörden und Betreibern soll die Mate-
rie damit so aufbereitet werden, daß eine den
Anforderungen für den Umgang mit wassergefährdenden Stoffen gerecht werdende Verständigungs-
grundlage geschaffen wird.

Springer-Verlag
Berlin Heidelberg New York
London Paris Tokyo